(사)한국도시농업연구회

* 가나다 순

저자명단		
	김광진	국립원예특작과학원
	김충기	(사)인천도시농업네트워크
	문지혜	농촌진흥청
	박동금	국립한국농수산대학
	박진면	전북대학교
	송정섭	꽃담원(꽃과 정원교실)
	이동훈	서라벌대학교
	이애란	청주대학교
	이영보	국립농업과학원
	장윤아	국립원예특작과학원
	한승원	국립원예특작과학원

URBAN AGRICULTURE MASTER

도시농업전문가 양성을 위한

도시농업 길라잡이

Part II

도시농업 기술

(사)한국도시농업연구회

부 민 문 화 사

발간사

우리는 1945년 광복 이후, 한국전쟁의 혼란기를 거치면서 가난의 굴레 속에 배고픔을 해결하는 것이 최대의 과제였다. 다행히 주곡(主穀)인 벼의 획기적인 증산으로 자급을 이룬 녹색혁명과 이에 힘입은 경제개발 계획의 성공으로 이제 물질적인 풍요를 이루게 되었다.

그러나 단기간의 눈부신 경제성장과 물질적 풍요에도 불구하고 많은 사회적 문제가 대두되었다. 어린 학생들은 OECD국가 중 최상의 성적이지만 학업흥미도와 주관적 행복지수는 최하위 수준이고, 고된 업무에 시달리는 직장인의 90%가 모든 걸 팽개치고 사라지고 싶은 순간이 있다고 한다. 뿐만 아니라 고령화 사회로 진입하면서 노인들의 60% 이상이 가난과 질병으로 자살을 생각한 적이 있다는 충격적인 조사 결과가 우리 사회의 어두운 이면을 잘 설명해주고 있다.

이러한 사회문제 해결책의 일환으로 몸과 마음의 건강을 생각하는 힐링 트렌드가 급속히 확산되고 있으며, 관련 산업도 크게 형성돼 가고 있다. 그중에서도 다양한 신체적 활동을 통해 생명을 다루는 농업활동이 도시농업이라는 이름으로 새롭게 도심 속으로 들어 왔다.

세계에서 국민 1인당 가장 넓은 정원면적을 소유하고 있는 영국 사람들이 키친가든에 주목하고 있으며, 미국 44대~45대 대통령 오바마가 재임 시 영부인 미셸 오바마는 백악관 뜰에서 아이들과 함께 키친가든을 가꾸면서 세계적인 관심거리가 되었다. 이와 같은 선진국의 도시농업활동은 우리에게도 큰 반향을 일으켜 전국적으로 확산 추세에 있다.

선사시대부터 인류의 의식주를 제공해온 농업은 현대를 살아가는 오늘날에도 떼려야 뗄 수 없는 불가분의 관계가 있다. 인류는 한곳에서 머물며 살기 시작하면서 먹을거리를 해결하기 위해 주변에 작물과 과일나무를 심었고, 여유가 생기면서 관상을 위한 나무와 꽃도 옮겨 심었을 것이다. 산업화, 도시화 되고 상업적 농업으로 바뀌면서 멀어졌을 뿐이다.

이제 다시 건강하고 행복한 삶을 위해 우리가 살고 있는 가까운 곳에 밭을 갈고 씨를 뿌려 보자!

한 알의 씨앗이 싹 트고 자라서 꽃 피고 열매를 맺는 과정을 관찰하면서 아이들은 과학적 사고와 성취감을 느끼게 하는 좋은 체험학습장으로, 노년의 세대에게는 다양한 모양과 색상을 가진 아름답고 맛있는 정원에서 적당한 신체적 활동과 싱싱한 채소를 식탁에 올려 건강한 삶을 누릴 수 있는 일석이조의 장점이 있다.

앞으로 우리 농업ㆍ농촌은 안전한 농산물의 안정적 공급뿐만 아니라 환경생태 보존기능, 수자원 보유기능, 전원생활과 휴식의 공간, 전통문화의 계승 등으로 확대하고 또 기존 의료, 관광 부문과 융합된 새로운 형태의 보고, 먹고, 즐기는 힐링 농업으로 재탄생한다면 자유무역협정(FTA)에 따른 구조적으로 경쟁력이 취약한 우리 농업의 새로운 활로 개척의 계기가 될 것이다.

또한 도시농업을 통한 미래세대의 인성교육과 고령화 시대에 생산적 여가활동 등으로 잘 활용한다면 우리 국민들의 건강하고 행복한 삶에 보탬이 될 것으로 확신한다.

2020년 3월
(사)한국도시농업연구회장

**도시농업
기술**

부록

IV

도시농업 기술

1. 유형별 조성기술
2. 다원적 가치향상 기술
3. 친환경 관리 기술

1

유형별
조성기술

01

텃밭정원의 조성 및 이용
(주택활용형)

박동금

1 아름답고 맛있는 텃밭정원을 위한 준비

농경민족의 후예인 우리들 마음속에는 아련히 떠오르는 텃밭 풍경이 있다.

"추운 겨울을 넘기고 쌓였던 눈이 녹고 나면 마늘이랑 파가 새순을 내밀고, 청명 전후로 마당가 텃밭을 갈아 무언가 심으려고 바쁘게 움직였다. 보리타작할 무렵이면 잘 자란 상추가 밥상에 올라왔다. 한여름에는 텃밭에서 자란 오이로 냉채를 만들어 먹으며 더위를 달래고, 무더위가 식을 때쯤이면 무와 배추를 심느라 바빴다. 추분이 가까워지면 마당가 멍석 위에는 빠알간 고추가 널렸고, 지붕 위에는 보름달처럼 둥근 박이 우리를 반겼다."

이제 건강하고 즐거운 삶을 위해 다시 텃밭정원에 씨를 뿌리고 가꾸어 보자. 한 알의 씨앗이 자라서 꽃이 피고 열매를 맺는 과정을 관찰하면서 자신의 건강과 즐거움뿐만 아니라 아이들에게는 과학적 사고와 성취감을 심어주고, 생산된 것으로 즐거운 식탁을 꾸미고 가족과 이웃끼리 오순도순 이야기할 수 있는 시간을 만들어 아름다운 사회를 만드는 데 기여해 보자.

채소를 중심으로 한 실용정원(텃밭)의 재미는 소재가 되는 작물이 잘 자랄 수 있는 조건과 잎과 꽃, 열매의 색과 모양 등 겉모습의 특성을 알고 솜씨 있게 디자인하여 수확의 기쁨과 계절의 맛을 즐길 뿐만 아니라 아름답게 보이게 하는 데 있다.

1) 텃밭정원의 출발과 개념

우리는 텃밭, 채마밭이라 부르고 서양에서는 보통 '키친가든'이라고 한다. 이것이 만들어진 역사는 아마도 우리 인류의 조상들이 유목민의 삶을 멈추고 한 곳에 정착생활을 하면서부터 시작되었을 것으로 추측된다. 그때부터 인류는 한곳에서 머물며 먹을거리를 해결하기 위해 주변에 무엇인가를 기르려고 했다. 먼저 식량이 될 식물과 과일나무를 심었고, 여유가 생기면서 관상을 위한 나무와 꽃도 옮겨 심었을 것이다. 원래 사는 곳과 먹거리는 가까이 있었다. 도시화되고 상업적 농업으로 바뀌면서 멀어졌을 뿐이다

우리가 가꿀 텃밭정원은 채소나 과수, 허브와 특용작물 등 먹을 수 있는 식물이 중심이지만 관상 가치를 더해 심신의 안정을 주는 식물로 꾸민 것으로 단순하게 먹을거리 생산을 위해 채소를 기르는 것과는 조금 다른 개념이다.

예컨대 적축면 상추와 청치마 상추를 함께 심거나, 호박이나 오이 같이 높이 올라가는 채소와 키 작은 채소를 함께 심고, 한련화나 해충 방제에 효과가 있는 매리골드를 함께 심는 등 작물의 색채와 형태, 질감까지 고려한 실용정원으로서의 아름다움까지 추구하는 것이다.

그림 Ⅳ-1-1. 텃밭정원

2) 텃밭정원의 적지

① 햇빛이 잘 드는 곳

햇빛이 잘 들면 채소는 골고루 빛을 받아서 잘 자란다. 나무 등으로 인해 그늘이 생길 경우에는 가지를 솎아주는 작업이 필요하다.

② 통풍이 잘 되는 곳

주변 식물들의 영향으로 통풍이 잘 안되면 웃자라서 연약해지고 병해충이 발생할 수 있다.

③ 물빠짐이 좋은 곳

물빠짐이 나쁘면 식물은 잘 자라지 못한다. 즉, 뿌리가 썩어서 생육이 나빠진다. 물빠짐을 고려하여 베드를 높게 만들거나, 틀을 만들어 흙을 채워 이용하기도 한다.

3) 아름답고 맛있는 정원을 위한 포인트

채소를 중심으로 한 실용정원의 재미는 평소에는 별로 눈길이 가지 않는 채소 잎의 미묘한 색이나 모양, 그리고 의외로 화려한 채소의 꽃을 솜씨 있게 디자인하여 수확의 기쁨과 계절의 맛을 즐길 뿐만 아니라 아름답게 보이게 하는 데 있다. 먼저 실용정원의 소재가 되는 식물의 잎과 꽃, 열매의 색과 모양, 키, 겉모습의 특성을 알고, 덩굴성 작물은 아치나 시렁을 이용하여 입체적 텃밭으로 만드는 등 다양한 아이디어가 필요하다.

① 잎색

식물은 초록색 외에도 적근대처럼 녹색과 적색의 조화를 이룬 것이 있는가 하면 적축면 상추, 적양배추처럼 붉은 자주~짙은 보라색 종류가 있다. 아티초크 · 라벤더 · 백묘국(설국)처럼 흰빛이 도는 초록색 또는 은색 잎도 정원을 꾸미는 소재로 중요하다.

㉮ 녹색을 띠는 채소 : 청치마 상추, 청축면 상추, 근대, 아욱, 시금치, 부추, 겨자채, 배추 등 대부분의 채소

④ 자주색과 짙은 보라색을 띠는 채소 : 적축면 상추, 적치마 상추, 적 겨자채, 비트, 샐러드
볼, 적근대, 적치콘, 20일무, 홍쌈배추, 보라들깨 등

② 잎모양

잎 가장자리가 깊게 패인 삼엽채나 당귀, 엔다이브, 직립형인 쪽파·마늘, 양파, 원형인 토
란, 청경채 등 잎 모양에 따라 조화가 잘 이루어지도록 섞어 심어 정원의 모습을 다양하게
만든다.

③ 꽃

열매채소는 열매를 맺기 위해 꽃이 필수적이지만 상추와 배추 같이 잎을 먹는 채소도 때가
되면 꽃이 핀다. 상추, 쑥갓, 엔다이브 등 국화과 채소는 개화기에는 관상용 꽃으로 착각할
만큼 아름다운 꽃을 피운다. 꽃을 먹을 수 있는 아티초크나 식용국화, 한련화 등도 있다.

④ 열매

정원의 중심은 열매채소류의 재배 및 수확이라고 해도 지나치지 않다. 열매채소는 관상용
호박이나 조롱박, 뱀오이, 수세미오이 등 다양한 관상가치가 있는 것이 많다. 이런 것들은
재배기간 동안의 관상가치뿐만 아니라 수확물도 관상가치가 크다. 그러나 딸기 외의 대부
분 열매채소는 고온성으로 노지재배는 늦은 봄~가을로 한정해야 한다.

⑤ 뿌리

비트나 당근과 무와 같이 다양한 모양과 색깔을 지닌 뿌리채소의 특성을 잘 살리면 더욱 아
름다운 정원이 된다.

⑥ 덩굴

채소정원에서는 울타리, 벽, 터널 등에 관상용 호박이나 조롱박 등 덩굴성 식물을 감아 올
려서, 배경이나 주변 환경과 조화를 이룬 정원의 아름다움을 효과적으로 연출한다.

⑦ 키 높이

채소의 키 높이를 이용하여 공간을 입체적으로 디자인하는데 상추, 부추 등 키 30㎝ 전후의 작은 종류는 정원의 앞쪽 또는 가장자리에, 고추, 가지 등 50~100㎝는 강조하는 부분에 이용하고, 옥수수, 오이, 호박, 박 등 100㎝ 이상은 정원의 뒤쪽이나 배경으로 적합하다.

⑧ 겉모습

채소를 감상해보면 실제로 재미있는 모양을 느낄 수 있다. 예컨대 여주나 뱀오이 같이 모양이 특이한 열매는 보는 것 자체가 신기하다. 재배하면서 채소가 지닌 아름다움을 맛볼 수 있다.

4) 무엇을 키울까? 쉽게 기를 수 있는 작물선택이 중요

맛있는 키친가든이 되기 위해서는 가족들이 즐겨 먹으면서도 쉽게 기를 수 있는 채소를 고르되 각각의 채소들이 가지고 있는 특성을 염두에 두고 선택하는 것이 좋다. 처음부터 가꾸기가 까다롭고 병과 벌레가 많은 것을 선택하면 가꾸는 사람의 의욕이 떨어지고 자칫 텃밭농사를 망칠 위험이 있기 때문에 초보자는 가꾸기 쉬운 것부터 시작하는 것이 좋다.

대체로 상추, 시금치, 쑥갓, 배추 등 잎채소나 당근, 무, 토란, 고구마, 감자 등 뿌리채소, 그리고 완두, 강낭콩 등이 기르기 쉬운 편이다. 토마토, 호박, 고추, 가지 등은 보통이라 할 수 있으나 오이, 수박, 참외 등은 까다롭다.

5) 규모와 배치

5㎡ 크기, 즉 한 평 반 크기의 소규모 텃밭에는 상추, 쑥갓, 아욱, 근대 등 크기가 작고 재배기간도 짧은 것이 좋고, 20㎡ 내외의 비교적 큰 규모의 텃밭이라면 옥수수, 완두콩, 고추, 호박, 토란, 감자, 고구마와 같이 재배기간이 길고 큰 채소가 가능한데, 이왕이면 가족들이 좋아하는 것을 선택하면 된다.

6) 계절별 작물선택

텃밭에는 온실과 달리 계절과 온도에 따라 가꿀 작물을 선택해야 한다. 따라서 텃밭을 가꾸기 전에 심을 작물의 특성을 알고 어느 시기에 어떤 작물을 심겠다는 계획이 필요하다.

① 봄정원에 이용가능한 채소

옮겨 심을때 온도가 낮은 것을 감안하여 비교적 저온성 작물인 완두, 잠두, 딸기, 시금치, 상추, 쑥갓, 청경채, 양배추, 20일무, 감자 등이다

② 여름정원에 이용가능한 채소

토마토, 고추, 가지, 옥수수, 호박, 여주, 오이, 수세미오이, 근대, 아욱, 열무, 콩, 들깨 등

③ 가을정원 채소

적근대, 비트, 20일무, 시금치, 갓, 순무, 배추, 무, 상추, 파, 쪽파 등

④ 겨울정원 채소

마늘, 양파, 유채, 꽃양배추 등

7) 섞어 심기의 요령을 알자

① 서로 좋아하는 작물끼리
② 햇빛을 좋아하는 작물(대체로 위로 곧게 큼)과 그늘진 곳을 좋아하는 작물
③ 뿌리가 깊은 작물과 얕은 작물
④ 벌레가 좋아하는 것과 싫어하는 것을 섞어 심어 병충해 등 여러 가지 생육장해를 극복하는 공생적 관계를 만들어 준다.
⑤ 토마토 – 대파, 갓, 당근, 마늘, 부추와 함께 심는다
⑥ 옥수수 – 오이, 호박, 감자, 고구마랑 심는다.

⑦ 고추 – 들깨, 파, 양파, 당근과 심는다.

⑧ 가지 – 콩과 함께 심는다

⑨ 양파 – 딸기, 당근과 심는다

⑩ 감자 – 강낭콩, 완두콩과 심는다.

⑪ 시금치 – 대파, 마늘과 심는다.

표 Ⅳ-1-1. 동반식물(companion plant : 함께 심으면 서로에게 좋은 영향을 주는 식물)

유익한 식물	궁합이 좋은 식물	효과
매리골드	토마토, 콩류, 감자, 당근	토양 중 선충을 구제하고 많은 해충을 막는다.
한련화	양배추, 오이, 토마토, 콩, 20일무, 가지, 과수 등	사과 주변에 심으면 사과면충 예방에 효과가 있다. 진딧물 유인, 가루이와 노린재 등을 막는다.
챠이브	당근, 치커리, 오이, 사과	진딧물을 막는다. 당근의 생육을 도와 풍미를 좋게 한다. 사과나무 그루터기 주변에 심으면 흑성병을 막는다.
바질	토마토, 양배추, 부추, 피망	토마토의 생육을 돕고 풍미를 좋게 한다. 애벌레류, 진딧물, 가루이를 줄인다. 모기나 파리를 쫓는다.
파슬리	장미, 토마토, 아스파라거스, 양상추	장미의 생육을 돕는다.
마늘	장미, 토마토 , 양상추	토양전염성병의 발생을 막을 수 있다.
라벤더	양배추	모기, 파리를 쫓는다.
레몬밤	토마토	꿀벌이 좋아한다.
로즈마리	양배추, 토마토	배추흰나비, 당근파리, 도둑나방을 막는다. 모닥불이나 숯과 함께 태우면 방충제가 된다.
민트	토마토, 양배추, 브로콜리, 장미	배추흰나비, 파리, 모기, 쥐 등이 싫어한다. 벌을 유인한다.
백일홍	토마토	토마토에 붙는 밤나방이나 오이잎벌레를 막는다. 왜콩풍뎅이를 유인하는 식물이다.
보리지	토마토	밤나방을 막는다. 꿀벌을 불러들인다.
세이지	당근, 양배추, 로즈마리, 콩류	배추흰나비, 당근파리를 막는다.
제라늄	대두, 옥수수, 포도, 양배추	매미충, 풍뎅이를 막는다.
캐모마일	양배추, 양파	양배추, 양파의 생육을 돕고 풍미를 좋게 한다.

코리안더	당근, 양파, 토마토, 순무	벌을 불러들이고, 많은 벌레를 막는다.
타임	당근, 치커리, 오이	벌을 불러들이고, 배추흰나비를 막는다. 다양한 작물에 좋다.
파	오이, 수박, 호박, 멜론, 감자	토양전염성병을 예방하고, 생육을 돕는다.
페튜니아	양상추, 콩류	매미충, 진딧물, 콩류의 해충을 막는다.

자료 : 보고 가꾸고 먹고 즐기는 텃밭 디자인(농촌진흥청 국립원예특작과학원, 2017)

8) 텃밭도 디자인이 필요하다

'텃밭 디자인'은 도시농부가 텃밭 가꾸기를 시작하기 전에 미리 텃밭을 설계하고 한해 농사를 계획적으로 운영하기 위해 필요하다. 텃밭정원을 만드는 첫 번째 일은 어떤 텃밭정원을 만들 것인지 테마를 정하는 것이다. 테마를 정할 때는 텃밭정원의 규모나 용도를 잘 생각해야 한다. 텃밭 환경과 자신의 취향에 맞게 선택하되 작물의 특성에 맞게 조화와 자연미를 살리고 식재의 다양성을 고려하여 설계하여야 한다.

그림 IV-1-2. 기능성 텃밭 디자인

그림 Ⅳ-1-3. 다양한 텃밭 디자인

2 다양한 텃밭 조성 모델 실제

최근 생산농업에서는 많이 소비되는 작물과 최고의 품종 위주로 종이 단순화 되어 가고 있고, 텃밭이나 주말농장에서도 몇 가지 채소 종류만 재배되고 있는 경향이 있다. 도시농업은 생산이 주가 아니라 농경문화의 실천인 농사놀이를 통한 건강 증진에 더 큰 목적이 있다. 앞으로 텃밭정원(키친가든)에서 지금보다 좀 더 다양한 종류의 식물을 심고, 이왕이면 채소, 허브, 식용 꽃, 과일나무 등의 색채와 질감을 이용해 조형적인 아름다움을 함께 추구하는 정원으로 발전하여야 한다. 풍성한 먹을거리와 아름다운 경관을 유지하는 것이 바로 텃밭(키친 가든)의 매력이다. 이를 위해서는 한련화, 맨드라미 등의 꽃과 당귀, 더덕 등 약용식물의 조형성과 고유의 색감을 적절히 활용해야 할 것이다. 조형적인 아름다움과 실용성을 지닌 키친가든 이야말로 보고, 먹고, 즐기는 진정한 생활 속의 정원이라 할 수 있겠다.

1) 맛과 멋이 있는 즐기는 텃밭

맛과 멋이 있는 즐기는 텃밭은 바비큐 파티와 샐러드 요리 재료, 허브류와 다양한 색깔의 채소, 그리고 완두 등 초중고생의 학습에 활용할 수 있는 5가지 유형을 제시하였다.

① 바비큐파티용 텃밭

주로 삼겹살 파티에 이용되는 채소로 구성하며 잎들깨, 엔다이브, 쑥갓, 겨자채, 적축면상추, 고추 등이다

② 샐러드 텃밭

샐러드 재료로 이용되는 로메인상추, 적축면상추, 다채, 방울토마토, 한련화, 허브류 등이다.

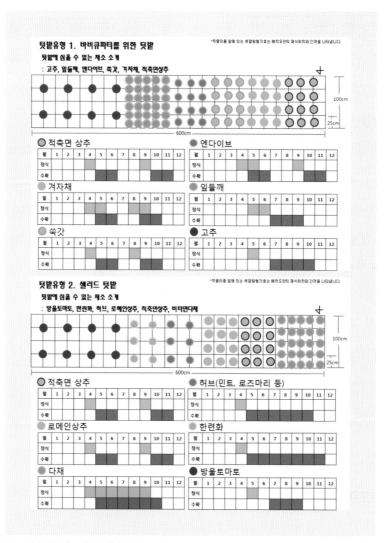

자료 : 기능성 텃밭 가꾸고 활용하기(농촌진흥청 국립원예특작과학원, 2016)   그림 Ⅳ-1-4. 맛있는 텃밭 작물과 재배

③ 향이 있는 텃밭

향이 있는 식물로 로즈마리, 애플민트, 라벤더, 캐모마일, 타임, 방하 등이다.

④ 알록달록 텃밭

색깔이 있는 채소로 적축면, 오크라상추, 적근대, 근대, 비트, 가지 등이다

⑤ 학습용 텃밭

멘델의 유전법칙을 낳은 완두, 꽃이 위에서 피어 땅속에서 열리는 땅콩, 강낭콩, 옥수수, (적)근대와 비트 등이다.

2) 건강기능성 텃밭

건강기능성 텃밭은 고혈압 등 성인병이나 암 등에 효능이 있는 것으로 알려진 채소류를 생산할 수 있는 텃밭으로 농촌진흥청에서 5가지를 제시하였다

① 고혈압 예방 식단용 텃밭

고혈압 예방에 좋은 기능 성분이 들어 있는 마, 우엉, 토란, 머위, 쑥갓, 부추 등

② 암 예방 식단용 텃밭

당근, 삼채, 케일, 울금, 방울토마토, 민들레

③ 당뇨 예방 식단용 텃밭

야콘, 머위, 가지, 토마토, 근대, 여주

④ 심혈관질환 예방 식단용 텃밭

시금치, 근대, 부추, 케일, 딸기

⑤ 비만 예방을 위한 텃밭

매운 고추, 방울토마토, 청치마상추, 당근, 고구마, 시금치

그림 Ⅳ-1-5. 약초텃밭

3) 함께 심으면 좋은 동반식물 텃밭 모델

동물이나 식물 등 생명체는 서로에게 영향을 주면서 살아가며, 식물들 사이에 서로에게 좋은 영향을 주는 식물을 동반식물(companion plant, 공생식물, 공영식물)이라고 한다.

텃밭 가꾸기에 있어 동반식물의 조합은 매우 유용하다. 해충을 기피하는 식물, 해충을 포식하는 익충을 유인하는 식물, 거꾸로 해충을 유인하여 대신해 줄 식물 조합 등을 활용할 수 있다.

궁합이 좋은 작물이라고 해도, 어느 정도의 거리감 같은 것이 있다. 뿌리가 치밀하게 뒤얽혀서 서로가 튼튼해지는 식물들이 있는가 하면, 조금은 거리나 시간 차이를 두는 것이 양호한 관계를 유지할 수 있는 식물들도 있다.

이러한 관계에 따라 '부부형', '친구형', '선후배형'의 세 가지로 구분하여 생각할 수 있다.

① 부부형 동반식물 ⫸ 바짝 붙여 심는다!

대표적인 부부형 동반식물은 오이와 파
로. 오이 등의 박과채소 식물과 파를 같
이 심으면, 파 뿌리의 천연항생물질에 의
해 박과식물의 덩굴쪼김병(만할병)이 예
방될 수 있다. 정식할 때 파와 오이 뿌리
를 겹쳐 심으면 보다 효과적이다.

보리 💗 완두

토마토, 피망 💗 부추

오이, 수박, 호박, 멜론 🖤 파

※ 가까이 심어주세요~

② 친구형 동반식물 ⫸ 주간(그루 사이), 조간(줄 사이)에 심는다!

토마토와 바질을 함께 심으면, 서로의 충해를 막을 수 있고 또 맛도 좋아지는 것으로 알려
져 있다. 바질은 인도 원산의 물을 좋아하는 쌍떡잎식물이고, 토마토는 안데스 원산의 건조
지대에서 자라는 쌍떡잎식물이다. 이런 이유로 토마토 그루 사이를 평소보다 넓게 하고, 그
사이에 바질을 심으면, 토마토에 있어서 남아도는 수분을 바질이 잘 흡수할 수 있다. 토마
토는 수분이 너무 많으면 열과가 생기는데, 바질과 함께 심으면 이러한 열과를 줄이고 깊은
맛을 낸다. 또한 바질은 토마토 사이에서 약간의 빛가림도 되고 수분도 확보할 수 있어, 부
드럽고 신선한 잎이 된다.

그러나, 대과종 토마토의 경우, 바질을
먼저 심으면 바질이 왕성하게 자라 토마
토의 생육에 안 좋은 영향을 줄 수 있다.
토마토와 바질은 사이가 좋은 친구라기
보다 긴장감을 갖는 경쟁 관계에 있는 친
구라고 할 수 있다. 경쟁 관계를 유지하
는 비결은 토마토를 먼저 심고, 어느 정
도 자라면 작은 바질을 심는 것이다.

토마토	🖤	바질
누에콩	🖤	양배추
쑥갓	🖤	무
가지	🖤	땅콩
당근	🖤	풋콩

※ 어느 정도 거리와 시간을 두고 싶어요~

③ 선후배형 동반식물 ⫸ 작기를 달리하여 심는다!

적환무와 오이는 선후배형 동반식물의 전형적인 예이다. 오이는 생육 초기 오이잎벌레에 의해 치명적인 피해를 입는 경우도 있다. 따라서 오이 정식 1개월 전에 적환무 씨앗을 방해가 되지 않는 장소에 파종한다.

오이잎벌레는 적환무의 매운 향을 싫어한다. 적환무가 어느 정도 자라고 그 옆에 오이를 심으면, 오이잎벌레의 피해를 줄일 수 있다. 오이가 제법 자라면 적환무의 수확기가 되는데, 적환무를 수확하면 오이가 자랄 공간이 더 생겨 일석이조의 사이짓기(간작)가 된다. 재배 시기가 겹치지 않도록 하는 것이 중요하다.

그림 IV-1-6. 동반식물

[함께 심으면 안 돼요] 궁합이 나쁜 조합도 잊지 말자!

동반식물을 기억하는 것도 중요하지만, 궁합이 나쁜 조합을 잊지 말아야 한다. 잘못된 혼식, 간작으로 애써 세운 재배계획, 흙만들기, 재배관리가 허사가 될 수 있다.

파는 대표적인 동반식물이기는 하지만 무, 풋콩, 결구채소와는 함께 심지 않는다. 파의 뿌리에서 나오는 유기산이 유기물을 분해하여 여기저기 양분이 생기는데 그러면 무의 뿌리가 곧게 뻗지 못하고 바람이 들 수도 있다.

가지, 우엉, 오크라의 경우 지상부 생육은 전혀 달라도 뿌리는 모두 곧게 뻗는다. 땅속 깊게 큰 뿌리를 뻗으면 서로 양분을 뺏는 조합이 된다.

감자는 배추과 식물과 함께 심으면 좋지 않다. 조금씩 여러 작물을 기르는 밭에서 감자를 키우면, 재배계획을 세우기 어려울 수 있다. 전용 구획을 설정하여 궁합이 좋은 파와 돌려짓기하는 것이 좋다.

4) 덩굴성 작물을 이용한 쉼터 및 볼거리, 즐길거리 만들기

텃밭정원에 덩굴성 일년생 박과채소나 콩과식물을 이용하여 조기에 터널을 만들고 휴식공간이나 즐길 수 있는 공간을 만들 수 있다.

먼저 작물이 올라가도 쓰러지지 않는 튼튼한 시설을 만들고, 벽돌이나 나무틀 등을 이용하여 식물이 잘 자랄 수 있는 공간을 만들어 준 다음 흙과 퇴비, 그리고 배수를 좋게 하기 위해 피트모스 등 배양토를 잘 섞어준다.

잘 배합된 토양을 재배상에 넣고 평평하게 한 다음 물을 충분히 주고 점적호수를 이용한 관수장치를 설치하면 재배기간 중 물주기와 비료주기를 동시에 할 수 있어 편리하다.

준비된 재배상에 30~40㎝ 간격으로 미리 준비된 조롱박 종류나 관상용 호박, 수세미오이, 덩굴콩 등 덩굴식물의 모종을 심는데, 호박, 박, 수세미오이 등을 구분하여 벨트식으로 군락을 지어 따로 심는다. 그리고 생육에 이로운 파, 매리골드와 같은 동반식물을 주변에 심으면 좋다. 그다음 덩굴이 타고 올라갈 수 있게 그물망을 설치해 준다.

이른 시기에 심을 경우에는 소형터널을 설치하고 얇은 부직포를 덮어 저온과 서리피해를 막아주고 서리 피해가 없어진 5월 중순경에 벗겨 준다. 양분이 부족할 경우 웃거름을 주고, 가지고르기나 자르기 작업을 한 다음 꽃이 필 때 벌을 이용하여 열매를 착과시키는 노력이 필요하다.

후기에는 노화된 하엽을 제거해야 하는데 그러면 착과절 아랫부분이 비어 있어 관상가치가 없으므로 측지에 잎을 2매 정도 붙여 관리하면 초세 유지와 관상가치를 높일 수 있다.

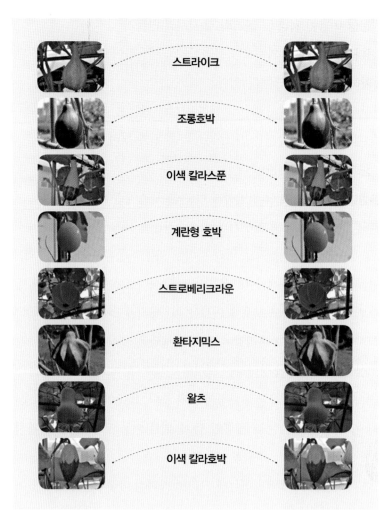

스트라이크

조롱호박

이색 칼라스푼

계란형 호박

스트로베리크라운

환타지믹스

왈츠

이색 칼라호박

그림 Ⅳ-1-7. 관상용호박의 종류와 배치(예)

그린터널 생육 초기　　　그린터널 생육 중기　　　그린터널 완성기

그림 Ⅳ-1-8. 그린터널

5) 역사 속 인문테마 텃밭 모델

인문을 추구한다는 것은 '나 자신의 삶의 질을 높이는 것뿐만 아니라 타인을 이해하고, 함께 삶을 살고 싶어하는 것'으로 인간의 가치탐구와 표현활동 전반을 이야기한다. 그래서 인문은 사람이 사람답게 살아가는 데 필요한 가치, 지식, 자세와 같은 정서적 부분으로, 더불어 함께하는 도시농업과 일맥상통한다. 온고지신의 마음으로 역사 속 선현들의 농업 및 삶에 대한 철학과 문화를 찾아 함께(관계 수용성), 즐기며(유희성) 사회적 환원을 수행하는 가치를 담은 인문테마 텃밭을 통해 더 나은 사회를 만들자.

인문적 측면
1. 단순히 오래 사는 문제로 보기보다는 오래 잘 살 수 있는 방법 구현
2. 한국을 대표할 수 있는 전통적 콘텐츠를 보여주고 소개함
3. 한국인의 심리적 불안을 치유할 수 있는 공간화
4. 텃밭을 대하는 자세 변화

문화적 측면
1. 텃밭을 대하는 시각 변화
2. "경작지에서 삶을 읽어낼 수 있는 문화적 공간으로"
3. 여가문화로서 도시농업의 하위 문화화

작물적 측면
1. 약용식물의 일상화
2. 우리 전통 농산물의 재조명을 통해 전통적, 역사적 지식과 가치의 현대적 적용 시도
3. 산나물의 텃밭식재 적용

기능적 측면
1. 항노화(고령친화사업뿐만 아니라 노화가 시작되는 30대의 젊은 세대부터 장년층, 노년층까지 전세대 대상), 장수, 건강, 신체활동, 심리적 안정감이 즐겁기보다 속에 좋은 건강성

사회적 측면
1. 사회문화적으로 현대인이 관심을 갖는 장수보다 항노화에 초점
2. 고령화라는 사회적 문제를 현명하게 대처하고 준비하는 계기
3. 공동체 활성화, 도시재생

자료 : 인문테마 텃밭정원 식재모델 및 활용매뉴얼(농촌진흥청 국립원예특작과학원, 2018)　　　그림 Ⅳ-1-9. 인문테마 텃밭정원의 지향점

① 고려의 명문장가 이규보 선생의 채마밭

고려 후기 명문장가로 당대를 풍미한 시풍을 지은 이규보(1168~1241) 선생이 저술한 시문집 「동국이상국집」속 '가포육영(家圃六詠)'에는 생활 속 채식을 하고 있는 이규보 선생의 모습이 들어 있다. 가포육영은 고려시대 대중화된 작물로 이규보 선생이 즐긴 오이, 가지, 순무, 파, 아욱, 박의 여섯 가지 채소에 대한 기록을 시로 남긴 것이다. 우리는 가포육영을 통해 고려시대 사람들이 어떤 채소를 재배하고 어떤 식습관을 지녔는지 알 수 있다. 이규보 선생은 강화도에서 텃밭을 가꾸고 시를 쓰며 노후를 보냈다고 한다.

이규보 선생은 오늘날 강화 특산물이 된 순무를 키워 사계절 어떻게 이용하는지 잘 표현한 아래와 같은 시를 남겼다.

순무/청(菁)
무 장아찌는 여름 반찬에 좋고
소금절인 무는 겨울 내내 반찬이네
땅속의 뿌리는 날로 커지고
서리맞은 후에 수확하여 칼로 베어
맛보면 배 같은 맛이네

그림 IV-1-10. 이규보의 가포육영 일부

고려시대를 상상하며 지금도 우리 밥상에 자주 오르는 가포육영의 6가지 채소를 키우고 조리하여 건강도 챙기고 인문학적 소양도 쌓아보자.

② 한국의 대표 어머니상, 신사임당의 초충도 텃밭

신사임당은 끊임없는 자기계발을 통해 이룩한 예술적 성취 외에도 올곧은 자녀 교육을 통하여 진보적인 자신의 정체성을 뚜렷하게 드러내며 율곡 이이 선생 같은 훌륭한 인물을 키워낸 대표적 어머니상이다.

조선시대 대표 여류화가로 칭송받는 신사임당이 뜰안 텃밭 식물과 풀 벌레를 소재로 남긴 그림을 살펴보면 매우 섬세하고 여유로운 느낌을 준다.

초충도 각 폭에 그려진 내용을 살펴보면, 오이와 메뚜기, 물봉선화와 쇠똥벌레, 수박과 여치, 가지와 범의 땅개, 맨드라미와 개구리, 가선화와 풀거미, 봉선화와 잠자리, 원추리와 벌 등이다. 우리 텃밭정원도 초충도 여덟 화폭 그림처럼 만들어 보자.

그림 Ⅳ-1-11. 신사임당의 초충도

③ 중농학자 다산 정약용 선생이 실천한 생활 속 텃밭

다산 정약용(1762~1836) 선생은 젊어서부터 생활공간 꾸미기에 관심이 많았고 원예에 대한 취미도 특별했다고 한다. 그러한 관심과 취미 덕분에 강진 유배지에서 스스로 제자들과 채소와 약초를 키우며 집필활동이 가능했을 것이다.

다산선생은 유배 8년 만인 1808년 봄에 다산초당으로 거처를 옮겨 간절하게 꿈꾸었던 이상적 생활공간을 현실 공간 위에 실현하는 작업을 곧바로 행동에 옮겨 비탈에 아홉 단의 돌계단을 쌓고, 층마다 무와 부추, 늦파와 올숭채, 쑥갓, 가지, 아욱, 겨자, 상추, 토란 등 갖가지 채소를 심었다. 그리고 못을 넓혀 파고, 산 위 샘물을 홈통으로 이어 끌어와 못가에는 당귀·작약·모란·동청 등 약초와 화훼를 심었다. 연못 위편에는 바닷가에서 주워온 기암괴석으로 석가산(石假山)을 꾸몄다. 다산은 이렇게 산속의 황량하던 별채에 생기를 불어넣고 제자들을 가르치고 집필활동을 하였다.

선생은 평소에 본인이 생각하고 실천해오던 바를 제자나 아들에게 보낸 편지에서 오늘날 전원생활에 필요한 땅 고르는 방법과 생활 속 농업기술을 글로 남겼다.

다산선생이 쓴 선비가 실천해야 할 '생활의 수단'이란 글처럼 오늘에 사는 우리도 실천해 행복한 삶을 영위해 보자.

생활의 수단

생활을 꾸리는 꾀로는 원포와 목축만한 것이 없다. 못이나 방죽을 파서 물고기를 기른다.

문 앞의 가장 좋은 비옥한 밭은 십여 개의 두둑으로 구획하여 아주 네모지고 고르게 만들어 네 계절의 채소를 차례로 심어 집의 먹거리를 공급한다.

집 뒤 빈 땅에는 진귀한 과실나무를 많이 심는다. 중간에는 작은 정자를 지어 겉으로 맑은 운치를 띠면서 아울러 도둑을 지킨다.

먹고도 남으면 매번 비 온 뒤에 바랜 잎을 따내고 먼저 익은 것을 골라내서 시장에 가서 이를 판다.

간혹 특별히 살지고 큰 것이 있으면 따로 편지를 써서 친한 벗이나 이웃 노인에게 보내 진귀하고 색다른 것을 나누는 것도 두터운 뜻이다.

또 토양을 다스려 각종 약초를 심는다. 냉이와 도라지, 쑥, 마 등을 토질에 따라 구별해 심는다.

인삼만은 특별히 쓸데가 많아, 법도를 따르기만 한다면 비록 몇 이랑을 심더라도 괜찮다.

출처 : 다산어록청상 | 정민

---

④ 농촌생활 백과전서를 편찬한 풍석 서유구 선생의 텃밭

풍석 서유구(1765~1845) 선생은 전원생활의 지식을 집대성하여 농업에 관한 「금화경독기(金華耕讀記)」, 어업에 관한 「난오어목지(蘭湖漁牧志)」를 저술하였고, 이를 종합한 「임원경제지(林園經濟志)」를 그의 아들 우보(宇輔)와 함께 편찬하였다.

「임원경제지」는 원예 경작과 함께 전원에서 사대부의 전체 생활내용을 광범위하게 정리한 것으로 여기에는 풍석 선생의 집안에서 전수받은 지식 체계와 함께 중국에서 들어온 새로운 지식들이 17년간의 전원생활에서 실제적 농업 경험으로 검증되어 고도의 전문성을 갖춘 저술로 탄생하였다.

기록된 채소와 약초는 아욱, 파, 자총, 부추, 염교, 마늘(택산), 생강, 겨자, 개람, 순무, 무(당근), 배추, 쑥갓, 시금치, 나팔꽃나물, 근대, 상추, 개자리, 비름, 고추, 양하, 고수, 오이, 동아, 호박, 주먹외, 수세미외, 박, 가지, 토란, 당귀, 도라지, 모싯대, 삽주, 쇠무릎, 천문동, 맥문동, 결명자, 더덕, 궁궁이, 박하, 갯방풍, 우엉, 질경이 등이 있다.

⑤ 무소유와 자연에서 가치를 찾았던 법정스님의 텃밭

무소유와 자연에서 삶의 즐거움과 가치를 찾았던 우리 시대 최고의 자연주의 사상가이자 실천가였던 법정스님은 살아계실 때 늘 자연과 교감하고 인적 없는 오두막에서 손수 채마밭을 가꾸며 간소하지만 충만한 삶을 살다 가셨다.

벌써 법정스님이 입적하신 지 여러 세월이 훌쩍 지났지만 시공간을 넘나들며 영혼을 적시는 스님의 가르침은 아직까지도 우리의 가슴 속에 살아있다.

무소유와 자연 사랑을 실천한 법정 스님의 삶을 생각하며 각자의 행복 텃밭을 만들어 보자.

⑥ 임원경제지에서 찾은 역사·문화형 텃밭정원 작물

농촌진흥청 국립원예특작과학원에서 전통적 삶의 이야기와 가치를 들여다볼 수 있는 역사적 콘텐츠로서 풍석 서유구의 「임원경제지」를 토대로, '전통과 현대의 건강문화'를 스토리텔링화하여 작물을 조사·정리한 것을 소개하니 참고하기 바란다.

표 IV-1-2. 역사 · 문화형 텃밭정원 작물 제시

구분	내용
채소 텃밭	차조기, 유채, 회향, 두릅, 고추, 석잠풀, 공심채, 쑥갓, 근대, 상추, 아욱, 고수, 비름, 갓, 시금치, 미나리, 파, 부추, 당근, 양하, 생강
풀열매 텃밭	박, 조롱박, 둥근호박, 동아, 수세미오이, 오이, 가지, 상추, 쑥갓, 토란, 시금치, 부추
산과들 텃밭	약모밀, 꽈리, 원추리, 머위, 곰취, 고사리
약 텃밭	결명자, 모싯대, 당귀, 둥굴레, 천문동, 맥문동, 지황, 도라지, 우엉, 더덕, 질경이, 박하, 쇠무릎
꽃 텃밭	층꽃풀, 나리, 홍화, 접시꽃, 원추리, 꽈리, 참깨, 결명자

자료 : 인문테마 텃밭정원 식재모델 및 활용매뉴얼(농촌진흥청 국립원예특작과학원, 2018)

공동체 텃밭정원의 조성 및 이용 (근린생활권형)

이애란

1 공동체 텃밭정원의 이해와 유형

공동체 텃밭정원은 공동체의 참여자들이 정원이란 장소에 모여, 식물을 주제로 한 정원을 중심으로 서로의 다름을 이해하고 상호 배려 속에서 함께 정원을 가꾸며 소통하는 것을 말한다. 또한 도시미기후의 조절과 건강한 생태환경의 생활거점 역할을 통해 지속가능한 도시 속의 기반환경을 제공해 준다. 기존 개인 및 가족 단위로 이루어진 도시농업, 개인적 취미의 텃밭과 주택정원 가꾸기의 경우 개인과 가족의 생산과 취미, 휴식에 활용한다면 도시 공동체정원은 보다 다양한 주체가 자유롭게 참여하고 함께 공유하고 소통하며 사회 통합에 기여할 수 있다.

공동체가 만든 정원은 대부분 일상의 주변에 위치하여, 비록 정원 가꾸기에 참여하지 않았더라도 도시민들이 함께 평등하게 향유할 수 있다. 특히 도시의 공동체정원은 세대, 성별, 학력, 인종에 구애받지 않고 함께 소통하는 장소이자 매개체의 역할을 할 수 있다.

1) 정의와 분류

① 정의

공동체정원의 사전적 의미는 울타리 등 영역에 의해 명확하게 구분되는 개인정원 외에 주민공동체에 의해 조성된 개방된 공간으로서, 식물요소와 조형물로써 공동체의식을 키우거나 행사, 이벤트가 열리고 놀이장소로서 역할을 하는 공간이라고 규정하고 있다. 또한 미국에서의 정의를 인용하여 '생산적 활동을 기반으로 주민참여, 공동체 형성을 활성화시킬 수 있는 공간'으로 설명한다. Hashimoto(2017)는 '관리주체 혹은 작업주체는 지역주민으로 이들이 멤버를 모집하고, 일부 지정된 활동 장소에서 활동하며, 활동 내용을 스스로 설정하고, 화단 조성 등 다양한 활동에 대처한다'고 정의한다. Urban Greenery Foundation(2005)에서는 여러 사람들이 공유하는 정원으로서 경관미의 향상과 심신의 위로와 치유, 생활의 안전과 안심의 장이 되며, 만남과 교육을 통한 배움, 커뮤니티 재생을 통한 지역의 애착과 지역의 힘을 기르는 데 의미를 갖는다.

개인정원과의 차이점은 첫째, 주민이 주체가 되어 파트너십으로 전개해가는 협동전개 과정이므로 정원 만들기의 프로세스를 즐기는 활동(지역창조 프로젝트)인 점이 다른 활동과 다르다. 둘째, 주민이 주체적으로 커뮤니티의 자립화를 도모하는 점이다. 활동이 충실해지면, 저절로 지역력이 향상하고, 사회로부터의 평가에 동반하여 커뮤니티 멤버의 의욕도 촉진되어 간다는 이점이 있고, 결과적으로 커뮤니티의 자립화에 연결된다. 마지막으로 단발적이며, 취미적인 원예활동이나 채원 만들기의 즐거움만 있지 않고, 장기적이며 지속적으로 마을의 장래를 계획하고 전개할 수 있는 꽃과 초록을 활용한 공동체 활동이다.

② 유형기준과 참여자

정원의 유형에 관하여 미국의 ACGA에서는 농원형, 커뮤니케이션형, 테마형, 교육형, 갱생요양형, 복합형 가든으로 분류한다. 우리나라는 공동체정원의 개념에 대한 참가자 유형에 따라 5가지로 분류하였는데 인근 거주자, 공동시설 이용자, 시민 누구나, 유아/아동/청소년/교원, 보호감호시설 이용자이다.

기반환경으로 보면 첫째, 장소기반으로 주민들의 공·사유지를 활용한 경우로서 낙후지역이나 구도심 등 도움이 필요한 곳과 일반 주거지와 공동주택에 주민 스스로 활동하는 유형으로 나뉜다. 둘째, 목적에 기반을 두어 교육복지시설의 학습 및 치유형 정원과 공공녹지시설을 지역민들이 협력하여 조성하는 유형이 있다. 특히 유아/아동/청소년/교원의 이용자 형태인 교육체험형은 옥외활동 프로그램으로 공간적 입지를 가지며, 텃밭·학습공간, 어린이정원, 학교정원 등을 조성하며 농업과 생태환경, 정원관련 시설을 도입하고 있다.

2) 가치와 효과

① 가치

공동체정원의 사회적 가치는 '시민을 위한 열린 공간, 도시농업을 위한 공간, 공유자산을 통한 공동체적 가치, 텃밭교육과 훈련 프로그램, 그리고 도시의 지속가능성'과 함께 실현된다. 첫째, 개인과 가족의 일상적 요구뿐만 아니라 활력 있는 삶, 자존감, 소비절약을 촉진할 수 있는 사회적 자원이다. 둘째, 사람들이 함께 모이게 하는 장소로서 사회적 네트워크와 지식과 기술을 나누고 이웃과의 접촉을 활성화한다. 셋째, 풀뿌리 지역운동과 참여를 기반으로 지역사회의 문화 역량과 지역 활성화의 또 다른 요소들을 키워낸다. 넷째, 도시 내 생물서식지를 만듦으로 생물다양성을 증가시키고, 경관환경을 향상시킨다. 끝으로 참여자들의 상호의존성을 통해 다양한 수용력을 키우며, 참여가 늘어나면서 복합적이고 상호 연관된 혜택을 제공한다.

② **효과와 의의**

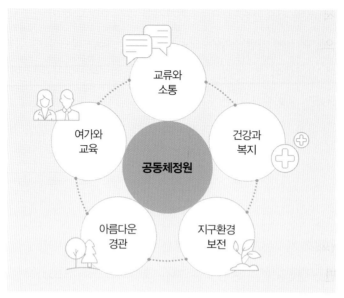

그림 IV-1-12. 공동체 텃밭정원의 효과와 의의

㉮ 교류와 소통 : 공동체가 함께 교류하고 차이를 극복할 수 있는 만남의 장

공동체정원은 사회적 활동의 장이다. 정원에 관심을 가진 누구나 차별 없이 참여할 수 있다. 공동체가 함께 모여 즐겁게 이야기를 나누고 서로의 다름에 상관없이 정원을 중심으로 함께 교류할 수 있는 장소이다. 최근 중요한 사회적 이슈인 다문화, 고령화, 세대 차이를 손쉽게 극복하고 상호 이해할 수 있는 장소이다. 공동체정원은 참여하는 모두가 주인이며 모두가 평등한 민주적인 장소이다.

㉯ 여가와 교육 : 삶의 여유가 배어나는 배움의 장

공동체정원은 바쁜 도심의 일상에서 벗어나 자연을 즐길 수 있는 여가의 장소이다. 제3의 자연인 정원 속에서 흙, 식물 등을 만지며, 멀어진 자연과 일체화될 수 기회를 제공한다. 정원을 중심으로, 식물, 곤충, 서식지, 땅과 물 등의 생태적 지식을 학습하는 배움의 장을 제공한다.

㉔ 건강과 복지 : 건강한 삶의 장소로 사회복지의 장

정원은 신체적 활동을 유발하여 도시민에게 건강한 삶을 제공하며, 자연을 만지고 사람들과 소통함으로써 정신적 건강을 제공해 준다. 고령화 시대에 갈 곳이 부족한 노인들의 새로운 안식처이며 가족들 사이의 화합의 장을 제공해 주며, 공동체의 참여를 높이고 자긍심과 시민의식을 높여 준다. 신선한 채소, 과일 등의 안전하고 신선한 먹거리를 얻을 수 있다.

㉕ 아름다운 경관 : 아름답고 안전한 도시경관 형성의 주체되기

공동체정원은 개인적 취미를 넘어, 도시의 경관을 개선하는 공공성을 가진 활동이다. 기존 공공의 녹화계획(가로수, 공원 등)은 많은 예산이 소요되고 관리에 분명한 한계를 안고 있다. 반면 시민참여를 통한 공동체정원은 이러한 공공 주도의 한계를 극복할 수 있는 소중한 활동이다. 공동체정원의 참여자는 아름다운 도시경관을 형성하는 주체이며 주인이다. 더 나아가 마을과 공동체의 자존감, 정체성 그리고 범죄예방에 도움을 준다.

㉖ 지구환경의 보전 : 지구환경과 자연의 보전, 생태 서식처

다양한 곤충과 동식물들의 생태 서식지를 마련해 줄 수 있다. 자연과 생태의 소중함을 배우고 보전할 수 있는 장이다. 지역 환경의 보전과 녹지공간 확보의 소중함에 대한 인식을 높여 준다. 기후변화(열섬저감, 탄소흡수)와 환경오염(토양오염, 수질 문제) 등에 대한 이해를 높여 지구환경 보전에 대한 활동을 촉발하고 의식을 높일 수 있다.

3) 정원조성을 위한 구성과 사전준비

① 정원조성의 구성 인자

㉮ 참여자 people : 공통의 목적을 공유하며 함께 할 수 있는 사람 모으기

각 지역 내 기존 단체(생명의 숲, 부녀회, 노인회 등)가 있을 수 있어 그들과 함께 할 수 있다. 또는 자신과 공통의 관심을 가지고 있는 주변 주민, 직장동료, 동호회, 학부모 모임

등 어떤 모임이든 가능하다. 일반적으로는 지역 내 주민들과 함께 활동하는 것이 서로를 사전에 이해하고 있어 지속성에서 좋다. 공동체가 함께 모여서 시작할 것을 권장하지만, 만일 어렵다면 먼저 시작하여 점차 주변의 참여를 독려하여 공동체를 형성할 수 있다.

ⓒ 대상지 site : 정원 조성이 가능한 적절한 대상지 찾기

함께 모인 사람들 중 토지소유자가 포함된 경우는 협조를 얻어 이용할 수 있으나 많은 경우 그렇지 않을 수 있다. 이때는 방치되거나 개선이 필요한 시유지나 국공유지를 대상으로 할 수 있다. 관련 기관 및 시민단체 등을 통해 협조를 요청하거나, 일반적으로 지자체 공원녹지과, 지역 내 생명의 숲 등을 통해 협조를 구할 수 있다. 각 지자체 공동체정원에 대한 이해에 따라 많은 도움을 줄 수도 있다. 방치된 개인 사유지를 이용할 수 있으나, 이 경우 반드시 소유자의 허락을 받아 이용해야 한다.

공동체정원은 건물의 외부 공간 어디든 조성할 수 있다. 다만 주변에 사용하지 않은 빈 터, 개선이 필요한 장소 등이 주 대상이다. 예를 들어, 마을 골목, 인도의 가로화단, 공동주택의 빈 공간, 놀이터 주변, 옹벽, 담장과 지붕 및 옥상, 공원, 학교 및 병원 유휴공간 등에 다양하게 조성될 수 있다. 공동체의 목적, 참여 인원 및 주변 여건에 따라 조성할 수 있다.

ⓒ 스타일 style : 원하는 정원의 스타일, 인력 및 시간을 고려한 규모 정하기

몇 명이 꼭 필요하다기보다는, 초기 목표에 따라 다양하게 정할 수 있다. 예를 들어 집 앞의 10㎡(3평) 정도의 작은 공간이라면 1~2명으로도 충분하지만, 100㎡(30평) 이상의 공간이라면 많은 주민들이 필요하다. 즉, 초기 공동체의 정원 조성 목표와 의지에 따라 정할 수 있다. 다만 실제 현장을 정리하고 시공하는 것이 생각보다 쉽지 않기 때문에 너무 넓은 면적에 정원을 조성하기보다는 성취욕과 효과가 높은 장소를 선택하여 집중할 것을 권장한다. 가장 중요하지만 어려운 부분이기도 하다. 운영하는 참여자들의 의견을 모아 원하는 유형을 결정하고, 초기에 정한 스타일이더라도 조성 후에 일부 혹은 재료들이 보완될 수도 있는 여지를 가지고 시작한다.

㉛ 유지관리 ^{maintain} : 지속성을 위한 유지관리 및 책임감, 홍보와 프로그램

공동체정원 조성을 보다 원활하고 안정적으로 운영하기 위해서 위원회를 조직할 것을 권장한다. 공동체정원 위원회 조직 및 임명은 참여자들이 보다 애착을 가지고 헌신할 수 있는 동기를 부여하는 장점이 있다.

공동체정원 위원회의 주요 업무는 정기적인 관리와 계절별 식재 재배, 시설의 유지관리, 회원관리와 예산, 수확에 대한 활용 등에 대한 규정, 홍보 등이 있다. 위원회는 1년 단위의 유지관리에 대해서 고려한다.

② 공동체정원 조성을 위한 사전 준비

㉮ 공동체 참여자를 모아보자. 그리고 목표를 정해보자.

동료들을 모아 장소를 찾을 수도 있고, 사전에 장소를 물색해 놓고 참여할 동료를 모을 수 있다. 상황과 취지에 맞추어 진행할 필요가 있다.

• 입소문으로 모으기

가장 쉽고 효율적인 방법이다. 초기 주요 활동가를 중심으로 입소문으로 동료를 모으면 취지와 방향을 서로 공유할 수 있어 지속성에도 유리하다.

• 광고 및 매체 이용하기

활동 관련 전단지, SNS, 각종 홈페이지, 블로그 등을 이용할 수 있다. 전단지 등은 공공기관이나 상점 등의 협조를 얻어 비치할 수 있으며 공동체정원과 활동을 홍보하는 효과도 있다.

• 지역 모임 및 시민강좌 활용하기

지역 내 다양한 모임에서 공통의 관심사를 가진 동료를 모을 수도 있지만, 더 나아가 토지소유자에 대한 정보, 전문가 및 자원봉사자들에 대한 정보도 얻을 수 있다. 그 외 최근 정원 관련 지역 시민강좌가 일부 개설되고 있어 그곳에서 다양한 정보를 얻을 수 있다.

• 목표 정하기

활동 주체를 중심으로 공동체정원의 목표를 정하는 것이 필요하다. 이는 공동체 모으기, 장소 찾기의 순서와는 상관이 없다. 주요 참여 주체를 중심으로 목표를 정한 후 동료를 모아도 괜찮고, 동료들을 모아 목표를 정할 수 있다.

㉯ 장소를 찾아보자.

공동체정원을 만들기 위해서는 적합한 장소를 찾아야 한다.

• 주변 살펴보기

활동 주체 또는 그룹별로 지역을 탐색하며 공동체정원이 가능한 공간을 찾아낼 수 있다. 주로 빈 유휴지, 경관 개선이 필요한 곳을 대상으로 할 수 있다. 후보지는 지도로 만들어 볼 수 있으며, 인터넷 지도(카카오맵, 구글지도 등)를 이용하여 위치와 면적을 표시하여 서로 공유하면 좋다.

• 토지소유자 확인

대상지가 공공성이 높은 위치라면 협의가 순조롭지만, 개인 소유 토지일 경우 반드시 허락을 얻어야 한다. 토지소유는 주변인 또는 토지대장 등을 이용하여 확인할 수 있다.

• 소유자와 협의하기

소유자과 협의할 때에는 우선 공동체정원의 취지에 대해서 설명하되, 신중하게 접촉하고 정중하게 협조를 구해야 한다. 그리고 많은 경우 초기에 협조하기로 하더라도, 이후에 토지소유자의 마음이 바뀌는 경우도 많으므로 유연하게 대응해야 한다.

㉰ 토지를 조사하자.

정원은 토양이 있다고 해서 식물이 잘 자라지 않는다. 정원 대상지 선정 과정에서 중요한 고려사항은 식물 생장에 직접적으로 관련된 햇빛, 토양, 물이다. 그 외 접근성, 쓰레기 투기 등도 참고사항이다.

커뮤니티가든의 성공적 시작을 위한 Checklist! ✔

1. 공동체정원 조성 목적은 무엇인가요?
☐ 정원을 만들어 보고 싶어서
☐ 동네를 아름답게 가꾸고 싶어서
☐ 사람들과 교류하고 싶어서
☐ 취미 및 정원 기술을 익히고 싶어서
☐ 먹을 채소 및 과일 등을 재배하고 싶어서

2. 누구와 함께 참여할 것인가요?
☐ 가족과 어린이
☐ 장년 및 노년층
☐ 마을 주민
☐ 공통의 관심을 가지고 있는 사람들

3. 참여 인원은 몇 명인가요?
☐ 5명 이내
☐ 6~10명
☐ 11~20명
☐ 21~30명
☐ 30명 이상

4. 조성하려는 공동체정원의 규모는 어느 정도인가요?
☐ 100㎡
☐ 101~200㎡
☐ 201~400㎡
☐ 401㎡ 이상

5. 토지 이용허가를 받았나요?
☐ 네
☐ 아니오

6. 공동체정원에 도입하고 싶은 시설은 무엇인가요?
☐ 의자, 평상, 그늘막 등의 휴식시설
☐ 정원 도구함
☐ 정원 급수시설
☐ 생태연못(비오톱)
☐ 기타

7. 대상지 상태는 어떤가요?
☐ 토지확보가 가능한가?
☐ (공공 소유 토지 또는 협의 가능 사유지)
☐ 햇빛, 그늘, 토질, 바람 등의 여건은 양호한가?
☐ 토양 오염에 대한 우려는 없는가?
☐ (과거 쓰레기 적치, 공장 이전적지 등)
☐ 대상지로의 접근은 용이한가?
☐ 갈수기 정원에 물 공급이 가능한가?
☐ 그 외, 주변 자원은 무엇이 있는가?

8. 공동체정원 조성을 위한 예산은 어떻게 확보할 것인가?
☐ 자부담
☐ 회비
☐ 공공지원
☐ 스폰서
☐ 기타

③ 만들기 과정과 환경조건

㉮ 단계

공동체정원을 만들기 위해서는 일반적으로 다음의 단계를 거친다. 다만 각 단계는 여건에 따라 자유롭게 조정할 수 있다. 예를 들어, 함께할 동료를 먼저 찾은 이후 장소를 찾을 수도 있고, 동료와 장소를 함께 찾으며 진행할 수 있다. 각 단계에서 충분히 소통하고 의견을 교환하는 것이 필요하다. 만약 정원 관련 조경 전문가가 있을 경우 조언을 얻을 수 있다면, 보다 효율적으로 운영할 수 있다. 동료찾기, 장소찾기, 설계하기, 시공하기, 유지관리 순이다.

그림 IV-1-13. 정원만들기의 단계

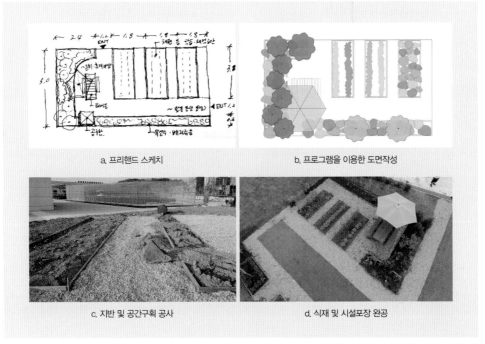

a. 프리핸드 스케치

b. 프로그램을 이용한 도면작성

c. 지반 및 공간구획 공사

d. 식재 및 시설포장 완공

그림 IV-1-14. 단계별 조성과정 예시(국립원예특작과학원 내)

㉯ 조성 시 확인해야 할 5가지 조건

• 햇빛

정원을 만들 때 가장 중요한 것은 햇빛이다. 겨울철이라도 가급적 6시간의 일조가 필요하다. 계절이나 시간대에 따라 현장을 방문하여 햇빛의 지속 시간을 확인할 필요가 있다. 그늘인 경우 음지에 강한 식물을 선택하여 사용할 필요가 있다.

• 토양

식물이 자라는 토양은 충분한 영양분을 필요로 한다. 하지만 일부 유휴공간의 경우 유기물이 충분하지 않을 수 있다. 이럴 경우 식물이 생육이 좋지 않거나 죽을 수 있다. 따라서 좋은 토양을 선택하는 것이 유리하며, 필요하다면 토량 개량을 할 수 있다. 그외, 유휴공간에는 쓰레기 등이 적치되어 있는데 정원 만들기에 앞서 이를 제거해야 하며, 여기서 생산된 과일과 야채 등은 토양오염 등을 고려하여 주의해서 먹어야 한다.

• 물

정원을 지속적으로 유지관리 하기 위해서는 식물에 필요한 적절한 물의 공급이 필요하다. 일반적으로 토양 및 빗물에 의해 유지될 수 있지만, 잘 관리하기 위해서는 지속적인 정원수 공급이 필요하다. 특히 최근 기후변화 등으로 인해 폭염이 증가하여, 이 기간 수목이 고사하는 경우가 빈번하다. 아침과 해 질 녘에 정원수에 물을 줄 것을 권장한다. 대상지를 선정할 때, 물을 공급하기 위하여 가까운 수도의 위치를 파악하는 것도 중요하다.

• 접근성

정원의 목적에 따라 달라질 수 있지만, 일반적으로 정원은 지속적인 관리가 필요하므로 가까운 곳을 선정하면 유리하다. 거리가 멀수록 참여도가 낮아지고 공동체정원의 지속적인 참여와 관리도 어려워지기 때문이다.

• 활동 리더와 코디네이터

공동체정원에서 중심이 되는 활동 리더가 필요하다. 희생정신을 갖춘 리더는 정원가꾸기 활동을 유지하고 보다 역동적으로 이끌어 가는 역할을 한다. 조경, 공동체, 원예, 건축, 예술 등의 전문가 코디네이터의 참여는 정원 조성에 커다란 원동력이 된다.

4) 정원의 유형

(대분류) 목적과 주체 : 참여형, 나눔형, 공감형, 공익형

(소분류) 공간유형 세분 : 대분류별로 공간의 차별성을 고려

참여정원	나눔정원	공간정원	공익정원
사회 조화	**학습 치유**	**교류 공감**	**봉사 공익**
취약계층의 거주지 기반 구도심, 낙후주거지 전문가 협력 공공예산지원	특수계층의 목적 기반 복지교육기관, 특수시설 전문가 학습지원 공공예산지원	지역주민 거주지 기반 일반주거단지, 공동주택 계층, 세대간 이웃교류 주민자발적 협력	공익가치 목적 기반 지역주민, 행정기관 전문가 학습지원 시민봉사자, 봉사단체 NGO

그림 IV-1-15. 공동체정원의 대분류

① 대분류 유형별 목적 및 식생환경

㉮ 참여정원은 취약계층의 노후주거지를 중심으로 자투리땅, 길가의 좁은 화단 등에 조성하는 유형으로 공해에 강하고, 저관리형의 수종을 제안한다.

㉯ 나눔정원은 교육, 병원, 복지시설 등 건축물 내외부에 다양한 공간을 활용하는 유형으로 교육적이고 촉감 등을 활용한 치유 관련 채원과 화훼 수종 및 다층 식재를 통해 다양하고 풍성한 식재 경관을 형성한다.

㉰ 공감정원은 아파트 등의 공동주택과 주거단지 내 영역성이 강한 장소에 조성하는 유형으로 향이 좋고 꽃이 아름다운 허브 등의 초화류, 미관성이 높은 관목류 등을 제안한다.

㉱ 공익정원은 공익적 가치를 추구하며 공원녹지의 공적공간을 중심으로 NGO, 사회봉사자 등을 중심으로 조성한 정원으로 지속적 관리의 어려움을 고려하여 도심에 강한 화훼 및 저렴한 비용으로 넓은 면적에 효과적인 식재할 수 있는 수종 및 시설물을 제안한다.

② 소분류 공간유형별 장소와 효과

정원은 목적에 따라 다양한 공간에 조성이 가능하다. 단독주택지와 주거단지의 마을단위, 마을 내 골목길, 공동주택단지는 주거민들이 주체가 되어 입체적인 녹지공간을 활용하여 단지의 경관개선과 휴게, 경관, 생산공간으로 활용한다.

학교의 교육시설과 특수시설은 사용자의 특수성을 고려하여 기능과 효과에 적절한 식재와 시설, 운용프로그램이 함께 이루어져야 한다. 공공영역인 공원·녹지와 이벤트 공간은 정원에 대한 시민참여와 홍보, 주인의식의 확대와 정원문화 확산에 기여하여야 한다.

표 IV-1-4. 대상지의 장소 유형과 기능

구분		장소 예시	주요 기능 및 효과
마을 & 골목길		마을 골목길, 담장 및 현관 앞, 담장허물기 후 정원조성, 마을 어귀, 마을 공동 유휴지, 상점 앞 공개공지, 옥상, 계단 및 벽면 등	마을경관 개선, 범죄 예방, 유휴지 활용, 쓰레기투기 예방, 주민참여, 먹거리, 생물서식처, 여가활동, 휴식·문화공간 제공, 다문화 등
공동 주택	아파트	단지 내 녹지 및 유휴지, 옥상, 놀이터 등	단지경관 개선, 휴식·문화공간, 생물서식처, 교육, 여가활동, 주민참여 등
	다세대	빌라 입구, 주차공간 주변, 건물 사이 공간, 경사지 및 옹벽, 유휴지 등	단지 공동체, 경관 개선, 휴식·문화공간 제공, 가족활동, 먹거리, 여가활동
교육 (유치원, 학교 등)		교내 녹지 및 유휴지, 담장 주변, 입구, 옥상, 주변 유휴지	자연학습 및 정원교육, 경관 개선, 학생 참여, 생물서식처 등
병원·복지시설		건물 옥상, 벽면, 유휴공간 등	치유, 건강, 공동체, 여가활동 등
공원 및 녹지		공원 내 유휴지, 경계 녹지, 마을과 산의 경계, 경사지 옹벽, 폐 선로 등	유휴지 활용, 경관 개선, 다문화 공유, 힐링, 건강, 범죄예방 등
기타(이벤트)		정원박람회 시민참여 공모, 게릴라가드닝 등	시민참여, 교육, 정원문화 확산, 경관 개선 등

2 유형별 계획 및 조성 지침

정원조성의 실행과정과 결과에 대한 연속성의 이해를 돕기 위해 목적에 따른 유형별 모델정원을 조성하였다. 현장은 조성과 관리 가능한 규격(약 가로 8~10m×세로 6m)으로 네 가지 정원을 제공하였다.

목적에 적정한 활용가능 공간을 구성하고 규격을 설정한 후 식재와 시설계획을 수립하였다. 프리핸드 스케치작업을 기반으로 그래픽 프로그램을 활용하여 계획과 설계도를 작성하여 시공이 가능하도록 하였다. 특히 목적에 따라 생산, 휴식, 교육, 감상 등의 활동영역에 적정한 공간의 연계와 동선 계획을 수립한 후 도입 수종과 수량, 배식계획이 수립되어야 한다. 유지관리를 위해 수종간 관계, 계절별 수종, 급배수 관련 사항을 고려하여야 한다.

1) 유형별 모델정원 조성과정

① 참여정원

주로 구도심과 낙후 주거지역을 대상으로 하며, 사회적 취약계층의 참여를 통해 공동체 증진과 사회적 통합을 목표로 한다. 참여주체의 역량이 부족한 경우가 많아 전문가의 참여와 봉사를 바탕으로 활성화와 참여를 도모한다.

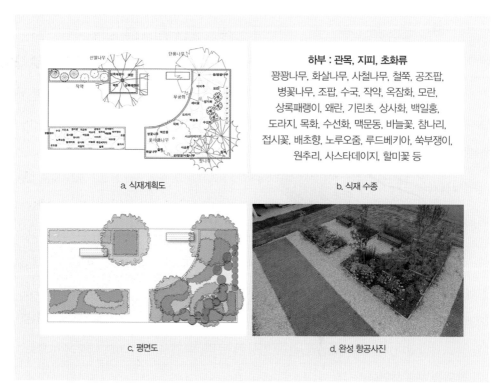

a. 식재계획도

하부 : 관목, 지피, 초화류
꽝꽝나무, 화살나무, 사철나무, 철쭉, 공조팝,
병꽃나무, 조팝, 수국, 작약, 옥잠화, 모란,
상록패랭이, 왜란, 기린초, 상사화, 백일홍,
도라지, 목화, 수선화, 맥문동, 바늘꽃, 참나리,
접시꽃, 배초향, 노루오줌, 루드베키아, 쑥부쟁이,
원추리, 샤스타데이지, 할미꽃 등

b. 식재 수종

c. 평면도

d. 완성 항공사진

그림 IV-1-16. 참여정원 조성

② 나눔정원

기여와 봉사를 통해 사회적 가치의 균형 분배와 삶의 질 향상을 목표로 하는 정원이다. 주로 학생, 어린이, 노약자, 장애인 등의 참여를 유도하며, 학교, 유치원, 병원 등의 장소를 중심으로 공동체정원을 조성한다. 참여주체의 역량을 보완할 수 있도록 전문가의 나눔과 참여가 필요하다.

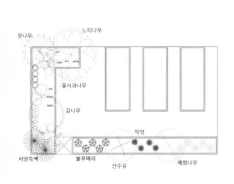

하부 : 관목, 지피, 초화류
꽃사과나무, 좀작살, 사철나무, 복분자,
베리류, 감국, 곤달비, 당귀, 곰취, 원추리,
둥굴레, 골담초, 작약, 도라지 등

채원 : 과채소류
상추, 파, 고추, 브로콜리, 부추, 토마토, 가지,
오이, 호박, 감자, 고구마, 열무

a. 식재계획도   b. 식재 수종

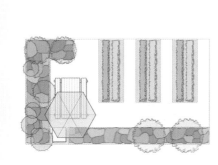

c. 평면도   d. 완성 항공사진

그림 Ⅳ-1-17. 나눔정원 조성

③ 공감정원

공동주택단지(아파트, 다세대 등) 및 양호한 단독주택지를 중심으로 이웃, 세대 사이의 교류와 공감을 유발하고 촉진하는 정원을 말한다. 주민주도의 공동체정원 조성이 가능하며 전문가는 조언자로서 역할이 가능하다.

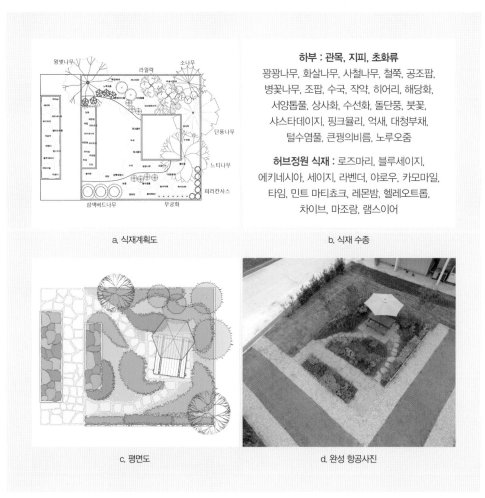

a. 식재계획도

하부 : 관목, 지피, 초화류
꽝꽝나무, 화살나무, 사철나무, 철쭉, 공조팝, 병꽃나무, 조팝, 수국, 작약, 히어리, 해당화, 서양톱풀, 상사화, 수선화, 돌단풍, 붓꽃, 샤스타데이지, 핑크뮬리, 억새, 대청부채, 털수염풀, 큰꿩의비름, 노루오줌

허브정원 식재 : 로즈마리, 블루세이지, 에키네시아, 세이지, 라벤더, 야로우, 카모마일, 타임, 민트 마티쵸크, 레몬밤, 헬레오트롭, 차이브, 마조람, 램스이어

b. 식재 수종

c. 평면도

d. 완성 항공사진

그림 Ⅳ-1-18. 공감정원 조성

④ 공익정원

비영리단체나 지역주민이 함께 공공성이 있는 장소(공원, 가로, 공공시설, 종교시설 등)를 중심으로 가꾸는 정원을 말한다. 도시의 경관 및 환경을 개선하는 주체적 역할을 수행하며 공익적 가치를 증진한다.

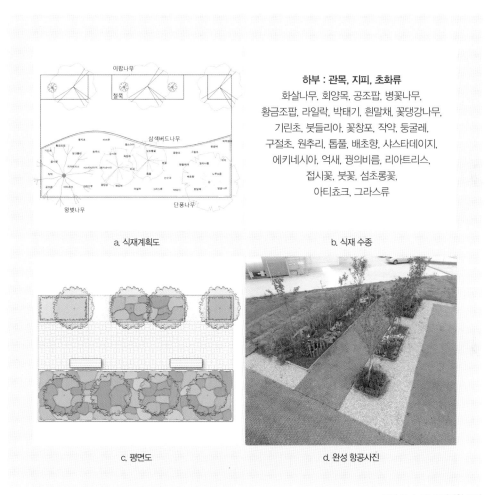

a. 식재계획도

b. 식재 수종

하부 : 관목, 지피, 초화류
화살나무, 회양목, 공조팝, 병꽃나무,
황금조팝, 라일락, 박태기, 흰말채, 꽃댕강나무,
기린초, 붓들리아, 꽃창포, 작약, 둥굴레,
구절초, 원추리, 톱풀, 배초향, 샤스타데이지,
에키네시아, 억새, 꿩의비름, 리아트리스,
접시꽃, 붓꽃, 섬초롱꽃,
아티쵸크, 그라스류

c. 평면도

d. 완성 항공사진

그림 Ⅳ-1-19. 공익정원 조성

2) 공동체 텃밭정원 사례

① 유럽

국제적으로도 북미와 유럽의 사례를 볼 때 이용목적은 국가에 따라 크게 다르지 않으며, 건강유지를 위한 장, 커뮤니티 형성의 장, 보다 안전한 음식의 실현의 장, 리프레쉬의 장 등 다양한 용도로 이용되고 있다. 최근의 양상은 지역의 녹색 인프라인 공원과 녹지에 공동체 정원이 삽입되거나 주거지의 다양한 공지와 공공용지를 정원화하여 이용하고 있는 실정이다. 영국에서는 '얼랏먼트 가든', 스웨덴에서는 '코로닛 레코드', 네덜란드에서는 '폴크 스타인', 프랑스에서는 '쟈르뎅페밀리오'라고 불리고 있다.

영유아를 둔 가족 대상의 친환경 놀이마을과 정원, 꿀벌하우스

MOMOLAND : 지역단체가 교육과 연동하여 운영하는 공동체정원과 자연학습장

그림 Ⅳ-1-20. 네덜란드 암스테르담 Westernpark 내 공동체정원의 다양한 유형(2019)

② 싱가포르와 호주 시드니

국가의 전략이 생태정원도시^{Garden City}인 싱가포르는 도시녹지네트워크의 변화 속에 생활형 녹지까지도 연구하여 미래 방안을 제시하고 있다. 공동주거단지 내부의 경우, 주택관리국 ^{HDB}서 주거단지의 다른 기반시설과 같이 공동체정원도 세부적으로 주관하여 계획을 세우고 있다. 커뮤니티정원은 시민들 스스로 지속적인 유지관리까지 이루어지도록 하고 있으며, 행정은 기본적인 토지와 시설구획, 년도마다의 감사와 시상 정도를 맡고 있다.

호주의 경우 유럽과 연계하여 영국의 정원 관련 자료와 교육정보를 기반으로 도시에 공동 체정원 관련 행정기관과 지침서를 마련해 활발하게 움직이고 있다.

시드니 공동체정원 지침서   싱가폴 앙목교공원 내

싱가폴 주택국 승인명패   싱가폴 공동주택단지 텃밭정원   Yishun종합병원 옥상정원

싱가폴 앙목교공원 내 정원배치도

도입시설 & 공간구성

1. 수공간

2. 화분 & 분재 정원

3. 허브정원 plot_화단형

4. 허브정원 plot_텃밭형

5. 쉼터

6. 입구(진입로)

그림 Ⅳ-1-21. 호주 시드니와 싱가폴의 다양한 공동체정원

③ 성북동 인수봉 숲길마을

인수봉 자락에 위치한 숲길마을은 2007년 담장허물기사업을 시작으로 좁은 골목길의 주차난을 해소함과 동시에 주택 앞마당을 맞대어 공유함으로써 살기 좋은 마을로 부상하였다. 2016~2017년 '서울, 꽃으로 피다' 콘테스트에서 골목길 분야 2년 연속 수상을 하였으며, 150여 가구가 소통과 협력을 통해 마을대표와 재능기부자들과 함께 숲마을지도를 만들고, 가구의 대표 수목을 심고 나무 이름 문패를 만들었다. 또한 이를 시작으로 서울시 1호 빗물정원마을로 선정되어 투수성 포장과 마을행사를 겸할 수 있는 마을공동주차장, 2018년에는 시의 지원사업에 공모하여 노후주택 일부를 마을공동체센터로 착공하기도 하였다.

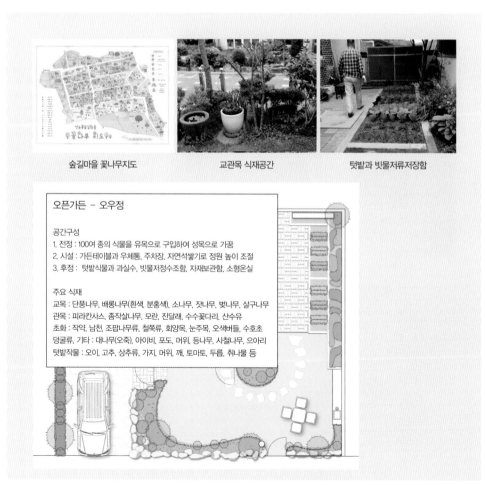

숲길마을 꽃나무지도　　　교관목 식재공간　　　텃밭과 빗물저류저장함

그림 IV-1-22. 서울시 성북동 인수봉 숲길마을 담장허물기 열린정원(2019)

④ 경춘선 공동체 텃밭정원

"칙칙폭폭 칙칙폭폭" 추억과 낭만의 경춘선 열차가 달리고 벽돌공장이었던 이곳에 철길의 원형을 보존하고 도심 속 넓고 자유로운 땅의 가치를 살려 시민들이 함께 만들고 가꾸어 가는 정원을 조성하여 '마을 공동체' 정신을 되살리고자 한다.

철길 주변은 옛 정서를 느낄 수 있도록 기차 레일을 중심으로 미루나무, 박태기나무, 루드베키아 등을 심고 고향의 향수를 느낄 수 있도록 매화나무, 살구나무, 대추나무, 뜰보리수, 앵두나무 등 우리에 생활에서 낯익은 나무와 꽃을 심어 함께 가꾸고 나눌 수 있도록 하였다.

이 땅이 지니는 기억과 의미, 가치를 소중히 하며 지역주민들이 함께 가꾸면서 소통하는 장소가 되기를 기원한다.

공원 내 분양형 공동체텃밭   교관목과 초화가 어우러진 휴게형 정원

시민교육·휴식·창고·급배수 일체형시설   숲길텃밭 알림판   급수시설 완비

마을공동정원 조성도

도입시설
A. 마을공동정원_대규모
B. 마을공동정원_소규모
C. 휴게시설
D. 도시숲 쉼의 정원
E. 잔디마당   F. 교목수림
G. 경춘선둘레길

그림 Ⅳ-1-23. 경춘선 숲길 공동체 텃밭정원

학교 텃밭정원 조성 및 활용 (학교교육형)

문지혜

1 학교 텃밭정원의 범위와 효과

1) 학교교육형 도시농업

학교에 텃밭이나 농장을 조성하고 학생과 교직원, 또는 지역주민들이 함께 동물과 식물을 가꾸고 이용하는 사례가 증가하고 있다. 농장, 농촌으로 이동하여 농업활동을 체험하는 1회성 행사가 아니라 학교 안이나 인근에 농업활동을 할 수 있는 공간을 조성하고 과정지향적으로 농업체험 프로그램을 운영하는 것이다. 2013년 시행된「도시농업의 육성 및 지원에 관한 법률」에서는 도시농업의 유형별 세부분류에 학교교육형 도시농업을 포함하고 '학생들의 학습과 체험을 목적으로 학교의 토지나 건축물 등을 활용한 도시농업'으로 정의하고 있다. 학생들에게 농업에 대한 경험과 지식을 제공하고, 농촌과 농업의 중요성을 인식시키며, 나아가 학교 구성원 및 집단 밖 구성원들과의 협동과 건강한 상호작용을 목적으로 하는 공동체 활동의 한 형태라 할 수 있다.

도시농업은 도시민이 도시지역의 자투리 공간(옥상, 베란다, 골목길, 도시텃밭)을 활용하여 여가 또는 체험적인 농업활동을 의미한다. 과거에는 일상생활과 텃밭활동은 밀접한 연관성이 있었으며 아동의 삶과 놀이문화 속에서도 자연, 텃밭 활동은 삶 속에 자리 잡고 있었다.

이러한 텃밭 문화는 산업화와 도시화로 밀려 점차 자취를 감추었다가 다시 식물 및 원예활동의 유용성에 대한 인식이 알려지면서 원예활동은 다양한 영역과 공간에서 적용이 증가하는 추세이다. 학교 또는 학교 주변의 텃밭이나 농장, 교재원을 형성한 학교텃밭(스쿨팜)을 활용한 원예체험교육은 학교생활 속에 자연교육을 밀접하게 연계시키는 방안으로 주목받고 있다. 학교에서의 도시농업을 통해 학교생활을 보다 풍요롭고 창의적으로, 학교환경을 아름답고 자연친화적으로 만들 수 있다.

2) 학교 텃밭정원의 범위

학교교육형 도시농업에는 학교텃밭은 물론 학교숲, 연못, 동물농장, 화단 등이 포함될 수 있다. 활동 대상이 식물에 한정될 수도 있고 동물을 포함할 수도 있으며 범위와 목적에 따라 학교텃밭, 학교정원, 학교농장, 학교학습원, 학교생태원, 교육농장, 스쿨팜, 에듀팜, 스쿨가든 등 다양한 용어로 표현되고 있다. 팜, 농장은 토끼, 닭 등 소동물을 포함하는 개념인 반면 텃밭, 정원, 가든은 식물에 국한되어 사용되는 개념이다.

| 숲과 텃밭 | 연못 | 동물농장 |

그림 Ⅳ-1-24. 학교 텃밭정원의 범위

학교에서 작물 생산을 목적으로 키우는 농업활동과 더불어 관상용 식물을 키우고 관리하는 활동을 포괄하기 위하여 학교정원이란 용어를 사용하였다. 학교에서 키울 수 있는 식물 중에서 관리가 많이 필요한 원예작물과 식량작물을 대상으로 하였다.

원예작물	채소, 과수, 화훼
식량작물	벼, 잡곡류, 두류, 서류
관상식물	야생화, 관상수, 유실수, 산림수
수생식물	부엽식물, 부유식물, 침수식물
포유류	개, 고양이, 토끼, 다람쥐, 자라
어유	잉어, 금붕어, 열대어
조류	잉꼬, 구관조, 닭, 오리, 칠면조, 공작
곤충류	누에, 꿀벌, 귀뚜라미, 나비, 무당벌레

그림 Ⅳ-1-25. 학교에서 키울 수 있는 식물과 동물

3) 학교 텃밭정원의 필요성 및 효과[1]

자연은 지구상에 존재하는 것 가운데 가장 훌륭한 자극을 주는 것으로 우리가 아이디어를 모방할 수 있는 보고이다. 자연을 모방하여 문제를 해결하려는 시도는 무수히 많았고 그 결과물 또한 무수히 많다. 이순신 장군의 거북선, 다빈치의 뮤직파이프, 알렉산더 그레이엄 벨의 전화, 멘델의 유전법칙 모두 자연에서 영감을 얻거나 자연을 활용해 이루어 낸 산물이다. 자연에 대해 눈을 돌리는 감성은 대부분 어린 시절 형성된다. 유년기부터 지속적인 농업과 자연환경 속 체험활동을 접하면 살아 있는 교육을 할 수 있고 창의성과 인성함양에 좋은 영향을 미칠 수 있다.

---

1 도시농업 표준영농교본(농촌진흥청), 농촌진흥청–동국대 공동연구 보고서

그러나 우리나라 교육에서 자연 관련 교육의 현실은 미흡한 수준에 머무르고 있다. 학생들은 녹색 교육환경이 아닌 콘크리트로 둘러싸인 교실에서 수업하고 있다. 더구나 교육과정에 있는 식물 관련 교육도 학교의 현실적 여건, 즉 예산 부족, 교육과정 배정시간 부족 등으로 교구준비가 미흡해 컴퓨터 동영상이나, 인터넷을 통한 IT 교육으로 대체되고 있다. 실습, 관찰을 위한 유지관리에 노력이 많이 들어가며 결과 관찰에 시간이 오래 걸리다 보니 실험 실습수업을 하기는 더욱 어려운 형편이다. 교육대학의 초등교사 양성과정에서도 식물과 농업교육 관련 학습이 1학점 정도밖에 배정되어 있지 않다.

기존의 체험학습은 일회성, 학교 교육과정과의 비연계성, 단일한 접근, 개별적 접근, 설명형식으로 이루어진 프로그램이 많아서 연속성, 학교교육 과정과의 긴밀한 연계성, 주제중심 통합접근, 통합교과적 접근, 자기주도적 학습 및 능동적 발견과정으로 변화가 필요하다. 학교교육의 방향은 지식전달 위주의 수동적인 교육에서 벗어나 보다 체험적이고 실천적인 활동을 통해 능동적인 교육으로의 전환이 필요한 시점이다.

교육환경에서 원예활동 적용은 식물에 대한 지식 및 원예기술의 습득뿐 아니라 생명과 자신에 대한 이해증진을 통하여 아동의 인지적 특성, 정의적 특성, 심동적 특성을 고루 발달시킨다고 보고되고 있다. 학생의 과학적 탐구능력 향상에 좋은 영향을 줄 뿐만 아니라 정서순화 및 협동성, 사회성, 도덕성, 자율성 등 인성 함양에 긍정적인 영향을 미친다.

식물과 관련한 실험 실습은 학생들에게 흥미를 증진시키고 현상을 구체화하며 이해를 도울 수 있다는 학습적 측면뿐 아니라 학생들의 환경인식, 긍정적 정서 함양에 기여하는 등의 장점이 있다. 식물재배 실험이 가능한 과학키트와 교구를 활용하여 수업한 경우 단원이해도가 평균 10점 이상 증가하였고, 식물을 직접 키워본 학생들은 사회성, 과학 흥미도, 학업성취도가 그렇지 않은 학생보다 증가하였으며, 교사들은 교육적 효과는 물론 교실 환경 개선에 효과가 있다고 평가하였다. 또한, 텃밭활동은 자아존중감이 증가하고 주인의식과 책임감, 가족 구성원과의 관계, 학부모의 참여 증가, 자신에 대한 이해와 단체 활동에 긍정적 효과가 있는 것으로 나타났다.

학교 및 교육기관에서 동식물을 가꾸고 이용하는 과정은 학교공동체의 구성원에서 환경에 이르기까지 광범위하게 영향을 미칠 수 있다. 학교정원의 주체는 적용방법에 따라 학생뿐만 아니라 교사, 학부모 및 지역주민까지 확대할 수 있다. 식물 가꾸기에 대한 지식 및 기술 교육, 농업 및 자연자원의 중요성에 대한 인식, 생태계 보존 및 순환에 대한 체험, 구성원간의 정신건강 향상 및 상호교류, 학교공동체 활성화를 도모할 수 있다.

학교정원을 통해 학생들은 학교 수업을 실습과 체험을 통해 익힐 수 있다. 학교정원(텃밭)은 과학과 문학, 예술 등 관련 교과목의 현장학습의 장으로 학업성취도에도 영향을 주고, 자연을 통해 배울 수 있는 기회를 제공하며, 이러한 과정을 통해 자연을 사랑하는 마음을 키우게 한다. 또한 씨앗을 뿌리고 키우면서 자라는 모습을 보고 수확해서 식탁에 올리기까지 직접 관심과 노력을 기울이는 과정을 통해 자신이 먹는 식품의 생산 및 유통경로를 인식하는 한편 자연과 생명, 농촌, 농업의 소중함을 느끼게 된다.

뿐만 아니라, 식물 재배과정의 결과물을 이용하고 처리함에 있어 자율적 토론, 창의적 재창조, 자연물의 순환적 이용, 생물 다양성에 대한 인식을 통한 생태적 지속가능성, 올바른 분배 및 보상, 봉사 및 나눔의 기회를 경험하며 학교의 녹색공간 및 미관향상에 기여하여 궁극적으로는 개인 및 공동체 삶의 질을 향상시킬 수 있다.

패스트푸드에 익숙해져 있고 경제수준의 향상으로 인한 과다한 영양 상태, 입시 위주의 교육환경으로 인한 신체활동 양의 저하 등과 관련하여 요즘의 학생들은 비만, 영양불균형 등과 같은 심각한 식습관의 문제를 가지고 있다. 이에 학생들은 학교텃밭, 학교정원에서 자신들이 직접 재배한 채소를 섭취할 수 있는 기회를 가지면서 좋은 식품에 대한 선택을 할 수 있게 된다. 신체 운동 효과를 얻을 수 있을 뿐만 아니라 노동의 소중함과 보람을 체험할 수 있다. 또한 학교정원(텃밭)에서의 공동작업은 동료 학생 및 선생님과의 협력, 화합, 책임, 존중의 기회를 제공하여 바람직한 사회구성원으로서 기능할 수 있는 기회를 제공한다. 이는 현재 학교에서 만연하고 있는 학교폭력 및 구성원 사이의 갈등을 조정할 수 있는 기회를 제공한다고 볼 수 있다.

2 학교 텃밭정원에 필요한 요소

1) 장소

학교에 텃밭정원을 조성할 수 있는 장소를 확보해야 한다. 물리적, 심리적 접근성을 높이기 위하여 학교 내에 조성되는 것이 바람직하겠으나 많은 학교가 운동장마저 없애고 건물을 신축하는 현실을 감안할 때 교내 조성만을 고집하는 것은 어려움이 있을 것이다. 가능한 학생들이 자주 이용하고 쉽게 접근할 수 있는 공간에 마련하는 것이 좋고 학교 내 · 외 유휴지를 이용하여 다양하게 조성될 수 있다.

교내에 텃밭정원을 조성할 때에는 구석구석의 유휴지를 이용하거나 이러한 공간적 여유가 주어지지 않는 곳에서는 옥상, 건물의 현관, 실내에서 상자텃밭, 재활용 용기 등을 이용한 소규모 농장 조성이 가능하다. 교외에 조성할 경우에는 물리적 접근성, 관수 및 도구관리의 용이성, 안전성 등을 고려하여 학교와 가까운 장소, 길을 건너지 않는 곳, 보관시설 등이 갖추어져야 할 것이다.

- 텃밭정원 장소 찾기

  실내 : 교실창가, 복도창가, 빛이 잘 드는 현관(빛이 적어도 잘 자라는 작물 중심)

  실외 : 텃밭, 화단, 안전 설비가 되어있는 옥상

① 노지재배

학교에 텃밭정원을 만들 수 있는 공간이 있으면 가장 좋다. 가용 공간이 제한적일 경우에는 화단의 빈 공간을 활용한다. 바닥의 흙 상태가 안 좋거나 콘크리트나 모래 등 작물을 심을 수 없는 공간에서는 목재를 이용하여 구획을 만들고 상토와 흙을 채워 raised bed를 만든 후 작물을 재배한다.

텃밭　　　　　　　raised bed

정원　　　　　　　화단

그림 IV-1-26. 노지재배

간과하기 쉬우나 학교정원(텃밭)을 만들 때 통로에 대한 고려가 있어야 한다. 쉬는 시간이 나 점심시간, 수업시간에 수시로 학교정원(텃밭)을 즐기고 관리하고 활용하기 위해서는 흙 먼지가 일거나 관수나 비에 의해 질척거리거나 미끄러지지 않도록 통로를 피복한다. 통로 피복 소재로 미국, 유럽에서는 잔디를 많이 이용하고 있다. 벽돌, 블록 등 단단한 소재나 우 드칩, 위드스탑, 박스소재 등을 활용할 수 있다.

우드칩　　　　　부직포(위드스탑)　　　　　박스종이

그림 IV-1-27. 통로 소재

② 용기재배

용기를 이용할 경우 작물 크기에 맞는 용기를 선택해야 한다. 고추나 방울토마토 같이 재배 기간이 길고 지주가 필요한 작물은 깊이가 25㎝ 이상 되는 깊은 용기가 좋고, 감자, 고구마, 무처럼 뿌리를 이용하는 작물의 경우 20㎝ 이상의 용기를 이용한다. 잎채소는 15㎝ 이상되는 용기를 이용한다. 용기로는 화분, 플라스틱 상자, 스티로폼 상자, 주머니 화분, 식물재배 키트 등의 종류가 있다.

그림 Ⅳ-1-28. 용기재배

2) 관수자재

물주기가 편해야 학교정원이 즐겁다. 관수자재를 적극적으로 활용해서 물주기에 대한 부담감을 줄이도록 한다. 스프링클러나 점적관수 자재를 설치하면 훨씬 편하게 물을 줄 수 있다. 학교의 넓은 옥상면적을 활용해 빗물을 받아 재활용할 수 있는 빗물저장고 시설은 물값 절약에 도움이 된다.

롤호스	점적관수	빗물 저장고

그림 IV-1-29. 관수자재

3) 퇴비장

텃밭 한편에 퇴비장을 만들면 텃밭에서 나오는 부산물을 처리할 수 있을 뿐만 아니라 부식되어 다시 흙으로 들어가 양분이 되는 순환과정도 체험할 수 있다. 퇴비는 플라스틱용기나 나무상자를 활용해 만들 수도 있고 공간이 있다면 퇴비장을 만들어 두는 것도 좋다.

퇴비상자	지렁이 상자

그림 IV-1-30. 퇴비장

① 퇴비통 만들기

퇴비 전용 용기나 널찍한 퇴비장이 없더라도 뚜껑이 있는 용기를 활용해서 손쉽게 퇴비통을 만들 수 있다. 퇴비를 만들 때는 온도, 수분, 공기, C/N(탄소/질소)비, 이렇게 4가지가 영향을 준다. C/N비를 30~40으로 수분을 60% 정도로 맞추면 좋은 퇴비를 만들 수 있다.

뚜껑이 있는 플라스틱 통 옆면에 일정
간격으로 공기구멍을 뚫는다.

퇴비통, 텃밭 부산물, 종이
(박스, 종이컵) 등이 필요하다.

큰 박스는 찢어서 넣는다.

그 위에 텃밭 부산물을 넣는다.

흙을 살짝 덮어준다.

촉촉하게 물을 뿌린다.

뚜껑을 덮어 밭 한켠에 놓아둔다.

정기적으로 퇴비통을 굴려서
내용물이 잘 섞이게 한다.

부숙되면 부피가 줄어든다.

그림 Ⅳ-1-31. 퇴비통 만들기 과정

② 지렁이 상자 만들기

지렁이의 분변토는 자연에서 얻을 수 있는 퇴비이다. 분변토 자체는 농도가 진하기 때문에
반드시 흙과 섞어 사용한다.

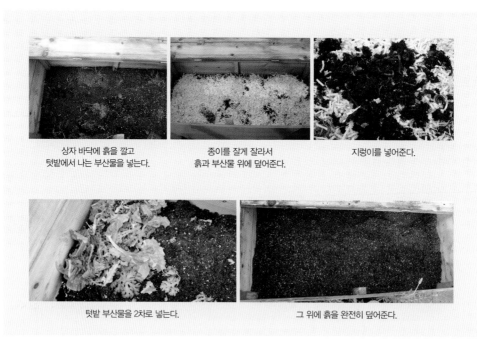

상자 바닥에 흙을 깔고 텃밭에서 나는 부산물을 넣는다.	종이를 잘게 잘라서 흙과 부산물 위에 덮어준다.	지렁이를 넣어준다.
텃밭 부산물을 2차로 넣는다.		그 위에 흙을 완전히 덮어준다.

그림 Ⅳ-1-32. 지렁이 상자 만들기 과정

4) 기타

학교 여건에 따라 식물 증식과 육묘 및 비월동 작물을 위한 온실, 농기구 보관함 또는 창고, 생산물 가공 및 판매소, 퍼걸러, 벤치 등과 같은 휴식시설, 책상이나 작업대와 같은 학습, 작업 공간을 갖출 수 있다. 교직원의 의지와 예산 확보는 필수적이며 교육 프로그램, 관리 인력, 원예활동 전문가를 활용할 수 있다면 더욱 지속가능하고 알찬 활동이 될 것이다.

온실	학습 및 작업공간

그림 Ⅳ-1-33. 기타 공간

3 학교 텃밭정원 만들기 과정

1) 흙 만들기

토양은 일반토양과 인공 경량토양으로 구분한다. 노지재배에서는 일반토양을 작물이 잘 자라도록 개량하여 사용하고, 용기재배에서는 인공 경량토양인 상토를 사용하는 것이 좋다.

① 노지재배 흙 만들기

식물이 좋아하는 흙은 통기성이 좋고 배수가 잘 되며 수분과 영양분을 포함하는 보비력이 큰 흙이다. 밭 흙을 그냥 사용한다면 물이 잘 빠지지 않고 유기질 함량이 적어 흙이 물을 갖고 있지 않아서 좋지 않다. 텃밭용 작물은 토양에 대한 적응력이 상당히 좋아 통기성과 수분함량이 충분한 토양이라면 어디서든 잘 재배된다.

텃밭재배 시에는 심기 3~5일 전에 1㎡당 약 4~5kg의 잘 부숙된 퇴비와 원예용 복비 600g을 넣어 잘 섞는다. 물리성이 안 좋은 경우에는 모래와 상토를 혼합해 주는 것이 좋다.

퇴비   유기질 비료

속효성 비료   완효성 비료

그림 Ⅳ-1-34. 토양의 물리화학성 개량용 자재

② 용기재배 흙 만들기

용기재배에는 원예범용 상토를 사용하는 것이 가장 식물이 잘 자라고 안전하다. 원예범용 상토는 생육에 필요한 양분을 골고루 포함하고 있고 보수성·통기성·보비성이 우수하다. 상토는 피트모스나 코코피트 등 부식이 잘 안되는 유기물 소재에 버미큘라이트, 펄라이트 등을 섞어 물리성을 좋게 하여 살균 처리한 인공토양이다. 상자텃밭을 이용하거나 실내에서 식물을 키울 경우 깨끗하고 가벼우며 운반하기 쉽게 포장된 인공토양을 사용하는 것이 무게의 부담을 줄이고 오염을 방지한다.

표 Ⅳ-1-5. 상토 구성 물질

종류	내용
피트모스	물이끼가 오랫동안 물속의 지층 속에 갇혀있으면서 공기가 차단되어 완전히 썩지 못하고 부분적으로 분해되어 만들어진 것으로 유기질이 풍부하고, 공기를 지닐 수 있는 공간이 풍부하여 통기성이 좋다. 가볍지만 물을 많이 흡수할 수 있고, 무균상태여서 채소나 화훼 재배에 적합하고 토양개량에 이용된다. pH가 4~4.5로 낮아 중화시켜 사용한다.
버미큘라이트 (질석)	암석을 1,000℃ 이상 고온에서 튀겨 10~15% 용적률을 높인 것으로 배수가 잘 되고 모래보다는 1/15 정도 가볍고 모래의 3배 이상 물을 흡수하며 무균상태로 통기성이 높아 모래 대용으로 쓰인다. 산도는 중성이고 비료성분은 없어 파종, 삽목에 많이 쓰인다.
펄라이트	화산용암의 일종인 진주암을 1,400℃로 튀겨 10배 이상 팽창시킨 회백색의 경량토로 모래에 비해 1/7 정도 가볍고 배수 이동이 쉽다. 습도와 공기를 함유하고 있어 토양을 부드럽게 하여 식물의 잔뿌리 발생에 도움을 준다. 무균 상태로 삽목, 파종에 쓰이며 토양에서는 흙이 단단해지는 것을 방지한다. 미생물에 의해 분해나 변질이 되지 않아 오랫동안 효과를 나타내고, 농약이나 비료에도 화학반응이 일어나지 않는다. pH 7.0~7.5의 약 알카리성으로 산성인 피트모스 또는 수태 등을 중화시키는 데도 이용된다.

상토   피트모스

질석   펄라이트

그림 Ⅳ-1-35. 상토와 구성물질

2) 작물 선정하기

① 작물의 종류 알기

학교 텃밭정원에 심을 수 있는 작물을 채소, 식량작물, 허브로 분류하였다. 채소는 신선한 상태로 부식이나 간식으로 먹는 작물로 이용 부위에 따라 잎, 열매, 뿌리채소로 분류할 수 있다. 한편, 텃밭에서는 가을철에 김장용 채소에 큰 비중을 두기 때문에 이용 편의성을 높이기 위해 이 분류에 김치채소를 추가하였다. 식량작물은 탄수화물을 많이 포함하여 에너지원으로 쓰이며 주식으로 이용된다. 허브식물은 향기를 이용한다.

표 IV-1-6. 작물의 종류

종류		작물
채소	잎채소	상추, 엔다이브, 쑥갓, 청경채, 다채, 근대, 부추, 잎들깨
	열매채소	가지, 토마토, 고추, 오이, 수세미오이, 호박
	뿌리채소	적환무, 당근, 마늘, 생강
	김치채소	배추, 무, 갓, 파, 쪽파
식량작물		감자, 고구마, 땅콩, 콩, 두류, 옥수수, 보리, 벼
허브식물		라벤더, 레몬밤, 로즈마리, 민트, 바질, 오레가노, 차이브, 캐모마일, 타임, 파슬리

생물학적 분류체계를 알면 작물의 특성을 파악하는 데 도움이 된다. 열매채소는 주로 가지과나 박과에 속해 있다. 가지과작물은 단단한 줄기로 곧추서는 반면, 박과작물은 덩굴성식물이며 재배난이도가 높은 편이다. 배추과작물은 해충의 피해가 많으므로 심는 순간부터 해충 방제에 주의해야 한다. 국화과작물은 해충 피해가 적어 텃밭에 애용되는 작물들이 많다. 백합과작물은 특유의 매운 향이 나며 비늘줄기를 가진다.

표 IV-1-7. 작물의 과별 분류

가지과	고추, 토마토, 가지, 감자
박과	오이, 호박, 수세미오이, 수박
배추과	청경채, 다채, 배추, 무, 갓
국화과	상추, 엔다이브, 쑥갓, 캐모마일
백합과	부추, 마늘, 파, 쪽파, 차이브
미나리과	당근, 파슬리
화본과	옥수수, 보리, 벼
두과	콩, 땅콩, 강낭콩, 완두콩
꿀풀과	잎들깨, 라벤더, 레몬밤, 로즈마리, 민트, 바질, 오레가노, 타임

② 작물의 생육특성 알기

㉮ 잎채소

　㉠ 상추 : 봄·가을 비교적 서늘한 기후에서 잘 자라고, 병해충이 적다. 꽃대가 올라오면 양분이 꽃으로 많이 가서 잎이 작아지고 맛이 써진다.

　㉡ 엔다이브 : 봄·여름·가을에 재배하는데 여름에는 초기 물관리에 신경써야 한다. 반 그늘에서 잘 자라고 병해충이 적다. 상추보다 실내에서 기르기 쉽고 연하게 자라므로 쓴맛도 적어진다.

　㉢ 쑥갓 : 봄에는 모종을 심고, 여름에는 씨앗을 뿌리고, 가을까지 재배하는 작물로 서늘한 기후를 좋아한다. 꽃봉오리가 생기면 질겨지는데 수확시기를 놓친 쑥갓은 자르지 말고 놔두면 노란색의 예쁜 꽃을 피운다.

　㉣ 청경채, 다채 : 봄·가을에 재배 가능하고, 저온(12℃ 이하)에서는 꽃눈이 분화하고, 장일 조건이 되면 추대하여 꽃이 핀다. 심은 후 수확까지 생육기간이 짧아 웃거름이 필요하지 않지만 잎이 누렇게 되고 생장이 더딜 때는 웃거름을 준다.

　㉤ 근대, 적근대 : 여름에 시금치 재배가 어려울 때 많이 심는 작물로 더위에 강하다. 기르기 쉬워서 누구나 쉽게 재배할 수 있다.

　㉥ 부추 : 이른 봄에 심어 가을까지 수확 가능하고 휴면상태로 월동해서 이듬해 봄에 다시 자라는 다년생 잎채소이다. 추위나 더위 모두 잘 견디는 작물로 실내나 실외 모두 기르기 쉽다.

　㉦ 잎들깨 : 해의 길이가 짧아지면 꽃이 피는 전형적인 단일식물로 따뜻한 기온을 좋아하는 여름작물이다. 건조에 강하지만 잎을 수확하는 게 목적일 때 적정 수분이 필요하다.

　㉧ 갓 : 물을 좋아하는 작물로 3~4일 간격으로 자주 주는 것이 좋다. 파종 후 배추좀나방 피해가 있으니 파종 직후 부직포를 씌우는 것이 좋다. 본 잎이 2~3장 될 때 1차 솎음작업 해주고 추가로 2회 정도 더 솎아준다. 물을 적게 주면 매운 맛이 강하고 질겨진다.

ㅈ 대파 : 토심이 깊고 물 빠짐이 좋은 토양이 파 재배에 좋다. 서늘한 기후를 좋아하고 0℃에서도 피해가 없다. 건조한 것을 좋아하는 작물로 물을 많이 주면 뿌리가 상한다. 대파는 다비에 적응력이 강하므로 유기질비료를 충분히 준다.

ㅊ 쪽파 : 생육 적정온도가 15~20℃이고, 온도 10℃ 이하에서 생육이 지연되고 5℃ 이하가 되면 생육이 정지된다. 토심이 깊고 물 빠짐이 좋은 토양이 재배에 좋다. 건조한 것을 좋아하는 작물로 물을 많이 주면 뿌리가 상한다.

ㅋ 배추 : 봄배추는 3월에 파종하여 4월 중순에 본 잎 5매 정도 자랐을 때 이랑사이 70~75㎝, 포기사이 30~40㎝ 간격으로 심고 수확은 6월에 한다(봄배추 전용으로 심어야 한다. 가을배추를 봄에 심을 경우 추대가 빨리 일어난다). 모종을 직접 기르는 것보다 가까운 농장이나 화원에서 튼튼한 모종을 사다 심는 것이 좋다. 햇빛이 적은 곳에서도 비교적 잘 자라는 작물이다. 속이 찰 때는 서늘한 기후를 좋아한다.

상추 　 엔다이브 　 쑥갓 　 청경채

근대 　 부추 　 잎들깨 　 갓

대파 　 쪽파 　 배추

그림 IV-1-36. 잎채소의 종류

㉯ 열매채소

　㉠ 가지 : 가지과작물로 따뜻한 기후를 좋아하고 생육기간이 길다. 가지과작물은 같은 땅에서 반복해서 같은 식물을 심는 연작에 의한 병해가 많으므로 가지, 토마토, 고추, 감자를 심었던 땅에서는 이듬해 다른 작물을 심는 것이 좋다. 적정온도는 22~30℃이며, 17℃ 이하에서 생장속도가 저하되고 7~8℃ 이하에서는 저온의 피해를 입는다.

　㉡ 토마토 : 원산지가 남미 서부 고산지대로 강한 빛을 좋아한다. 꾸준한 곁순제거의 노력이 필요하지만 빨갛게(혹은 노랗게) 익은 열매를 따 먹는 즐거움을 경험할 수 있다. 토마토는 비료를 좋아하고 생육기간이 길어 웃거름을 주어야 한다.

　㉢ 고추 : 따뜻한 기후를 좋아하여 5월 초에 모종을 아주심기한 후 2~3주 기다려야 고추가 본격적으로 자란다. 고추가 바람에 쓰러지는 것을 방지하려면 지주를 세워야 하고, 저온기에는 3~4일에 한 번 정도 물을 주고, 여름철에는 2일에 한 번 물을 준다. 첫 열매는 키우지 않고 따주어야 성장에 도움을 줄 수 있다.

　㉣ 오이 : 덩굴성식물이기 때문에 기대어 자랄 지주를 세워주어야 한다. 적정온도는 20~25℃ 내외이며, 꽃은 암꽃과 수꽃이 따로 피는데 여름철에 수꽃의 비율이 높아진다. 잎과 열매에 잔가시가 많고 생육 초기에 진딧물이 생기거나 오래된 잎에 생기는 흰가루병, 장마철에는 노균병이 발생하지 않도록 잘 관리하여야 한다.

　㉤ 수세미오이 : 여름의 고온과 강한 햇빛에도 잘 자라는 고온성 작물로 토양 수분이 풍부한 곳을 좋아한다. 꽃은 여름에 잎겨드랑이에서 노란색으로 피고 암꽃과 수꽃이 한 그루에 따로 핀다. 덩굴성 식물이므로 삼각형 지주나 터널형 지주를 세우고 망을 쳐 주어야 한다.

　㉥ 호박 : 생육기간이 길어 밑거름과 웃거름을 주기적으로 주고, 6월 말부터 9월 말까지 수확할 수 있다. 덩굴성식물이므로 삼각형 지주나 터널형 지주를 세우고 망을 쳐 주어야 한다.

가지	토마토	고추
오이	수세미오이	호박

그림 Ⅳ-1-37. 열매채소의 종류

ⓓ 뿌리채소

　ㄱ 20일무 : 씨앗을 파종한 후 20일 정도가 지나면 작물을 수확할 수 있다. 선선한 기후를 좋아하기 때문에 한여름 재배는 어렵다.

　ㄴ 당근 : 빛이 있어야 발아를 하는 호광성 작물로 씨앗을 파종할 때 복토를 얕게 해주어야 한다. 봄·가을에 재배 가능하고 웃거름은 솎음작업이 끝난 후에 한다. 서늘한 기후를 좋아하고 장마가 오기 전에 수확한다.

　ㄷ 마늘 : 가을에 심어 겨울을 지나 이듬해 6월에 수확한다. 감자와 같이 종구로 번식하는 영양번식작물이며 인편으로도 번식이 가능하다. 서늘한 기후에서 잘 자라고 습기가 많은 토양에서는 마늘이 잘 자라지 않는다.

　ㄹ 생강 : 반음지성 식물로서 햇빛의 양이 많지 않아서 실내에서 재배할 수 있는 작물이다. 생육온도는 25~30℃가 적당하며 건조와 과습에 취약하기 때문에 유기물이 풍부하고 배수 및 보수력이 좋은 양토가 좋으며, 물은 3~4일에 20㎜ 정도로 관수한다.

생강은 연작(같은 장소에 같은 작물을 심는 것)재배로 인해 뿌리썩음병이 발생할 수 있으므로 피하는 것이 좋다.

ⓜ 무 : 일반적으로 서늘한 기후를 좋아한다. 모종을 옮겨 심을 경우 뿌리에 잔뿌리가 많이 발생하고 뿌리가 2~3개로 갈라지는 현상이 나타나기 때문에 보통 직파한다. 모래가 많은 사질토부터 점질이 섞인 양토까지 잘 적응하는 편이다.

그림 Ⅳ-1-38. 뿌리채소의 종류

ⓔ 식량작물

㉠ 감자 : 서늘한 기후를 좋아해서 이른 봄에 심어 놓고 여름 장마가 시작되기 전에 수확한다. 생육이 빨라 웃거름 대신 밑거름만 주어도 된다.

㉡ 고구마 : 생육기간이 5~10월로 길고 비교적 병해충이 없어서 특별한 관리가 필요치 않다. 모종을 심을 때는 사선으로 비스듬히 심고 물을 흠뻑 준다.

㉢ 옥수수 : 따뜻한 곳에서 잘 자라고 기온이 10℃ 이하에서는 생육이 정지된다. 여러 줄로 심으면 나중에 가루받이가 잘되고 자리가 마땅치 않으면 사이사이에 심어도 괜찮다.

㉣ 콩 : 콩과작물은 이어짓기를 하면 병충해의 피해를 입기 때문에 매년 옮겨 심어야 한다. 뿌리에 뿌리혹박테리아가 생겨 질소를 고정하므로 토양을 비옥하게 만든다.

㉤ 땅콩 : 땅콩 꽃이 수정되어 씨가 달리면 씨방이 길게 자라 땅 속으로 들어가 열매를 맺는다. 일조량이 많고 고온일 때 잘 자라고, 비료 요구량은 적은 편이다.

㉥ 벼 : 한해살이 작물로 영양생장기에는 뿌리와 줄기가 커지고, 생식생장기에는 이삭이 밖으로 나오고, 꽃이 피고, 수정을 거쳐서 쌀알이 만들어진다. 밭벼는 논벼에 비해 토양 중에서의 산소요구도가 크고, 내건성이기 때문에 물을 채워 놓을 필요는 없다.

㉦ 보리 : 비교적 서늘하고 건조한 곳에 적응하는 작물로 습해에 약하기 때문에 배수에 신경 써야 한다. 파종은 10월 중순에 하고 수확은 이듬해 5~6월에 한다.

감자   고구마   옥수수   콩

땅콩   벼   보리

그림 Ⅳ-1-39. 식량작물의 종류

㉳ 허브식물

허브의 종류는 거의 비슷한 생육환경을 가진다. 건조한 상태를 좋아해서 물은 드문드문 준다. 아래쪽 잎은 흙에 닿으면 쉽게 썩으므로 돌멩이를 깔아 잎과 흙을 분리한다. 반나절 혹은 하루종일 햇빛이 들어오는 환경이어야 하고, 고온을 좋아하지 않는다. 배수가 잘 되어야 하고 비료는 조금씩 자주 준다.

라벤더   로즈마리   차이브

민트   레몬밤   바질

파슬리   오레가노   타임

캐모마일

그림 IV-1-40. 허브식물의 종류

③ 작물 선정하기

학교의 장소, 관리인력, 정원활동에 할당된 수업시간 등 여건에 맞게 작물의 특성을 고려하여 작물을 선정한다. 학사일정과 맞아야 하므로 1학기에 심어서 1학기에 수확할 수 있는 작물은 방학 전에 깨끗이 정리하고, 여름방학 때는 관리를 거의 안 해도 되는 작물만 남기도록 한다. 2학기에는 많은 학교가 김치채소 작물 위주로 심는데 이에 더해 상추, 시금치, 당근 등 2학기에 심어서 겨울방학 전까지 수확할 수 있는 작물을 심어도 좋다.

표 IV-1-8. 학기에 따라 심을 수 있는 작물

	1학기	여름방학 (관리 없어도 가능한 작물 위주)	2학기
1학기에 심고 1학기에 수확하는 작물	• 잎 : 상추, 치커리, 쑥갓, 엔다이브, 청경채, 비타민다채, 근대, 적근대, 아욱, 시금치 • 뿌리 : 적환무, 열무, 당근, 감자(땅속 줄기) • 열매 : 토마토, 고추, 가지, 호박, 오이 • 종자 : 콩		
1학기에 심고 2학기에(까지) 수확하는 작물		• 잎 : 부추, 잎들깨, 파근대, 적근대, 아욱, 시금치 • 뿌리 : 고구마, 생강, 땅콩(땅속 열매) • 열매 : 수세미, 호박 • 종자 : 벼, 옥수수 • 허브 : 라벤더, 레몬밤, 로즈마리, 민트, 바질, 오레가노, 차이브, 캐모마일, 타임, 파슬리	
여름방학 전에 심어서 2학기에 수확하는 작물		• 잎 : 치커리, 엔다이브, 쪽파, 근대	
2학기에 심고 2학기에 수확하는 작물			• 잎 : 상추, 청경채, 비타민다채, 치커리, 쑥갓, 시금치, 근대, 적근대, 아욱, 파 • 뿌리 : 당근 • 김치 : 배추, 무, 쪽파, 갓
2학기에 심고 다음해 1학기에 수확하는 작물			• 뿌리 : 마늘 • 종자 : 보리

3) 디자인하기

텃밭정원은 가용 면적과 구획에 따라 식재공간과 통로를 구분하고 식재공간은 작물의 특성에 맞게, 통로는 이동하기 좋게 디자인한다.

그림 Ⅳ-1-41. 구획과 통로를 스케치 한다.

그림 Ⅳ-1-42. 디자인을 하고 이를 적용한 텃밭정원

① 식재공간 디자인하기

선정한 작물에 대해 디자인할 때는 아름답게, 또 관리하기 쉽게 작물의 크기와 색상, 수명과 생태형에 따라 구분하거나 결합한다.

작물의 크기는 지표면에서 10㎝ 정도만 자라는 작물부터 3~4m 이상 크게 자라는 작물도 있다. 크게 자라는 작물 중에는 지주를 세워주거나 담이나 터널을 타고 올라가야 하는 작물도 있다. 키가 비슷한 작물들끼리 모아 심는 것이 관리와 채광에 있어 유리하다.

표 IV-1-9. 작물의 크기에 따른 분류

적환무,
다채, 땅콩,
타임

상추,
엔다이브,
청경채,
당근, 부추,
오레가노,
차이브,
캐모마일

쑥갓,
적근대, 파,
마늘, 배추,
무, 파슬리,

고추,
잎들깨,
생강, 벼,
보리, 콩,
두류, 바질,
민트

가지,
토마토,
옥수수

오이, 호박,
수세미오이

색소가 가지는 기능성에 대한 연구결과들이 발표되면서 컬러푸드에 대한 관심이 높아지고 있다. 방울토마토도 한 종류만 심기보다는 빨강색, 노랑색, 주황색, 연두색 등 다양한 색상의 품종을 심는 것이 시각적으로 보기 좋다.

표 Ⅳ-1-10. 수확물의 색상에 따른 분류

녹색	흰색	빨간색	노란색/주황색	파란색/보라색
배추, 오이 상추, 쑥갓 부추, 다채 치커리 엔다이브 근대, 파 시금치 호박 고추 브로콜리 셀러리	마늘 생강 양파 무 감자 옥수수 콜리플라워	토마토 적근대 레드 치커리 수박 고추 빨강파프리카	맷돌호박 당근 고구마 노랑방울토마토 주황방울토마토 노랑파프리카 주황파프리카	가지 보라파프리카 자색양배추 자색감자 자색고구마 자색잎들깨

대부분의 텃밭작물은 한해살이이다. 채소와 식량작물 중에 몇 가지 두해살이와 여러해살이 식물이 있고, 허브 중에는 여러해살이 식물이 많은 편이므로 특성을 활용하여 배치한다.

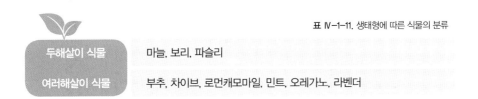

표 Ⅳ-1-11. 생태형에 따른 식물의 분류

두해살이 식물	마늘, 보리, 파슬리
여러해살이 식물	부추, 차이브, 로먼캐모마일, 민트, 오레가노, 라벤더

그림 IV-1-43. 작물의 색상과 질감이 잘 어우러지게 배치한다.

그림 IV-1-44. 키가 작은 작물은 앞쪽, 키가 큰 작물은 뒤쪽으로 심는다.

작물선정이 끝난 뒤 색상, 크기, 재배형태 등에 따라 스케치한다.

밭을 디자인대로 표시한다.

작물의 색상, 크기를 고려하여 모종을 심는다.

사각형 식재공간이 완성되었다.

그림 Ⅳ-1-45. 사각형 식재공간 디자인

원형 공간 디자인 1

원형 공간 디자인2

원형 공간 디자인 3

원형 공간 디자인 4

그림 Ⅳ-1-46. 원형 식재공간 디자인

② 통로 디자인하기

바닥도 정원의 중요한 구성요소이다. 쾌적성과 접근성을 높이고 정원을 아름답게 하는 데 크게 기여한다. 벽돌, 타일, 돌, 나무, 지피식물 등 다양한 소재를 이용해서 창의적으로 디자인하고 직접 만들어 본다.

그림 Ⅳ-1-47. 통로 디자인

4) 작물 심기

① 씨앗심기(직파)

밭이나 상자에 모종을 기르지 않고 씨앗을 직접 뿌려 재배하는 방법으로 점뿌림, 줄뿌림, 흩어뿌림이 있다.

㉮ 점뿌림(옥수수, 무, 콩류)

작물을 심을 곳에 씨앗 깊이의 세 배 만큼 점을 찍어 파종하는 방법으로 크기가 많이 커지는 작물과 모종으로 키울 수 없는 작물 위주로 많이 이용된다. 한곳에 여러 개의 씨앗을 심고 서로 붙지 않게 심어 주어야 나중에 솎음작업이 수월하다. 씨앗을 절약할 수 있는 장점이 있다.

㉯ 줄뿌림(시금치, 당근, 갓, 상추)

일정 간격을 두고 솎아먹기 좋은 작물에 이용되며, 주로 상추나 엔다이브 등 잎을 이용하는 채소에 많이 쓰이는 파종방법이다. 수시로 솎아 먹으면서 일정 간격을 유지할 수 있다.

㉰ 흩어뿌림(얼갈이배추, 상추, 보리, 밀, 벼 등)

두둑 전체에 뿌리는 방법으로 후에 솎아먹기를 할 수 있다. 많은 양을 재배할 수 있으나 관리가 어렵고 씨앗이 많이 사용된다. 미세종자 같이 뿌리기 어려운 종자는 모래나 흙을 일정 비율로 섞어 같이 뿌려준다.

점뿌림 　　　 줄뿌림 　　　 흩어뿌림

그림 Ⅳ-1-48. 씨앗심기

② **모종 심기**

㉮ 모종 키우기

육묘기간이 짧은 잎채소류는 모종을 직접 키워 심을 수 있다.

ⓝ 모종 키우기에 이용할 수 있는 용기

    ㉠ 플러그트레이 : 규격화된 모종 전용 트레이로 작은 공간에서 많은 모종을 기를 수 있다. 씨앗이나 모종의 크기에 따라 사용할 수 있도록 구의 크기가 다양하다(32구, 50구, 72구, 105구, 127구 등, 구의 수가 많아질수록 구의 크기는 작아진다).

    ㉡ 종이컵 : 종이컵, 재활용 컵을 이용해도 무관하다. 종이컵 바닥에 구멍을 뚫고 이용한다.

    ㉢ 계란판 : 계란판처럼 구멍이 얕은 경우는 잎채소 위주로 모종을 기르는 것이 좋다.

| 플러그트레이 | 종이컵 | 계란판 |

그림 IV-1-49. 용기의 종류

ⓓ 모종 구입하기

육묘기간이 오래 걸리는 고추, 토마토, 가지 등의 열매채소는 모를 기르는 것보다는 모종을 구입하여 심는 것이 좋다. 마트, 화원, 화훼단지 등에서 가능하다.

그림 IV-1-50. 모종 판매장

5) 작물 기르기

① 물주기

우리나라의 봄철은 비가 적게 와서 가뭄이 많이 들기 때문에 수시로 물을 주어야 한다. 겉흙이 마르기 시작하면 물을 주어야 하며, 한번 물을 줄 때 충분히 주도록 한다.

② 솎아주기

씨앗을 뿌려 싹이 트고 떡잎이 올라오면 잎 모양이 기형이거나 웃자란 것을 솎아준다. 작물에 따라 알맞은 간격을 맞추어 솎아내기를 한다. 포기 사이 간격이 너무 좁으면 잘 자라지 못하므로 아깝더라도 솎아주어야 한다. 사이가 촘촘하게 심는 것보다 차라리 드문 것이 낫다.

③ 순지르기

끝눈이나 생장점을 제거하여 성장이나 결실을 조절하는 것이다. 토마토의 경우에는 곁순을 방치하면 줄기가 서로 엉키고 열매가 제대로 열리지 못해서 생육상태가 나빠지므로 보일 때마다 제거해주는 것이 좋다.

| 물주기 | 솎아주기 | 순지르기 |

그림 Ⅳ-1-51. 작물 기르기

④ 지주 세우기

토마토, 고추, 가지, 오이와 같이 키가 큰 작물들은 쓰러지지 않게 지주를 세워준다. 일자형 지주를 세워 덩굴성작물이 타고 올라가도록 만들거나, 두 지주를 맞대어 삼각 모양으로 엮어서 세워 덩굴이 잘 올라갈 수 있도록 그물망을 치는 방법이 있다. 고추는 중간중간 지주를 세우고 끈으로 고정해 바람에 쓰러지지 않도록 한다. 지주를 세울 때는 지주가 쓰러지지 않도록 이음새와 지주 밑을 단단히 고정해 주어야 한다.

⑤ 웃거름 주기

고추나 토마토 같이 재배기간이 긴 작물은 양분이 모자라지 않도록 생육상태를 보아 한 달에 한 번 정도 웃거름을 준다. 웃거름을 줄 때는 전체 퇴비 주는 양에서 반 정도만 밑거름으로 주고 나머지는 웃거름으로 나누어 준다. 웃거름은 작물의 잎이 지면에 뻗은 위치에 작물을 중심으로 둥글게 파서 거름을 주고 흙을 덮는다.

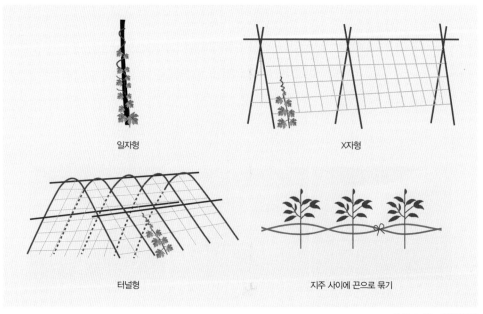

일자형

X자형

터널형

지주 사이에 끈으로 묶기

그림 Ⅳ-1-52. 지주의 종류

6) 병해충 방제[2]

① 주요 병충해

작물별로 피해를 많이 가하는 병해충이 있다. 병해를 받은 잎이나 열매는 발견 즉시 제거해 주고 벌레도 잡아준다. 바이러스는 약제가 없으므로, 발견 즉시 식물체를 뽑아서 버린다.

표 Ⅳ-1-12. 작물 종류별 주요 병해충

구분	과명	병	해충
열매채소	가지과	• 역병 • 탄저병 • 흰가루병	• 진딧물, 총채벌레, 담배나방
	박과	• 노균병 • 흰가루병	
잎, 뿌리채소	배추과	• 노균병	• 진딧물, 벼룩잎벌레, 파밤나방
	국화과 등		• 잎굴파리, 총채벌레, 달팽이
식량작물	화본과	• 깨씨무늬병 • 흰가루병	• 노린재, 진딧물
	콩과	• 콩모자이크병 • 탄저병 • 녹병	• 진딧물, 나방, 노린재

표 Ⅳ-1-13. 병충해의 특징

병해충	증상	발생 조건	
		시기	환경
응애류	잎이 위축되고 뒤틀리며 잘 자라지 못한다.	3~10월	건조할 때 발생하며 온도가 높아지면 확산된다.
진딧물류	생장점이나 새로 나오는 잎에 붙어 즙액을 빨아먹는다. 진딧물의 배설물에 의해 작물에 그을음이 생긴다.	4~6월, 9~10월	건조할 때 발생하며 온도가 높아지면 확산된다.

2 텃밭채소 벌레 어떻게 할까요(농촌진흥청 리플릿), 텃밭채소 부질포 터널재배 기술(농촌진흥청 리플릿)

총채 벌레류	길이 1~2mm 정도의 연한 갈색 막대기 모양으로 흰색의 작은 반점이 생긴다.	**3~10월**	건조할 때 발생이 심하며 피해가 크다.
나방 애벌레류	잎의 엽맥에 따라 그물 모양으로 갉아먹은 자국이 생긴다.	**5~7월, 9~11월**	피해 잎은 제거하고 많이 보일 때 부터 7~10일 후에 방제한다.
온실 가루이	잎의 뒷면에 붙어 즙액을 빨아먹는다. 진딧물의 배설물에 의해 작물에 그을음이 생긴다.	**수시**	온도가 높거나 건조하면 발생한다.
흰가루병	잎, 줄기, 과실 표면에 흰색의 가루를 뿌려놓은 것처럼 곰팡이가 생기고 잎이 마른다.	**5~6월, 9~10월**	봄, 가을과 같이 다소 건조하고 서늘할 때 공기로 전염된다.
잿빛 곰팡이	땅과 닿는 부분, 잎, 지는 꽃, 과실에 수침상의 무늬가 생겨 썩으며 표면에 잿빛의 곰팡이가 생긴다.	**4~6월, 10~11월**	온도가 낮고 다습할 때 발생한다.
노균병	잎 표면에 황갈색 반점이 나타나고, 점점 번진다.	**5~6월, 9~10월**	다습할 때 공기로 전염된다.
탄저병	잎, 줄기, 과실 등에 황갈색의 둥근 무늬가 생기며 물러 썩고 검게 변색되고 마르면 구멍이 뚫린다.	**7~9월**	고온 다습할 때 발생되고, 공기로 전염된다.
역병	병든 포기의 뿌리와 지표면과 가까운 줄기, 잎, 과실이 썩고 시들다가 결국 말라 죽는다. 회백색 곰팡이가 생긴다.	**6~8월**	오염된 흙으로 전염되거나, 물빠짐이 안돼서 다습할 때 발생한다.
무름병	땅과 닿는 부분에 수침상의 병반이 생겨 물러 썩으며 포기 전체가 부패한다. 병환부에서는 심한 악취가 난다.	**7~8월**	해충이나 오염된 흙, 상처가 나면서 전염된다.
바이러스	잎에 불규칙한 암록색과 담록색의 반점이 생기는 모자이크가 생긴다. 잎 모양이 위축되는 기형이 된다.	**6~7월, 9~10월**	바이러스를 옮기는 매개충에 의해 발생한다.

② 화학적 방제

병해충은 초기에 방제해야 효과적이다. 작물별로 허용되는 약제가 있으니 농약은 작물보호 협회에서, 유기농자재는 농촌진흥청 유기농업자재정보시스템에서 정보를 검색하고 작물 및 병해충별 허용된 약제를 구해서 살포한다. 적용약제는 지침서를 보고 뿌리는 양과 시기 를 지켜 안전하게 사용한다.

③ 직접 만들 수 있는 방제제

주변에 있는 재료로 만들어 해충 방제 효과를 볼 수 있는 방법들이 있다. 농약보다 더 자주 잎의 앞뒷면에 골고루 묻도록 많이 뿌려주어야 하지만 인체에 무해하고 환경적으로 안전하다. 직접 만든 방제제는 사용하기 전에 반드시 잎의 일부에만 뿌려서 식물체에 해가 없는지 확인하고 사용한다. 더울 때나 햇빛이 강할 때 사용하면 잎이 탈 수 있다. 기온이 32℃ 이상일 때는 사용하지 않는다.

㉮ 마요네즈를 이용한 방제제

난황유는 기름이 해충의 기문을 막아 죽게 하는 방법으로 식용유를 물로 희석할 때 유화제(서로 혼합되지 않는 2종의 액체를 섞기 위해 가하는 제3의 물질)로 계란 노른자(난황)를 활용해서 만든다. 난황유는 기름과 계란 노른자를 원료로 하는 마요네즈를 이용해 간단하게 만들 수 있다. 난황유는 나방애벌레처럼 덩치가 큰 해충에는 효과가 없다. 진딧물, 응애 같은 작은 해충과 노균병, 흰가루병에 효과적이다.

6g의 마요네즈를 준비한다.　　물 1L와 마요네즈를 분무기에 넣고　　흰가루병이 생긴 호박잎에
　　　　　　　　　　　　　　잘 흔들어 섞는다.　　　　　　　　흠뻑 분무한다.

그림 Ⅳ-1-53. 마요네즈 방제제 만들기

㉯ 액체비누를 이용한 방제제

액체비누를 활용한 방제제는 나쁜 잔여물을 남기지 않고 저렴한 비용으로 만들 수 있다는 장점이 있다. 해충에 닿으면 해충의 세포막을 파괴하고 질식사시킨다. 만드는 몇 가지 방법이 있는데 구할 수 있는 재료에 따라 선택하면 된다. 색소나 향수가 없는 재료를 이용하고 기름제거제, 표백제, 식기세척기 전용세제가 들어간 것은 피한다.

ㄱ 액체비누 방제제 만들기 1

  - 식용유 1컵과 1 테이블스푼 주방세제를 섞는다.
  - 따뜻한 물 1컵당 제조한 세제혼합액 2 티스푼의 비율로 섞는다. 필요한 만큼만 당일 섞어 사용한다.

ㄴ 액체비누 방제제 만들기 2

  - 물 1L에 액체비누 2 티스푼을 넣고 잘 섞는다.
  - 고춧가루나 다진 마늘 1 티스푼을 넣는다.

④ 물리적 방제

㉮ 가을갈이

한해의 재배가 끝난 가을에 땅을 갈아두는 가을갈이를 하면 토양 속 월동충(성충, 번데기, 유충 등)을 외부로 노출시켜 동사시키거나 생존율을 감소시키는 작용을 한다.

㉯ 황색 끈끈이 트랩

곤충이 좋아하는 황색으로 유인하여 포집하는 방법으로 아메리카굴파리, 온실가루이, 진딧물(유시충), 나방류 등의 밀도를 줄일 수 있다. 작물체보다 10㎝ 정도 높은 위치에 1㎡당 1장씩 설치한다.

㉰ 부직포 터널재배

재배 초기에 해충이 침입하지 못하도록 한랭사, 부직포 등으로 피복하여 해충의 성충이나 애벌레의 침입을 원천적으로 차단하여 해충 피해 거의 없이 깨끗하게 키우는 방법이다. 채소를 파종(정식)한 후에 이랑 위에 프레임을 설치하고 부직포로 터널을 씌운다.

무처리　　　　　　　　　　　부직포 터널

무피복　　　　　　　　　　　부직포 터널

그림 Ⅳ-1-54. 부직포 터널재배

ⓐ 부직포 터널 설치 방법 및 주의점

- 부직포는 반드시 광투과율이 높은(75% 이상) 채소 재배 전용 제품을 사용해야 하는
데, 못자리용이나 고추 건조용 부직포 등을 사용하는 경우에는 광투과율이 낮고 바람
이 잘 통하지 않아 작물이 잘 자라지 못하므로 주의해야 한다.

- 종자를 파종하거나 모종을 정식한 후 충분히 관수하고, 강선(굵은 철사) 또는 FRP(유
리섬유강화플라스틱) 프레임으로 터널을 설치한 후, 곧바로 부직포를 씌워 바람에 날
아가지 않고, 나방류나 잎벌레류의 성충이 들어가지 못하도록 가장자리를 고정핀으
로 고정하고 흙으로 잘 덮어주어야 한다.

- 부직포는 물이 통과할 수 있으므로 관수는 스프링클러나 물뿌리개를 이용해도 좋고,

점적관수를 해도 좋다. 파종 또는 정식 후 관수에 유의하면서 키우다가 적당하게 자라면 부직포를 벗기고 수확하면 된다.

- 그러나 부직포는 모든 작물에 다 적용되는 것은 아니며, 파종 후 30~40일 내에 수확할 수 있는 생육이 빠른 엽채류가 적당하다. 생육기간이 길어지면 병이 발생할 염려가 있으므로 봄, 가을에는 파종 후 40일, 여름철에는 30일 이전에 부직포를 제거하는 것이 좋다.

가드닝 관련 자재 정보 및 구입처

- 상토, 비료 : 대형마트, 재래시장, 화훼공판장, 온라인상점
- 씨앗 : 대형마트, 재래시장, 종묘사, 종묘회사 온라인상점(아시아종묘, 제일종묘 등)
- 모종 : 대형마트, 재래시장, 화훼공판장, 온라인상점
- 용기 : 대형마트, 재래시장, 온라인상점
- 농약 : 농약사
  ※ 유기농업자재 : 농촌진흥청 유기농업자재정보시스템
      농약 : 한국작물보호협회
- 농업용 부직포 : 삼랑 A.T.I
- 지주, 철사 : 대형마트, 재래시장, 철물점

4 학교 텃밭정원 운영 및 프로그램

학교와 교육기관에 조성된 학교정원의 운영은 여느 공동체정원과 마찬가지로 사회적인 요소가 중요하게 작용된다. 스쿨의 효율적 운영을 위해서는 학교정원 운영의 주체를 구성하고 이를 중심으로 학교공동체 구성원들의 자발적인 참여와 지속적인 관심을 유도하여야 한다. 따라서 교사, 학부모, 학생들로 구성된 학교농장 운영위원회를 새로이 결성할 수 있으며, 기존의 학교 동아리, 청소년 단체 RCY와 4-H 학생 및 관계자, 학부모회 등이 그 운영

의 주체가 될 수 있다. 또한 동식물의 양육에 관한 정보와 지식을 교육받기 위하여 각 지역 농업기술원, 농업기술센터 등에 재배 기술교육을 요청할 수 있고, 가까운 지역의 농촌체험 마을 등과 결연을 맺어 상시 기술 및 관리법 지도를 받고 결연을 맺은 농촌체험마을은 주말 방문이나 현장학습의 장으로 활용할 수 있다.

학교정원에서 생산된 산물을 친환경 학교 급식에 그대로 이용하거나 바자회 또는 상시적으로 학교공동체 구성원이나 지역주민에게 판매하여, 그 수익을 이용하거나 봉사하고 나누는 기회로 삼는 과정까지 확장된 교육내용이 이루어질 수 있다. 교육과정과 연계하여 정규 수업시간의 교과활동과 재량활동, 방과 후 수업 등으로 활용될 수 있다. 또한 주말에는 여느 공동체정원과 같이 지역주민과 학부모를 포함한 학생 가족이 참여하는 이벤트의 공간으로 이용하고 그 관리 현황, 새로운 지식, 재배일지, 행사 등은 홈페이지, 블로그, 포털사이트 카페 등을 이용하여 공유하고 트위터, 페이스북과 같은 소셜 네트워크 등을 활용하여 이용자 간에 빠르고 효율적인 의사소통을 이룰 수 있다.

1) 학교정원 내 활동 내용 및 주제별 실천

단순히 학교정원 조성 형태나 동식물의 종류에 따라 그 실천방법이 정해지는 것이 아니라 그 속에서 이루어지는 활동의 내용 및 주제에 따라 다양하게 학교정원이 실천될 수 있다. 예를 들어 교과단원이 환경과 관련된 내용이라면 지구 생태계를 구현하고 그 속에서 요소들의 순환에 대한 Biosphere와 Ecosphere에 대한 교육이 이루어질 수 있다. 또한 이용자들의 흥미를 유발하고 향후 활동의 지속에 대한 동기부여에 큰 도움이 되는 주제중심형 농장의 조성도 가능하다. 주제중심형 실천의 예는 '피자정원', '나비정원' 등과 같이 하나의 주제나 과제를 완성해 나가기 위해 구성되는 형태로 그 속에는 식물, 동물뿐만 아니라 그 주제가 가지는 다양한 요소들과 그 관계를 포함하게 된다.

① 채소정원

채소정원을 통해 학생들은 땀 흘리는 보람과 수확의 기쁨을 느낄 수 있고 식물 재배와 연관된 과학적 지식을 배울 수 있다. 식물을 키우면서 학생들은 식물이 위로 자라는 것뿐만 아니라 햇빛을 향하는 굴광성, 지지해주는 것을 감고 올라가는 덩굴성, 땅속을 향해 자라는 굴지성 등 식물이 적응해가는 자연의 섭리를 배우게 된다. 작물을 기르면서 접하게 되는 잡초나 곤충, 미생물 등 생물학적 요소뿐만 아니라 서리나 장마, 햇빛, 토양 등 환경 요소에 대한 새로운 이해와 시각을 가지게 될 것이다. 직접 기른 수확물을 활용한 요리활동을 통해서는 화학, 영양 지식을 증진시킬 수 있고 기부와 나눔을 통한 사회적 기여활동을 배울 수 있다. 녹비작물 이용, 퇴비 만들기 등을 통해 지속가능한 생태계 구현을 실천해 볼 수 있다.

② 허브정원

허브정원은 학생들의 감각을 자극함으로써 호기심과 흥미를 유발할 수 있다. 다양한 향과 효과, 형태를 통해 인류의 첫 번째 약초로, 식품 보존제로, 화장품으로 사용되었던 활용법을 익힐 수 있다. 허브류는 인간과 식물과의 관계를 지역과 역사에 연관시켜 배울 수 있는 좋은 소재가 된다.

③ 꽃과 나무정원

나무와 관목은 여름이나 가을에 꽃눈을 형성하고 가을이 되면 알록달록 단풍으로 물들고 겨울에는 잎을 떨어뜨리며 휴면에 들어간다. 봄이 오면 잎과 새 가지가 나오며 꽃을 피우게 되는데 앙상했던 가지가 아름답고 화려하게 변해가는 모습을 관찰할 수 있다. 초화류는 한해살이 화초, 두해살이 화초, 여러해살이 화초(알뿌리 화초, 관엽류)를 이용하여 식물의 생활사와 계절감을 익힐 수 있다.

④ 수생 정원

수생정원은 물속 생태계에 대한 관심과 이해를 증진시킨다. 교과과정과 연계하여 수생식물과 동물을 직접 관찰할 수 있는 기회를 제공하고, 수질정화식물 등 수자원 보존에 대한 의식을 일깨우며 경관연출에도 도움이 된다.

⑤ 곤충 정원

움직이는 동물들은 학생들의 호기심과 흥미를 유발시키는 교육용 소재로 훌륭하다. 곤충 정원의 한 예로 나비정원은 애벌레와 애벌레의 먹이가 될 수 있는 식물을 용기에 담아 창가에 놓아두는 것으로 쉽게 만들 수 있다. 한편으로는 나비가 좋아하는 식물을 이용한 정원을 만듦으로써 자연 상태에서 나비를 유인하는 서식처를 제공하여 조성할 수도 있다. 나비뿐만 아니라 벌이나 무당벌레 등 다양한 유용 곤충들을 유인하는 식물들을 활용하면 자연이 먹이, 수분, 보호처를 제공하는 완벽한 서식처가 되는 섭리와 식물의 수분에 지대한 도움을 주는 곤충의 역할을 배울 수 있다.

한 가지 유의할 점은 교과과정에 나오는 '배추흰나비의 한 살이'로 인하여 배추흰나비의 사육과 방출이 급증하고 있는데 해충인 특정 종의 집중적인 방출은 생태계를 교란시킬 수 있다는 것을 의식하고 주의해야 하며, 잡초를 먹는 나비, 섭식 식물이 다른 나비 등 다양화 시킬 수 있는 방안이 검토되어야 할 것이다.

⑥ 동물 농장

동물은 학생들의 마음을 열어주고 생동감과 활력을 느끼게 해준다. 동물은 사람이 거두고 관심을 가지는 것만큼 되돌아오는 피드백 현상을 보이며 관계 형성이 가능하고 생명에 대한 존엄성과 책임감을 배울 수 있다.

옥상 · 벽면정원 조성 및 이용 (도심형)

한승원

도시농업 유형 중 도심형이란 콘크리트라는 인공지반 위에 작물을 재배할 수 있는 토양층을 인위적으로 조성하여 작물을 재배하는 공간을 말한다.

1 옥상텃밭정원의 개념 및 효과

1) 필요성

도심의 절대녹지 감소로 대기오염, 도시열섬화 현상 등 많은 도시문제가 발생하고 있다. 따라서 도시에서 녹지를 확보할 수 있는 대안으로 옥상녹화 사업이 추진되고 있으며, 옥상정원의 이용성 향상을 위한 보다 다양한 형태의 활용기술이 요구되고 있다. 이에 옥상공간을 활용하여 안전한 먹거리를 요구하는 소비자의 욕구를 충족할 수 있는 도심 옥상에 재배 가능한 작물의 종류, 옥상텃밭의 생태적 관리를 위한 옥상 · 벽면녹화 기술이 필요하다.

2) 효과

옥상텃밭은 안전한 먹거리의 제공뿐만 아니라 대기정화 효과, 기상완화 효과, 교육 효과, 보건휴양 효과, 자연재해 방지 효과, 수원함양 효과, 경관조성 효과 등이 있다.

① 기후변화 대응 효과

옥상에 텃밭작물을 포함한 식물을 식재함으로써 콘크리트에서 올라오는 도심온도를 약 3~4℃ 정도 낮추어주는 효과가 있다. 이와 함께 도심의 오염된 공기를 정화시켜 주는데, 공기정화의 지표가 되는 이산화탄소 농도를 저감시켜 준다. 옥상에 식물을 심으면 토심 10㎝ 녹화로도 10~20L/㎡의 빗물을 저장할 수 있는데 이를 통해 여름철 폭우 시 도심의 물이 넘치는 홍수를 막아준다.

② 도시생태계 복원 효과

도시생태계를 복원하여 다양한 곤충들의 서식공간을 제공하는 등 동식물이 어울려 사는 도시를 만드는 거점의 역할을 한다.

③ 도시재생 효과

옥상텃밭정원은 텃밭에서 생산한 다양한 작물들을 이웃과 나누는 즐거움을 느낄 수 있는데 이는 정원만 있는 공간과 비교되는 특징이라고 할 수 있다.

2 옥상텃밭정원의 특성 P.L.A.T.S

옥상텃밭은 인공지반이라는 무토양 공간에 인공토양층을 조성해야 하므로 건물 하중에 제약을 받는다. 옥상은 낮은 토양층과 강한 광선에 의해 작물의 생장에 영향을 미칠 수 있다. 또한 옥상공간은 바람의 세기가 세고, 낙상의 우려가 있으므로 지상과는 다른 설계가 필요하다.

1) 옥상공간의 특성 P : Place to grow

옥상공간은 목적에 따라 이용자가 쉽게 접근할 수 있어야 하는데, 작업을 위해 통로의 폭은 150㎝ 이상 되는 것이 편리하다. 건물의 옥상은 높은 곳에 위치하므로 충분한 높이의 추락 방지용 안전펜스를 설치하고 미끄러지지 않도록 하는 안전시설을 갖추어야 한다.

2) 옥상의 일사 특성^{L : Light}

식물을 재배하는 장소로 일조량은 매우 중요하다. 꽃과 채소를 기르기 위해서는 최소 4~6 시간의 일조가 필요하다. 옥상공간은 대부분 일사량은 충분하므로 반음지성 야생화인 정원 식물보다 텃밭작물 재배에 유리하다.

3) 옥상의 풍속 특성^{A : Air}

옥상공간은 지상보다 바람이 심하고 토심이 낮아 식물체가 쓰러질 위험성이 크다. 따라서 키가 큰 식물의 식재 시 별도의 지주나 바람을 막아줄 수 있는 방풍시설을 해주어야 한다.

4) 옥상의 관수 특성^{T : Thirsty}

작물의 재배에 물은 필수적이다. 그러나 대부분의 옥상은 물을 공급해 줄 수 있는 시설이 없는 곳이 많다. 옥상공간에 별도의 수전을 설치해야 하는데 면적이 넓은 텃밭은 수돗물을 사용하면 비용이 많이 발생하므로 옥상에 떨어지는 빗물을 모아 활용할 수 있는 시설이 필요하다.

5) 옥상텃밭의 토양 특성^{S : Soil}

텃밭은 장기간 수확물을 생산해야 하므로 유기물이 풍부한 토양이 좋다. 그러나 경량형 토양은 통기성과 배수성은 좋으나 유기물의 함량은 거의 없다. 충분하게 튼튼하지 못한 오래된 건축물에서는 상대적으로 가벼운 경량형 원예용 상토를 사용하는 것이 좋다.

3 옥상 · 벽면정원의 재료

1) 토양

토양층 조성 시 재료의 혼합, 층의 구성, 녹화유형 및 식생형태와 관련하여 식재토양은 다음의 재료군과 재료의 종류로 구분된다.

표 Ⅳ-1-14. 식재토양의 재료군과 종류

재료군	재료의 종류
a. 일반토양	• 개선된 표토 및 하부토양
b. 토양골재	• 높은 유기질 함량의 무기토양골재 • 낮은 유기질 함량의 무기토양골재 • 유기질 없는 다공성 무기토양골재
c. 생육토양판	• 성형발포재 • 무기섬유
d. 식생매트	• 무기질/유기질 토양골재혼합물

35㎝ 이상 조성되는 식재기반층에서는 유기질 함량을 전반적으로 감소시키거나, 식재기반층 조성 시 상부의 표토와 유기물 함량이 적은 하부토양으로 구분하는 것이 필요하다.

초박형 조성방식에서는 식생매트 자체가 바로 식재기반층이 된다. 식생매트가 한 토양층 위에 설치될 때 이는 그에 따른 녹화방법으로 다음과 같이 분류된다.

– 분해되는 매트기반구조로 형성된 식생매트

– 영구적 매트기반구조로 형성된 식생매트

– 영구적으로 구조적 효과가 있는 매트기반구조로 형성된 식생매트

식생매트에 맞는 토양들은 유기물의 함량이 적은 무기토양 중심의 토양재료군에 속한다. 이러한 식생매트용 생육토양은 재료조합과 토양입도 분포에서 층으로 구분지어 조성되는 토양혼합물과 차이를 보인다.

녹화유형 및 각 재료군과 관련하여 식재기반층에서는 다음의 특성들에 유의해야 한다.

① 환경친화성 및 식물친화성

사용된 재료는 조성 후 시간이 경과함에 따라 가스 형태의 배출이나 수분흡수 등으로 환경오염을 발생시키지 않아야 한다. 재료를 선택할 때는 재사용이나 폐기 관련 사항을 고려하

여야 하며, 식물에 위해적인 구성성분을 포함해서는 안 된다.

② 유기물 함량

식재토양 내 유기물 함량은 다음의 수치 범위를 권장한다.

㉮ 중량형 녹화

    - 순밀도 0.8 이하의 생육토양　　　　　부피비 0~12% 이하

    - 순밀도 0.8 이상의 생육토양　　　　　부피비 0~6% 이하

㉯ 경량형 녹화, 다층 조성방식

    - 순밀도 0.8 이하의 생육토양　　　　　부피비 0~8% 이하

    - 순밀도 0.8 이상의 생육토양　　　　　부피비 0~6% 이하

㉰ 경량형 녹화, 단층 조성방식　　　　　　부피비 0~4% 이하

③ pH 수치

식재기반층에서 pH 수치는 식생의 요구조건과 관련해서 주시해야 한다. 식재토양은 일반적으로 다음의 pH 수치를 지향해야 한다.

㉮ 중량형 녹화　　　　　pH 5.5~8.0

㉯ 경량형 녹화

    - 다층조성방식　　　pH 5.5~8.0

    - 단층조성방식　　　pH 5.5~9.5

단층조성방식에서 pH 8.0~9.5 이상의 수치는 조성시점까지 단기적으로 허용되는 오차범위로서 문제가 되지 않는다. 식물의 환경 요구조건을 고려하여 조성 이후 생육토양의 pH 수치가 감소할 경우 허용범위 이하로 낮아지는 것을 방지해야 한다.

④ 염분 함량

식재토양에서 침출수에 용해된 염분 함량은 식물생리학적 관점에서 다음 수치를 초과해서는 안 된다. 염분 침출을 통한 환경오염의 우려를 고려하여 녹화유형에 상관없이 가능한 염분 함량을 낮게 유지하도록 한다.

㉮ 중량형 녹화   2.5 g/L 이하
㉯ 경량형 녹화   3.5 g/L 이하

⑤ 발아성 매토종자 및 영양체 함량

식재토양으로 일반토양을 사용할 때 발아성 매토종자(埋土種子, 발아력이 있는 상태로 휴면중인 종자)가 포함되는 것을 가능한 피하기 위해 상부토양 대신에 하부의 심토를 사용하는 것이 필요하다.

원료를 미리 수거하거나 제작하는 단계에서부터 그리고 식재토양은 조성과 중간 적치단계에서부터, 특히 포트묘 토양에서의 외부종자 유입을 방지하는 것이 매우 중요하다.

⑥ 멀칭 ^{Mulching}

토양의 표면을 덮어주는 자재를 멀치^{Mulch}라 하며, 멀칭은 식생토양의 침식 방지, 수분 유지, 이입식물의 최소화, 비산 방지 등을 위해 식재기반층을 덮어주는 기능을 말한다. 특히, 옥상녹화에 많이 사용되는 펄라이트 계열의 인공토양은 색상에 대한 거부감 등을 완화하고 건조 시 비산을 방지하기 위하여 멀칭작업이 반드시 필요하며, 소재 선정 시 이용 유형 또한 고려하여야 한다. 예를 들어 흡연공간 주변부에 가연성소재의 멀칭소재를 사용 시 이용자의 부주의 등으로 인해 화재 발생의 우려가 있으므로 소재의 선정에 유의하여야 한다.

2) 식재층

식물은 정해진 규격조건에서 잡초종자 등이 매토되어 있지 않은 양질의 토양에서 충분한 뿌리돌림이 되어 있는 상태의 재료를 식재한다. 또한 식재 전 모든 식물에 대하여 위조 방지 및 수분 관리를 실시하여야 한다.

옥상정원에 사용되는 식물은 야생에서 채취한 것이 아닌 농가에서 재배한 품종이어야 하며, 「조경공사 표준시방서」 및 「조경설계기준」에 명시되어 있는 식물의 규격 기준은 다음과 같다.

① 목본식물

목본식물의 주요 규격 특징은 다음과 같다.

표 IV-1-15. 교목 및 관목의 주요 규격 특징

구분	내용
수고(H)	지표에서 수목 정상부까지의 수직거리를 말하며 도장지는 제외한다. 단, 소철, 야자류 등 열대·아열대 수목은 줄기의 수직 높이를 수고로 한다(단위 : m).
근원직경(R)	수목이 굴취되기 전 지표면과 접하는 수간의 직경을 말하며 이 때 분의 크기는 흙이 일체로 붙어 있는 한쪽에서 반대쪽까지의 직선거리를 말한다. 타원형인 경우 최소폭원은 근원직경의 3배 이상이어야 한다.
흉고직경(B)	지표면에서 1.2m 부위의 수간의 직경을 말하며, 흉고직경 부위가 쌍간 이상일 경우에는 각 흉고직경 합의 70%가 당해 수목의 최대 흉고직경치보다 클 때에는 이를 채택하며, 작을 때에는 최대 흉고직경을 채택한다.
수관폭(W)	수관이 가장 넓은 높이에서의 수관폭으로서, 타원형의 수관은 그 부위에서의 최대, 최소의 산술평균치를 채택하며 도장지는 제외한다.
수관길이(L)	최대의 수관길이를 채택하되 목질화되지 않은 가지나 도장지는 제외한다.

교목 및 관목은 지정된 규격에 합당한 것으로서 발육이 양호하고 지엽이 치밀하며, 수종별로 고유의 수형 및 특성을 갖추어야 한다. 수목의 주간 및 가지 모양에 따른 고유 수형 특징은 다음과 같다.

표 Ⅳ-1-16. 수목의 고유 수형 특징

규격		특징
주간의 모양에 따른 수형 기준	직간형	줄기가 지표에서 초단부까지 똑바로 자란 상태의 것
	곡간형	환경과 수목의 습성에 따라 줄기가 자연스럽게 곡선형으로 자라는 것으로 곡간의 정도가 심한 경우 불량한 수형으로 판정
	총상형	수목의 밑둥지에서 여러 개의 줄기가 생기는 성질의 것
가지의 모양에 따른 수형 기준	경사형	가지가 줄기에서 예각으로 신장하는 형태
	수직형	가지가 줄기에 거의 평행하며 수직에 가깝도록 신장하는 형태
	수평형	가지가 줄기에서 둔각으로 신장하거나 지면에 수평으로 신장하는 형태
	분산형	일정 높이의 주간에서 가지가 아주 무성하게 분산하여 신장하는 형태
	능수형	가지가 지표로 수직에 가깝도록 밑으로 처지는 형태

낙엽교목류는 줄기의 굴곡이 심하지 않고 가지의 발달이 충실하여 수관이 균형 잡히고 뿌리목 부위에 비하여 줄기가 급격히 가늘어지지 않아야 한다.

침엽수는 줄기가 곧고 가지가 고루 발달하여 균형 잡힌 것으로 초두와 나무껍질이 손상되지 않고, 웃자란 가지를 제외한 높이가 지정 높이 이상이어야 한다. 상록활엽수는 가지와 잎의 발달이 충실하여 수관이 균형 잡힌 것으로, 밀식에 의하여 웃자라지 않은 것이어야 한다.

관목은 분이 없이 식재될 경우 하자의 직접적인 원인이 되므로 반드시 분의 유무를 확인하되, 합본하지 않은 것으로 가지와 잎이 치밀하여 수관에 큰 공극이 없어야 한다. 특히 철쭉류, 회양목 등은 병충해 감염 여부를 확인하여 감염되지 않은 것을 반입하여야 한다.

식물의 식재적기는 다음의 기준을 표준으로 적용하며, 수급인은 식재적기라도 이상기후(기온이 2℃ 미만 30℃ 이상, 평균풍속 48km/h 초과 등) 발생 시, 또는 생육특성상 수종별로 식재적기의 판단을 차별화해야 할 필요가 있다고 판단되는 경우 감독자와 상호 협의하여 조정할 수 있다.

표 IV-1-17. 지역별 식재적기

구분	춘기	추기
중북부지역	3월 25일~5월 31일	9월 15일~11월 20일
중부지역	3월 15일~5월 25일	9월 26일~11월 30일
남부지역	3월 5일~5월 20일	10월 1일~12월 10일
남해안지역	2월 20일~5월 15일	10월 10일~12월 20일
제주지역	2월 10일~5월 10일	10월 20일~ 1월 10일

교목 및 관목의 식재는 수목의 성장을 위한 적당 폭이 확보되지 않으면 수고에 비해 수관 폭이 좁아져 생육이 불량해지고 수목의 고유 수형을 유지하지 못하게 되므로 수목의 생장 속도에 따라 식재밀도를 유지하여야 한다.

관목을 이용하여 피복식재를 할 경우 수관 겹침률을 설계도서에 따라 상향 적용할 수 있으며, 관목류 군식 시 회양목, 쥐똥나무, 광나무 등을 식재 후 전정을 실시하여 미려한 마감이 될 수 있도록 하며, 화목류는 화아분화를 고려하여야 한다. 관목의 규격은 전정 실시 후 설계규격에 적합하여야 한다.

표 IV-1-18. 관목 규격별 식재밀도 기준

규격(수관폭)	군식(주/㎡)	열식(주/m)
0.3m	16	4
0.4m	9	3
0.5m	6	2.5
0.6m	4	2

수목은 반입당일 식재를 원칙으로 하나, 부득이하게 당일식재를 못할 경우 뿌리, 가지와 잎의 건조 및 손상 등의 방지를 위해 바람이 없고 약간 습한 곳에 가식하거나, 보양재 또는 차광막덮기, 물주기 등으로 철저한 보호조치를 한다.

② 초본식물

초본식물은 생장 습성과 관리를 고려하여 식물 규격을 구분할 수 있는데 일반적으로 플러
그묘, 포트묘, 식물매트, 식생모듈 등으로 구분되며 그 특징은 다음과 같다.

㉮ 플러그묘, 포트묘

플러그묘는 파종묘를 재배한 상품으로 재배 시 잡초종자의 유입은 적으나 식재 후 이입
종에 출현이 많아 관리가 요구된다. 생존율을 최대화하고, 플러그묘 주문단가를 최소화
하기 위해서는 트레이당 정확한 플러그 수량 파악이 필요하다. 토양의 양이 적어 수분부
족으로 이동 및 이식에 의한 식물 고사를 줄이기 위해 관수에 주의한다. 활착 기간은 식
재 밀도에 따라 다르나 약 1~2년 정도 소요된다.

㉯ 포트묘

포트묘는 8~10㎝ 포트에 심어 뿌리돌림이 된 상태에서 출하된 상품으로 토양을 통한
잡초종자의 유입을 최소화하기 위하여 표준재배법에 따라 재배된 재료를 사용한다. 이
식에 의한 식물 피해를 줄이기 위해서 식재 후 적정 관수가 필요하다.

초화류를 식재할 때 뿌리가 상하지 않도록 근원 부위를 잡고 약간 들어 올려 흙이 뿌리
사이에 빈틈없이 채워지도록 심고 충분히 관수한다. 분얼의 경우 측눈의 성장이 활발한
시기(9~11월)의 식재는 피하는 것이 좋으나 부득이한 경우 측눈이 상하지 않도록 유의
하여야 한다.

식재 후 충분히 관수를 한 다음 물이 완전히 스며들면 뿌리와 흙에 공극이 생기지 않도록
가볍게 눌러주고, 외기온도가 높아 수분증발이 왕성할 경우 임시로 해가림을 실시한다.

㉰ 식물매트

일반적으로 매트 무게와 토양 유실을 방지하기 위해 합성 지오텍스타일이나 생분해 코
코넛 섬유를 혼합한 배지에서 재배되며, 매트 규격은 1m×1m, 0.3m×0.5m 사각형이

나 답압에 견디는 식물일 경우 1m×10m의 롤 타입도 가능하다. 사전에 재배되기 때문에 생존율이 높고, 잡초의 침입이 제한적이어서 장기적으로 유지관리가 최소화된다. 시공이 빠르고 간편하며, 식재 후 활착 불량에 의한 식물 피해가 적고 시공 즉시 녹화효과 제공이 가능하다.

식물매트는 재배, 운송, 포설 및 사용목적을 위해서 적합한 매트 기반구조로 형성된다. 식생매트가 팽팽하게 당겨지는 대상지에서 매트 기반구조는 토목섬유의 요구조건에 적합해야 한다. 부직포로 된 매트 기반은 토양에서 분리되어 들리지 않고 부직포를 투과하여 뿌리를 내리는 기능을 충족시켜야 한다.

식물매트는 균일한 두께로 생산되어야 하고 들뜬 공간이 생기지 않게 포설할 수 있어야 하며, 충분히 건강하게 재배된 것이어야 한다. 식생매트는 온실로부터 직송된 제품을 사용해서는 안 된다. 건강한 식물은 식물종에 맞게 형성된 지상부 줄기나 짧은 줄기마다 길이를 통해 식별이 가능하다.

표 IV-1-19. 식물 규격 유형별 특징

규격	적용유형	재배단가	건설비 (㎡당 단가)	활착기간	관리강도
플러그묘	경량형	저	저-중	1-2년	중-고
포트묘	경량형, 중량형	저-중	중	1-2년	중
식물매트	경량형, 중량형	고	저	1년 미만	저
식물 모듈	경량형	중	고	1년	저-중

초본식물은 생육 특성에 따라 식재간격을 조절하되 설계도서에 지정되지 않은 경우 (25주/㎡)를 기본으로 한다.

표 Ⅳ-1-20. 생장특성별 식물재료 구분 기준

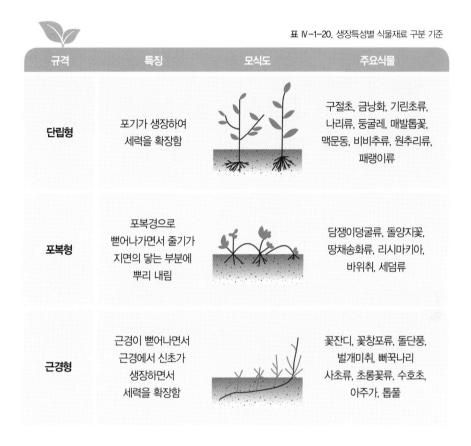

규격	특징	모식도	주요식물
단립형	포기가 생장하여 세력을 확장함		구절초, 금낭화, 기린초류, 나리류, 둥굴레, 매발톱꽃, 맥문동, 비비추류, 원추리류, 패랭이류
포복형	포복경으로 뻗어나가면서 줄기가 지면의 닿는 부분에 뿌리 내림		담쟁이덩굴류, 돌양지꽃, 땅채송화류, 리시마키아, 바위취, 세덤류
근경형	근경이 뻗어나면서 근경에서 신초가 생장하면서 세력을 확장함		꽃잔디, 꽃창포류, 돌단풍, 벌개미취, 뻐꾹나리 사초류, 초롱꽃류, 수호초, 아주가, 톱풀

현장에 반입된 식물은 그늘에 하차하여 당일 식재함을 원칙으로 하되, 불가피할 경우 박스 포장은 공기의 유통이 가능하도록 하고 건조를 방지하기 위하여 관수한다.

표 IV-1-21. 주요 초본 규격별 식재밀도 기준

구분	품종	규격(cm)	1㎡당 식재본수
봄꽃	할미꽃	8	25~30
	앵초	8	30~40
	금낭화	10	20~25
	돌단풍	8	45~50
	붓꽃	10	25~30
	왜성술패랭이	8	30~45
	동의나물	8	30~40
	피나물	8	30~40
	복수초	8	30~40
	맥문동	8	25~30
	수선화	개화구	40~45
여름꽃	기린초	8	25~30
	원추리	8	25~30
	금불초	8	30~35
	동자꽃	8	30~45
	범부채	8	25~30
	하늘나리	개화구	30~45
	매발톱꽃	8	30~40
	꽃창포	8	25~30
	섬초롱꽃	8	25~30
	용머리	8	25~30
	비비추	8	25~30
가을꽃	꽃무릇	개화구	30~40
	벌개미취	8	30~45
	층꽃	8	30~40
	구절초	8	30~40
	감국	8	25~30
	큰꿩의비름	8	30~40
	수크령	8	30~45
	억새	8	30~45

③ 식생모듈

저수, 배수층, 경계재 등이 포함된 금속이나 플라스틱 재질의 모듈을 이용하여 구성요소의 일체화를 도모한 녹화시스템으로 시공이 빠르고 간편하다. 사전 재배된 경우 식물생존율이 높고, 시공 즉시 녹화효과 제공이 가능하며, 잡초 침입이 제한적이고, 장기적으로 유지관리를 최소화할 수 있다. 관수는 개별 모듈의 형태에 따라 차이를 나타낼 수 있다.

식생모듈은 구조적 특성으로 인해 경량형 녹화에 적합한 시스템으로 이용이 제한되는 대면적 옥상면의 녹화나 발코니 또는 캐노피 상부녹화 등에 적합하고, 구조에 따라 혼합형 녹화 유형으로 관목류의 식재까지도 가능하다.

식생모듈의 사용 시 초기 녹피율이 높기 때문에 유지관리 등을 위해 녹화조성면 상부로 이동이 필요할 때 모듈 상부나 모서리부를 밟을 경우 모듈의 파손이나 식재 생장에 영향을 끼칠 수 있으므로 설계단계에서 별도의 동선을 마련하는 것이 유지관리에 유용하다.

표 Ⅳ-1-22. 옥상녹화 식물의 최소 토심과 관상주기 및 관리 정도

구분	식물	토심				관수			시비		관상											
		10	20	50	90	상	중	하	고	저	1	2	3	4	5	6	7	8	9	10	11	12
교목류	구상나무				●					●												
	살구나무				●		●			●												
	산수유			●			●			●												
	산딸나무				●		●			●												
	소나무			●				●		●												
	참대			●				●		●												
관목류	고광나무		●				●			●												
	낙상홍		●				●			●												
	주목			●				●		●												
	명자나무			◐			●			●												
	말발나무			◐			●			●												
	덩굴장미			◐			●			●												
	목수국			◐			●			●												
	병나무			◐			●			●												
	보리수			●			●			●												
	뿔보리수			●			●			●												
	반송			●				●		●												
	라일락			●			●		●													
	산수국			◐			●			●												
	철쭉류			●			●			●												
	조팝나무			◐			●			●												
	작살나무			◐			●			●												
	화살나무			●			●			●												
	회양목			●				●		●												
	히어리			●			●		●													
	흰말채, 붉은말채			●			●		●													
만경류	줄사철		●				●			●												
초화류	감국, 구절초		●				●			●												
	맥랑이			◐			●			●												
	바위솔(와송)		●				●			●												
	범고사리			●			●			●												
	타임			●			●			●												
	꽃치수영			●			●			●												
	꼬리풀			●			●			●												
	달맞이(원예용)		●				●			●												
	꽃잔디		●				●		●													
	꽃무릇			●			●			●												
	꽃범의꼬리			●			●			●												
	꽃창포, 붓꽃			●			●			●												

구분	식물	토심				관수			시비		관상											
		10	20	50	90	상	중	하	고	저	1	2	3	4	5	6	7	8	9	10	11	12
	꿀풀	●					●			●												
	금방의다리			●			●			●												
	금낭화				●			●		●												
	기린초			●				●		●												
	노루오줌			●			●			●												
	개미취			●		●				●												
	땅채송화, 바위채	●						●		●												
	도깨지		●				●		●													
	돌나물	●						●		●												
	돌단풍		●				●			●												
	등잔꽃		◐				●			●												
	두메부추		●				●			●												
	등골째		●				●			●												
	둥근잎명의비름	●					●			●												
	램스이어		●				●		●													
	레온빔		●				●			●												
	잔디	●					●			●												
	마타리		●			●				●												
	매물콩		●				●			●												
	맥문동		●				●			●												
	물꽈나물		●				●			●												
	민트 박하		●				●			●												
	바위취	●					●			●												
	배초향		●				●			●												
	패리향		●				●			●												
	원추제		●				●			●												
	벌개미취		●				●			●												
	벌깨꽃		●				●			●												
	부처꽃		●				●			●												
	붉은호장근			●		●				●												
	비비추, 옥잠화			●			●		●													
	원추리		●				●			●												
	석산		●				●			●												
	사철채송화	●					●		●													
	석창포		●			●				●												
	섬초롱		●				●			●												
	세덤류(외국)	●					●			●												
	솔나리, 참나리		●				●			●												
	수크령		●				●			●												

4 옥상 · 벽면정원 조성

1) 옥상 · 벽면정원 구조

옥상과 벽면정원은 건축물의 외피에 식재공간을 조성하는 것으로서 건물의 구조를 먼저 고려하여야 한다.

건축물 녹화를 구성하는 하부 구성으로는 방수층, 방근층, 보호층, 분리층, 배수층, 여과층, 토양층, 식생층, 그리고 벽면의 경우 벽면녹화 보조재 등이 있다. 이 각각의 용어의 개념을 정리해보면 다음과 같다.

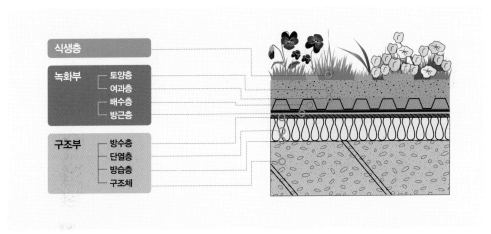

그림 Ⅳ-1-55. 옥상녹화시스템의 구성

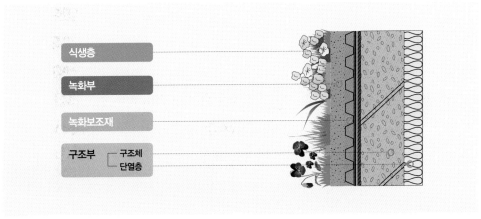

그림 Ⅳ-1-56. 벽면녹화시스템 구성

표 IV-1-23. 녹화시스템의 용어

용어	내용
방수층	방수층은 건축물 구조체 내부로의 수분과 습기의 유입을 차단하는 기능을 하며, 녹화시스템의 가장 핵심적인 구성요소이다.
방근층	방근층은 식물의 뿌리가 하부에 있는 녹화시스템 구성요소로 침투, 관통하는 것을 지속적으로 방지하는 기능을 한다. 일반적으로 방수층을 식물의 뿌리로부터 보호하기 위해 방수층 위에 시공되며, 방수 및 방근 기능을 겸하는 방수 · 방근층으로 조성되기도 한다.
보호층	보호층은 상부에 위치하는 구성요소에 의해 하부 구성요소가 물리적, 기계적 손상을 입지 않도록 보호하는 기능을 한다. 상부 구성요소의 하중, 답압 및 시공 중 발생 가능한 기계적 손상을 방지하기 위해 적용하며, 녹화시스템의 구성에 따라 시설물 설치를 위한 기반이 되기도 한다.
분리층	분리층은 녹화시스템 구성요소간의 화학적 반응이나 상이한 거동 특성으로 인해 발생하는 손상을 예방하는 기능을 하며, 시스템 구성 특성에 따라 필요한 부위에 적용한다.
토양층	토양층은 식물 뿌리의 생장에 필요한 공간을 제공하고 영양과 수분을 공급하는 녹화부의 핵심 구성요소이다. 토양층은 특정한 물리적, 화학적 특성이 요구되고 구조적으로 안정되어야 하며, 식물이 활용할 수 있는 수분을 저장하고 과포화수를 방출할 수 있어야 한다. 또한 최대함수 시 식재된 식물에 필요한 충분한 공기 체적을 보유해야 한다.
배수층	배수층은 토양층의 과포화수를 수용하여 배수 경로를 따라 배출시키는 역할을 담당한다. 구성 방식에 따라 배수층은 저수기능을 겸하고, 뿌리 생장 공간을 증대시키며 하부에 놓인 구성요소를 보호하는 기능을 한다.
여과층	여과층은 토양층의 토양과 미세 입자가 하부의 구성요소로 흘러내리거나 용출되는 것을 방지하는 역할을 한다. 시스템의 구성에 따라 여과층이 방근층의 기능을 겸하기도 한다.
식생층	식생층은 녹화 유형에 알맞은 식물들의 조합으로 녹화시스템의 표면층을 형성하며 필요에 따라 과도한 수분 증발, 토양 침식 또는 풍식, 그리고 이입종의 유입을 방지하기 위해 멀칭층을 포함하기도 한다.
벽면녹화 보조재	벽면녹화에서 구성요소의 수직 시공이나 식물의 등반을 보조하는 시설로서 내구성, 지지안정성은 녹화 목표와 일치되어야 하며, 건축물의 구조안전성 및 미관을 고려하고, 교통 및 통행에 방해가 되어서는 안된다.
조립식 녹화시스템	녹화부와 식생층을 일체화하여 단위 부품화하고 이를 현장에서 조립하여 설치하는 녹화시스템이다. 플랜트 박스형, 모듈형, 식재 유니트형, 식생패널 등이 대표적인 조립식 건축물 녹화시스템에 속한다. 식물 뿌리의 생장공간이 단위 부품의 내부 용적에 크게 좌우되므로 수분 공급, 뿌리 부식 등에 대한 세심한 배려가 필요하다. 특히 단위 부품의 상부가 자외선 등에 항상 노출되어 있기 때문에 내후성의 확보가 중요하며, 설치 장소에 따라 풍압 대응 대책을 마련하여야 한다.

옥상텃밭의 설계 및 조성을 고려해야 하는 건축물의 특성은 다음과 같다.

– 건물의 하중 : 적용 하중, 경사에 따른 층구성 두께
– 건물의 외피 : 배수 및 방수, 옥상, 벽면의 노출 정도
– 안전성의 확보 : 건물 높이 및 용도, 풍압 및 기류 특성

① **건물의 하중**

㉮ 적용 하중

건축물에 적용 가능한 허용 적재하중 범위를 먼저 파악하고 구조안전진단을 통해 설치 가능 여부를 판단하고 필요시에는 구조를 보강하여야 한다. 옥상녹화 하중은 녹화 유형 별로 시스템 구성에 필요한 실제 하중을 산정하는 기준으로 옥상정원 공간의 이용에 필 요한 인간 하중까지 반영하여 구조적 안정성을 확보하여야 한다. 옥상녹화 적용을 위해 추가적으로 옥상녹화 유형별로 설계에 반영해야 할 최소 하중은 다음과 같다.

• 중량형 녹화 [녹화 하중(D.L.) – 300 kgf/㎡ 이상, 사람 하중(L.L) – 200 kgf/㎡]
• 경량형 녹화 [녹화 하중(D.L.) – 120 kgf/㎡ 이상, 사람 하중(L.L) – 100 kgf/㎡]
• 혼합형 녹화 [녹화 하중(D.L.) – 200 kgf/㎡ 이상, 사람 하중(L.L) – 200 kgf/㎡]

하중 기준을 초과하는 녹화가 필요한 경우 반드시 상응하는 구조보강을 하며, 베란다 등 실내정원과 같이 구조보강이 어려운 조건에서는 반드시 하중기준 범위 내에서 텃밭정원 이 설치되어야 한다.

벽면녹화의 경우에도 시스템 자체중량을 산정하여 합리적인 녹화보조재가 시스템 설계 에 반영되어야 한다.

④ 옥상 경사

옥상의 경사는 중요한 구조요소로 작용하게 되며, 원활한 배수를 위하여 최소 2%의 경사율을 갖는 건축물에 시공하는 것이 바람직하다. 경사도 2% 이하의 옥상은 옥상배수와 조성층 배수에 각별히 유의하여야 한다.

표 IV-1-24. 경사율(%)과 경사도(°)의 수치 비교 예시표

경사율(%)에 따른 경사도(°)		경사도(°)에 따른 경사율(%)	
1% → 0.6°	15% → 8.5°	1° → 1.7%	15° → 26.8%
2% → 1.1°	20% → 11.3°	2° → 3.5%	20° → 36.4%
3% → 1.7°	30% → 16.7°	3° → 5.2%	25° → 46.6%
5% → 2.9°	40% → 21.8°	5° → 8.8%	30° → 57.7%
7% → 4.0°	60% → 31.0°	7° → 12.3%	35° → 70.0%
9% → 5.1°	80% → 38.7°	9° → 15.8%	40° → 83.9%
10% → 5.7°	100% → 45.0°	10° → 17.6%	45° → 100.0%

경사율이 높아질수록 배수 속도는 빨라진다. 5% 이상의 경사율에서는 저수력이 높고 배수가 덜 되는 토양을 활용하는 것이 유리하다. 옥상 경사도가 증가할수록 토양 또는 녹화시스템의 미끄럼 및 밀림방지를 위한 특별한 조치를 고려해야 한다.

② 방수, 방근 및 배수

옥상정원은 시공 이전단계에서 건축물 자체에서의 배수가 원활하게 이루어지는지 미리 확인하여야 한다. 녹화시스템에서 배수층을 충분히 조성하여도 건축물 자체의 구배 및 배수구 위치선정의 오류 등으로 발생되는 배수 불량은 집중강우에 의한 토양 답압 등으로 토양구조 파괴의 피해를 초래하여 장기적인 관점에서 건축물의 내구성을 저하시킨다. 토양의

투수, 보수성 및 배수층의 성능 등을 녹화시공 전에 충분히 검토한 후 녹화시공을 한다. 그리고 신설 방수층 또는 기존 방수층의 종류 및 성능(누수 유무)을 확인하고, 방수층 보호를 위한 방근 조치가 우선되어야 한다.

㉮ 방수, 방근

방수층의 선정[1]은 방수공사 시험기준을 통과한 제품의 사용을 전제한다. 건설공사 품질시험기준에 명시되지 아니한 공법이나 자재에 대해서는 지침서 등 설계도서에 제시된 시험기준을 따르며, 품질시험기준이 각기 다른 경우 공사의 종류, 구조물의 특성 등을 감안하여 적합한 기준을 선정하여 설계도서에 반영하여야 한다.

표 Ⅳ-1-25. 건설공사 품질시험기준 내 방수공사 및 방근 소재 품질시험기준

종별	시험종목	시험방법	시험빈도
건축용 시멘트 방수제	KS F 2451에 규정된 시험종목	KS F 2451	제조회사별 제품규격마다
아스팔트 펠트	KS F 4901에 규정된 시험종목	KS F 4901	
아스팔트 루핑	KS F 4902에 규정된 시험종목	KS F 4902	
시트방수	KS F 4911에 규정된 시험종목	KS F 4911	
	KS F 4917에 규정된 시험종목	KS F 4917	
방수용 아스팔트	당해 제품의 KS규격에 규정된 시험종목	당해 제품의 KS규격	
기타 방수재	「산업표준화법」에 의한 방수재 관련 한국산업표준(KS)에 규정된 시험 종목	당해 제품의 KS규격	
방수 및 방근재료	KS F 4938에 규정된 시험종목	KS F 4938	시험기간 2년

---

1 방근층의 선정은 KS표준으로 고시된(고시번호 2010-0191) KS F 4938 「인공지반녹화용 방수 및 방근 재료의 방근성능 시험방법」에 따라 시범기준을 통과한 제품의 사용을 전제한다.

비투수성 콘크리트로 시공된 옥상은 구조상으로 뿌리내리기가 어려우나 장기적인 관점에서 볼 때, 콘크리트의 균열 또는 용접부의 부식 등을 통해 식물의 뿌리가 투과하여 방수층을 손상시키는 경우가 발생하기도 한다. 일반 건축물 상부의 방수층과 비교하여 수분과 접촉하게 되는 기간이 길어짐에 따라 식물의 생장에 영향을 미칠 수 있는 성분의 용탈이 발생되거나 식물 뿌리가 방수층을 뚫고 들어가서 방수기능을 장기적으로 손상시키지 않도록 적합한 방근 대책이 필요하다. 뿌리 생육이 강한 화본류를 사용할 경우 설계 시 특별한 검토가 요구된다.

일부 면적만 텃밭으로 사용할 경우에도 방근이 단지 식생으로 구성되는 부분에만 제한적으로 적용되어서는 안 된다.

특히 방근재의 접합부, 끝단부, 차단부, 지붕 관통부 및 이음매 등에서의 뿌리 침입을 방지하도록 시공하고 공사기간 중 방근층은 손상되지 않도록 한다. 자외선에 대해 내구성이 없는 방수나 방근층은 광선으로부터 차단되어야 한다.

수직벽면에 식재기반을 붙여서 조성할 경우 마감면 상부로 최소 5㎝ 이상 방근층을 노출시키고, 배수로 등과 같이 식재기반이 아닌 소재가 존재할 경우 10㎝ 이내로 올림높이를 조정 가능하다. 이는 불필요한 노출로 인한 방근층의 손상과 경관저해 요소를 최소화하고자 함이다.

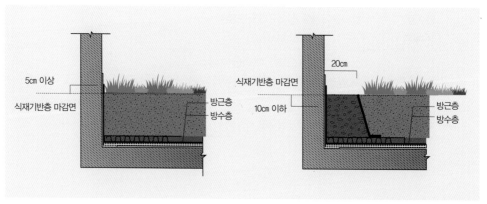

그림 IV-1-57. 가장자리 구성에 따른 방근층 올림부 높이

⑭ 배수층

원활한 물순환을 위한 식재부 배수층 재료군은 다음과 같다.

– 골재형 배수층 : 자갈, 화산석, 경석 등 골재의 입도조정을 통한 배수성 확보

– 패널형 배수층 : 정형화된 형태의 패널을 연결하여 배수층 형성

– 매트형 배수층 : 비정형화된 형태의 매트를 롤 형태로 설치하여 배수층 형성

– 저수형 배수층 : 배수성능과 동시에 저수성능을 가지는 배수층

재료선택과 배수층의 두께 결정은 건축공학적 요구조건과 식생공학적 목표설정, 그리고 경우에 따라서는 추가적으로 충족되어야 하는 기능에 의해 좌우된다.

건축공학적 요구

건축물에 미치는 영향에 대한 제어
- 배수기능
- 적용하중
- 보호기능

식물생육적 목표

식물에 미치는 영향에 대한 제어
- 정체수 방지
- 식물생육에 필요한 수분 확보
- 식물뿌리의 생육공간 확보
- 목표식생유형 및 식생형태

골재형 배수층은 토양골재에서 직경 0.05㎜ 이하에 대한 구성재의 함량은 용적비 10%를 초과하지 않으며, 토양입도 분포는 층의 두께에 따르며, 다음의 범위 내에 분포하도록 한다.

- 층두께 4~10㎝ : 2/8㎜ ~ 2/12㎜
- 층두께 10~20㎝ : 4/8㎜ ~ 8/16㎜
- 층두께 20㎝ 이상 : 4/8㎜ ~ 16/32㎜

배수매트와 배수판을 사용할 때는 그 면의 평평함이 옥상의 평평한 정도에 따라 달라진다. 2% 이하의 지붕 경사에는 평평하지 못한 부분이나 정체수가 발생하는 부위가 생길 수 있으므로 적합한 방식을 통해 보완되어야 한다.

③ 안전성의 확보

옥상이나 벽면은 강풍이나 빌딩풍으로 인한 풍압이 강하게 발생하기 때문에 바람에 의한 수목의 전도 방지 및 그늘막 또는 트렐리스 등 시설물 피해 방지를 위한 고정 방안을 마련할 필요가 있다. 방수층 또는 방근층 하부로 앵커나 피스 등을 관통시켜 수목이나 시설물을 고정하는 행위는 지양되어야 한다. 수목의 풍압 대책으로서 지중 지주를 설치하는 방식, 뿌리를 누를 수 있는 방식, 줄기를 누를 수 있는 방식, 토양의 중량을 이용하는 방식 등이 있으므로 충분한 검토 후에 적절한 대응 방안을 마련해야 한다.

㉮ 자재의 이동 및 안전 구조 설비

건축물 녹화는 지상의 녹화와 달리 재료의 평면 이동만이 아닌 수직 이동도 필요하게 된다. 대규모 공사의 경우는 크레인을 사용하지만 소규모 공사의 경우는 계단 또는 엘리베이터를 이용하게 된다. 엘리베이터를 이용할 수 없는 경우는 인력에 의한 양중(揚重)에 맡겨야 되기 때문에 반드시 현장에 대한 사전 확인이 필요하며, 적재 장소가 옥상의 일부에 한정된 경우는 자재의 이동 통로가 우선적으로 확보되어야 한다. 옥상녹화 시공 과정에서 자재의 반입, 운반, 식재, 기반 조성 등의 작업 중 부주의로 인해 방수, 방근층을 손상하지 않도록 세심한 배려가 필요하다.

건축물 녹화의 적용공간인 옥상이나 벽면은 바람이 많아 건조하기 쉬운 환경이기 때문에 토양이 비산되기 쉽다. 특히 인공 경량토양은 가벼워 비산이 쉽게 발생하기 때문에 주의를 요한다. 토양의 비산은 건축설비의 오염, 배수구로의 유입으로 인한 배수관 막힘 등의 원인이 된다.

시공 중 토양의 비산이 예상되는 경우 적절한 방지 대책을 수립하여야 하며, 이로 인한

민원 발생의 요인을 원천적으로 차단하여야 한다. 또한 필요 없게 된 포장재 등은 즉시 수거한다.

반입된 토양은 일반적으로 수분량이 적어 토양입자 상호간의 결속이 약해 식재공사 전에 대량의 물을 사용하여 토양의 수분량을 확보함과 동시에 결속을 도모할 필요가 있다. 특히 시공면적이 넓은 경우는 수분이 부족하기 쉽고, 건조 상태의 인공 경량토양에서는 반입된 토양량과 같은 용량의 관수가 필요하며, 젖은 상태의 인공토양 또는 자연토양에서는 약 1/3 용량의 토양관수가 필요하다. 현장의 공정 또는 상황에 따라 식재단위마다 시트 또는 비닐 등으로 덮어 수분이 증발하지 않도록 관리가 필요하다. 입자가 큰 토양은 일시에 대량의 물을 뿌리면 미립자분이 씻겨 흘러가 낮은 부분에 퇴적해 필터 또는 배수구의 막힘을 유발하기 때문에 주의한다.

2) 식재 후 관리

식재 시공이 춘식인 경우 초본은 3개월 후, 목본은 겨울을 지난 다음해 3월에 평가를 실시하고, 추식인 경우 초본은 다음해 3월에, 목본은 2년 후 3월에 평가를 실시한다. 평가항목으로는 초본은 활착 후 피복정도를 평가하고, 목본은 신초 형성 정도로 평가한다.

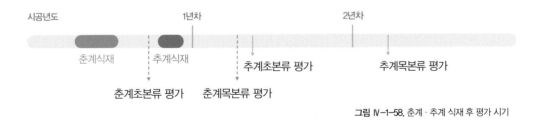

그림 Ⅳ-1-58. 춘계 · 추계 식재 후 평가 시기

수목 식재, 지피 및 초화류 식재지에 대하여 식생의 고사 및 병충해 발생을 억제하며, 조속한 활착 및 양호한 생육환경 조성을 위한 일반적인 사항은 설계도서에 반영된 항목에 따라야 한다.

식재층에 대한 유지관리는 다음의 항목에 유의하여 진행한다.

표 IV-1-26. 식재시간 경과에 따른 유지관리 방법

	초본류관리	목본류관리	제초관리	시비관리	관수관리	배수구 점검
식재 후 1년	활착 시 고사주 보식	군식에 의한 과번무 방지	뿌리 활착 시까지 제초관리 중요, 5~9월 사이 매달 실시	완효성 비료, 연 1~2회	적당량의 비가 안 올 시 (주 25mm 이내), 첫 6달 동안 매주 관수	연 2~3회
식재 후 2~3년	겨울철 지상부 낙엽 정리, 고사주 보식	과번무지, 고사지 등의 전지·전정	피복 속도에 따라 성장 시기 동안 2~3번	완효성 비료, 연 1~2회	적당량의 비가 안 올 시 (주 25mm 이내), 매 2~3주 관수	연 2~3회
식재 후 4년	이입종 관리, 밀식된 종 제거	전지·전정 및 병충해 관리	나지가 생성될 경우 이입종 발생, 간헐적인 제초	완효성 비료, 연 1~2회	3주 이상 고온, 적당량의 비가 안 올 시 (주 25mm 이내), 간헐적 관수 실시	연 2~3회

2

다원적
가치향상 기술

생활형 주택정원의
조성 및 이용

송정섭

도시생활에 지친 사람들이 휴일이면 산에 가는 것은 거기에 건강한 식생을 가진 자연이 있기 때문이다. 늘 자연에 가고 싶지만 그럴 수 없어 최대한 자연을 내 곁에 끌어들이는 게 정원의 시작이다. 그래서 자연을 'Nature'라고 하는데 정원은 'Second nature'라고도 부른다. 정원은 자연과 교감하는 채널이다. 정원가꾸기를 한다는 것은 자연과 교감하는 것이다.

그림 Ⅳ-2-1. 한여름 몽골의 자연, 꽃을 밟지 않으면 지나갈 수 없을 정도의 천상화원이 펼쳐져 있다.
현대인들은 늘 이런 자연에 가고 싶지만 현실적으로 어려워 자연을 최대한 내 생활공간으로 끌어온다. 이게 정원의 시작이다.

생활정원을 어떻게 만드는지 그리고 연중 아름다운 정원이 되려면 어떻게 유지관리 해야 하는지 하나씩 살펴본다. 정원(庭園)^{garden}은 흙, 돌, 물, 나무 등의 자연재료와 퍼걸러, 데크 같은 인공재료에 의해 미적이고 기능적으로 구성된 공간을 말한다. 흔히 집을 짓고 나서 실내외 공간을 이용하여 실용적이거나 아름답게 보이도록 만든 뜰 또는 넓은 공간을 정원이라 할 수 있다.

정원의 정(庭)은 집안에 있는 마당, 즉 '뜰'을 의미하며 원(園)은 꽃과 열매를 맺는 다양한 나무, 연못, 동산 등을 뜻한 데서 유래된 말이다. 그러니 가정(家庭)이 있다는 것은 집과 정원이 있는 곳에서 산다는 뜻으로 정원이 없는 아파트 위주의 도시생활은 가정이 없는 생활로 해석될 수도 있는 부분이다. 정원은 4계절 변화하는 살아있는 꽃과 나무들이 주연이며, 정원가꾸기는 인간이 정원의 주연인 생명들을 돌보며 자연과 교감하는 과정으로 정원 디자인, 식물의 선정 배치 및 지속적인 관리를 통해 공간을 아름답게 가꾸어가면서 몸과 마음을 건강하게 유지하려는 인간 본성에 충실한 활동이다.

1 생활형 주택정원이란?

정원은 조성하는 목적이나 유형, 기능, 위치, 테마, 관리주체 등에 따라 종류가 다양하다. 생활형 주택정원은 한국의 전통정원이나 도심의 가로정원(화단), 학교정원 등과 달리 현대인들이 주택에 거주하면서 정원을 만들고 가꾸면서 심신의 건강과 힐링은 물론 자연의 아름다움을 감상하는 공간을 말하며, 가족들의 생활공간을 실내중심에서 실외로까지 확장$^{out\ door\ life}$할 수 있는 중요한 터로써 이용된다. 즉, 아파트 같은 공동주택이 아니라 주변에서 흔히 볼 수 있는 전원주택이나 도심주택 안에 만들어진 실용적인 정원의 형태를 말한다.

그림 Ⅳ-2-2. 생활형 주택정원의 한 예. 전형적인 전원주택 정원으로 잔디밭 중심으로 구성되어 있다.

정원은 건축물과 달리 한 번에 완벽하게 만들어지는 게 아니다. 동선을 구획하거나 시설물의 배치 및 대형교목 식재 등은 초기에 해야겠지만, 4계절 변화를 주는 대부분의 관목류나 초본류는 초기 기본식재를 한 뒤 점차 갖추어가는 것이 바람직하다. 식재된 식물들은 인공 및 자연환경에 차츰 적응하면서 조금씩 자리를 잡아간다. 그러니 정원은 살면서 꾸준히 가꾸어간다는 생각으로 만드는 것이 중요하다. 사실 정원을 갖고 있다는 것도 중요하지만 정원을 만든 뒤부터 어떻게 유지관리를 할 것인가가 건강한 삶에 훨씬 더 영향을 미친다.

정원을 만들고 가꾸는 것을 다음과 같은 5개 과정으로 구분해 살펴보았다. ① 부지조사 및 분석(정원의 유형과 컨셉 구상) ② 기본 계획도 작성(공간 분할, 조형물) ③ 세부 시공계획 짜기(동선의 구성, 식물 구상) ④ 정원 구조물(정원을 구성하는 고정 시설물) ⑤ 4계절 관상형 식물 배치 및 식재이다. 일반적인 정원조성 절차는 모식도와 같다.

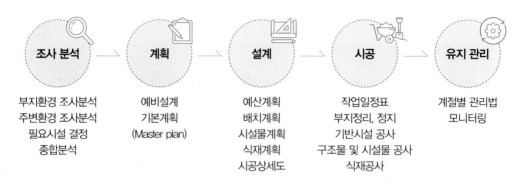

조사 분석
부지환경 조사분석
주변환경 조사분석
필요시설 결정
종합분석

계획
예비설계
기본계획
(Master plan)

설계
예산계획
배치계획
시설물계획
식재계획
시공상세도

시공
작업일정표
부지정리, 정지
기반시설 공사
구조물 및 시설물 공사
식재공사

유지 관리
계절별 관리법
모니터링

그림 IV-2-3. 정원 조성 및 유지관리를 위한 일반적인 절차 모식도

2 생활형 주택정원의 조성

1) 부지조사 및 분석(정원의 유형과 컨셉 구상)

좋은 정원을 만들기 위한 첫 번째는 대상지에 대한 자연물, 인공물 등을 포함한 처해진 환경의 정밀조사와 분석이다. 먼저 지형과 기후다. 경사와 굴곡은 어느 정도인지, 방향은 어떤지, 기존 지형을 그대로 유지할 것인지 아니면 수정할 것인지, 정원을 만들려고 하는 지역은 어딘지 등을 자세히 분석해야 한다. 특히 많은 식물들이 하루 생장량의 80% 가까이가 아침 일출 전후에 이루어진다는 것을 감안하면 정원의 방향은 동남향이 이상적이라는 점도 감안하는 것이 좋다. 하지만 햇볕의 정도는 퍼걸러, 대형식물 등 인공물의 배치나 식물의 종류 및 식재위치에 따라 그늘이 생겨 크게 달라지기도 한다. 둘째는 기존 부지에 이미 자라고 있는 목본류와 초본류들을 살펴보고 그대로 둘 것인지 옮길 것인지 통째로 바꿀 것인지를 결정해야 한다. 한 예를 들어본다. 정읍 꽃담원의 경우 원래 있던 배롱나무들은 캐서 개울을 따라 별도의 배롱나무 길을 만들고, 입구의 고욤나무나 원내의 대형 감나무들은 수형이 좋아 그대로 두고 최대한 감나무가 멋지게 되도록 이동식 시설물(게스트하우스)을 배치하였다.

그림 Ⅳ-2-4. 기존의 왼편 감나무를 옮기지 않고 경관을 감안해 시설물을 배치한 예

원형 잔디밭도 기존 감나무와 어울리도록 거의 곁에 붙여 조성하는 등 기존의 나무를 중심
으로 시설물을 배치하여 생태적으로 어울리는 경관을 연출했던 사례가 있다.

그림 Ⅳ-2-5. 기존의 우측 감나무를 고려한 원형 잔디광장 조성의 예

그리고 토양과 배수로 역시 중요한 부분이다. 정원 부지 토양의 이화학적 특성(농촌진흥청 '흙토람' 참조)을 찾아보고 필요하면 물빠짐도 좋게 개량하고 부드러운 흙이나 퇴비도 보충해주어야 한다. 부지 전체의 레벨을 여러 군데 체크하여 여름 장마 시 물이 자연스럽게 빠지도록 구배를 두어야 하며, 필요시 별도의 배수로 계획도 세워야 한다.

2) 기본 계획도 작성(공간 분할, 조형물)

정원의 부지조사와 분석이 끝나면 개략적인 정원설계에 들어가게 된다. 정확하고 효과적인 정원을 설계하려면 먼저 정원을 만드는 목적과 이유가 분명해야 한다. 그냥 4계절 꽃을 보기 위한 정원일 수도 있지만 목적이 뭐냐에 따라 정원을 구성하는 콘텐츠가 많이 달라지기 때문이다. 예컨대 단순히 가족들의 쉼 공간이라면 집 밖에서 차나 음악을 즐기며 휴식을 취하는 경우가 많아 잔디밭 중심으로 하되 계절별로 꽃이 피는 대표적인 초화류나 화목류를 몇 개체씩 심으면 된다. 정원에서 생산하는 꽃으로 꽃차를 만들어 사람들과 나누고 싶다면 꽃차로 사용할 수 있는 다양한 식용꽃을 가꾸고, 콘서트나 미니 워크샵 등 문화나 작품활동 공간으로 활용할 목적이라면 데크나 비가림 등 시설물을 중심으로 정원을 구성해야 할 것이다. 또한 바비큐를 주로 하고 싶다면 화덕이나 채소원이 필요하고, 어린이정원이라면 어린이 교과서에 나오는 식물들을 심어 직접 학습할 수 있는 교육정원으로 만드는 게 바람직할 것이다. 즉, 정원의 이용목적에 맞는 콘텐츠들이 합리적으로 배치되어야 훌륭한 정원이며 활용도 높은 정원이 된다.

정원의 용도가 정해지면 세부계획을 짜게 된다. 세부계획은 먼저 크게 공간을 나누는 것 *burble plan* 부터 시작된다. 즉, 정원을 구성하는 데크시설, 퍼걸러, 잔디밭, 야생화원, 초화원, 채소원, 가족휴식 등 입구부터 후정까지 주택을 기준으로 개략적인 큰 배치를 한다. 그리고 정원을 골고루 살펴볼 수 있도록 동선계획을 짠다. 동선은 주동선과 보조동선, 그리고 징검다리 동선 등으로 구분할 수 있다.

그림 Ⅳ-2-6. 생활정원의 주동선, 보조동선, 징검다리 동선의 예

동선은 한번 정하면 나중에 바꾸기 어렵기 때문에 신중히 생각해야 하고, 색상도 주변 시설이나 식물들과 이질감이 들거나 너무 튀지 않도록 잘 선택해야 한다. 동선계획이 만들어지면 각각의 공간에 어떤 시설물과 어떤 식물을 어떻게 심을 것인지를 결정한다. 공간별 조성계획이 만들어지면 전체를 모아 종합적인 설계도를 작성하게 된다. 정원설계 및 시공은 전문업체에게 맡길 수도 있지만 내가 직접 공부해가면서 세워보는 것이 추후 이용 및 유지관리 등에 여러모로 좋다. 그러려면 사전에 식물에 관심을 많이 갖고 정원 관련 책이나 온라인을 통해 사진을 많이 보고 식물원 같은 곳을 수시 방문해서 안목을 높이는 게 중요하다. 내가 직접 계획한다는 것은 시간이 걸리고 쉽지 않은 일이지만, 그 과정에서 이미 정원이나 정원가꾸기에 대해 많이 알게 되고 자연과 꽃들과 친해지면서 자연과 교감할 줄 아는 멋진 정원사가 될 수도 있기 때문이다.

정원 설계도를 3D로 멋지게 그릴 수도 있지만 이는 CAD 같은 도구를 써서 작성해야 하기 때문에 별도 공부를 해야 한다. 드로잉 하는 도구들을 준비하여 사전에 그림 그리는 연습을 좀 한다면 스스로 멋진 정원 설계도면을 그릴 수도 있다. 세밀하게 스케치하고 각 구성물들을 실제 스케일에 맞도록 모눈종이에 하나씩 그려 가며 만들어볼 수도 있다. 시설물 및 식물의 크기나 형태 등을 미리 잘 파악하여 거리를 고려해가면서 몇 번 그리다 보면 우리 집 정원 정도는 충분히 그려낼 수 있다. 정원의 구상 및 설계, 나와 우리 가족이 향유할 멋진 모습들을 그려가는 것, 그 자체가 기쁨이다.

3) 세부 시공계획 짜기(동선 및 시설물의 구성 확정, 식재식물 구상)

정원의 전체적인 윤곽이 세워졌으면 다음 단계는 세부 시공계획을 짜는 일이다. 가족과 함께 정원의 어디에 무얼 심을까를 생각하고 의논하는 것은 자기가 살 집을 계획하는 것만큼이나 행복한 일이다. 식물을 심고 난 뒤 꽃이 활짝 피었을 때의 모습을 상상하며 필요하면 인터넷 뒤져가며 공부도 하면서 완성도 높은 시공계획을 짜야 한다. 세부 시공계획에 포함되어야 할 사항은 시공일정표, 필요비용 분석 및 집행계획, 주변에 작업일정 공개(민원 소지 경감) 등이며, 전문기술에 필요한 부분(전기, 관배수, 설비, 조명 등)은 기술자와 미리 의논해 작업일정을 세운다. 세부 시공계획에는 시공에 필요한 자재의 준비 및 보관방법, 작업 인력 수급, 콘텐츠별 세부위치 고정, 주요 교관목 식재주수 및 식재위치 결정, 소형 관목 및 초화류 식재위치 지정 및 식재본수 산정 등 세부물량도 구체적으로 들어있어야 한다. 진입로나 주차장도 반드시 반영되어야 한다.

세부 내역별로 보면 먼저 사람들이 드나드는 동선 만들기다. 정원에서 동선은 몸 전체를 흐르는 핏줄과 같이 중요하다. 주동선은 정원 입구인 정문(현관)에서부터 정원 중심부를 거쳐 본관 등 정원의 주요부를 이동하는 공간으로 전체 길이, 폭, 재료, 색상, 작업방법을 세부적으로 정해 시공계획에 표기하여야 한다. 보조동선은 주동선과 징검다리 동선을 잇는 연결 동선으로 정원 산책에 가장 많이 이용되는 공간이다. 주택, 조형물, 퍼걸러, 수도, 화덕, 텃밭 등 정원의 주요 장소를 경유하는 동선이며 정원 곳곳을 거치며 콘텐츠 간을 이동할 때 주로 사용하는 길이다. 징검다리 동선은 식물관찰은 물론 제초, 보식 또는 전정 등을 위해서도 사용되는 다목적 최하위 동선이다. 징검다리 동선을 잘 만드는 것이 정원을 효율적으로 관리하는 데 매우 중요하다.

구체적인 시공계획을 짤 때 필요한 사항들을 하나씩 열거해 보자. 우선 전체 배치도상에 동선을 유형별로 그린다. 동선의 폭, 길이를 정하고 바닥을 어떤 종류(판석, 자갈, 지픽스, 야자매트 등 이용 가능 재료가 무척 많다)로 할 것인지, 경계면 처리는 어떻게 할 것인지도 정한다. 징검다리 수준의 동선까지 정해지고 나면 이어 식물의 식재계획을 세운다.

식재계획을 잔디밭의 경우로 살펴보자. 먼저 어느 공간에 어떤 잔디(들잔디, 금잔디, 서양잔디 등)를 심을 것인지, 잔디는 평묘로 심을 것인지 줄묘로 심을 것인지, 그렇다면 식재본수는 어떻게 되는지를 계산해 반영해야 한다. 특히 잔디밭은 정원의 품격과도 연결되는 부분이 있어 조성 위치(볕이 잘 들어야 함)나 잔디의 종류 선정이 중요하다. 소정원이나 화단의 가장자리^{edge}는 어떻게 할 것인지도 다양한 방식들이 있다. 이미 갖고 있는 자재들을 재활용해 멋진 경계선을 만들 수도 있다.

| 돌 | 목재 | 벽돌 |

그림 Ⅳ-2-7. 화단 가장자리 경계의 예

그늘 터널(퍼걸러 포함)의 경우 터널 길이는 얼마나 할 것인지, 터널 골격은 일반 파이프로 할 것인지 목재로 할 것인지를 정하고, 여기에는 어떤 덩굴식물(등나무, 다래류, 으름덩굴, 마삭줄이나 백화등, 송악덩굴, 장미류나 찔레 종류 등)로 덮을 것인지, 심을 종류가 결정되면 재식밀도를 고려하여 몇 주가 필요한지, 얼마나 큰 묘를 어떻게 확보할 것인지 등 계획을 최대한 상세하게 짜야 한다.

식물을 정할 때 고려해야 할 사항 몇 가지를 들어본다. 첫째, 4계절 계절감을 느낄 수 있도록 식물의 종류가 구성되어야 한다. 둘째, 목본류(화목류, 관상수, 관목, 교목, 상록수, 낙엽수, 수양형)나 초본류(일년초, 숙근초, 알뿌리 등)의 적절한 배합이 중요하다. 셋째, 관상 대상인 꽃, 잎, 열매, 수피 등의 색을 기초로 내가 선호하는 색상이 충분히 반영되어야 한다. 넷째, 식재 후 유지관리를 위해 얼마만큼 시간과 비용을 투자할 수 있는 지도 중요한 요인이다. 계절 변화를 구체적으로 알려주는 것은 변화무쌍한 1년 초화류들이 많지만 관리에 그만큼 많은 노력과 비용이 들어간다.

그림 IV-2-8. 일년초화류로 계절 및 시기별로 조성되는 정원.
연중 보기는 좋은 데 유지관리에 많은 노력과 비용이 수반된다는 것을 감안해야 한다.

시간과 비용이 충분하다면 일년초화류나 야생화 등을 중심으로 하되 그렇지 않다면 야생화나 화목류 위주로 짜야 한다. 식재식물 선택 시 정원을 사람으로 본다면 뼈는 정원의 골격을 이루는 것으로 교목이나 대형 관목이 여기에 해당되며, 뼈를 싸고 있는 근육이나 살은 공간을 부드럽게 만들어주는 선이나 볼륨적인 요소로 교목 주변에 배치하는 중소형 관목으로 볼 수 있다. 그리고 사람이 입는 옷은 계절에 따라 달라지듯이 계절별로 피고 지는 숙근 초화류나 야생화들이 여기에 해당되며, 외출을 위해 세수하고 화장을 하는 것은 일 년 12개월 꽃을 보여주는 일년초화류로 볼 수 있다.

4) 정원 구조물(정원을 구성하는 고정 시설물)

① 보행로 Walk

도로에서부터 진입로나 집안 정원의 이동 동선을 말하는 것으로 가장 많이 활용하는 공간이다. 내구성이 좋아야 하고 너무 튀는 색상은 피하는 것이 좋다. 정원에서 보행로는 조연이고, 주연은 4계절 변화를 주는 정원의 꽃과 나무들이기 때문이다.

그림 Ⅳ-2-9. 보행로 동선을 주제에 맞도록 단풍잎 무늬를 넣어 이질감을 줄였다(정읍 단풍나무생태원).

집과 너무 붙어 있거나 폭이 너무 좁아도 곤란하다(1.2m 이상의 폭 권유). 보행로는 장마철 배수, 겨울 제설작업 등에 중요한 통로가 되기도 해 1~4°의 경사를 두는 게 바람직하다.

② 계단 Steps

정원에서 경사가 심한 곳은 계단이 있어야 한다. 단차는 높이 15㎝ 이내가 좋으며 발판의 깊이(폭)는 35㎝ 이상은 되어야 한다. 계단은 주변보다 색상을 좀 진하게 하여 쉽게 식별할 수 있고 발을 헛디디거나 미끄러지지 않도록 해야 한다.

③ 데크와 파티오 Deck and Patio

정원에서는 다양한 활동이 일어난다. 이를 위해 바닥에 데크를 깔거나 파티오를 설치하게 된다.

그림 IV-2-10. 주택과 붙은 데크나 파티오는 여러모로 활용도가 높다.

야외에서 책을 읽거나 휴식을 취하거나 여러 사람들이 모여 크고 작은 파티를 할 때 이용되며, 주로 가족들의 야외활동을 위한 공간이라면 주방이나 거실과 가까운 곳에 설치하는 것이 동선상 효율적이다. 햇볕, 외부와의 노출, 조망 등도 데크와 파티오의 위치를 결정하는 주요인이다.

④ 옹벽 Retaining Walls

옹벽은 집과 정원을 약간 높임으로써 여름철 침수를 막고 경관을 볼 수 있는 조망점 확보 등을 위해 설치하는 경우가 많다

그림 Ⅳ-2-11. 호안블록으로 만든 옹벽수로, 블록 틈에 식물을 심어 정원을 확장시킬 수 있다.

가장 널리 쓰이는 게 돌(바위), 벽돌, 목재, 철도침목, 콘크리트 등이다. 시멘트옹벽은 부득한 경우가 아니라면 피하는 게 좋고 주로 조경석으로 불리는 다양한 유형의 돌을 활용한다. 조

경석을 이용하게 되면 정원의 보호는 물론 자체를 암석정원으로 활용할 수 있다. 주변에 원래 돌이 많은 곳이라면 자연석을 이용해 돌탑 등 다양한 조형물을 만들어 세울 수도 있다.

⑤ 정원시설물

㉮ 휴게시설 : 퍼걸러, 원두막, 벤치, 정자, 그늘막 등 종류가 매우 다양하다. 이용목적에 따라 조망이 좋거나 바람이 잘 통해 시원한 곳 등 위치선정이 중요하다. 햇볕도 여름에는 그늘이, 겨울에는 볕이 잘 들어오는 곳이 좋다.

㉯ 포장시설 : 주차장이나 주동선 등을 만들 때 바닥을 어떻게 포장할거냐는 미관, 내구성, 관리편이성, 안전성 등을 종합적으로 고려하여 결정한다. 가정정원에서는 시멘트나 아스팔트를 지양하고 일반 흙이나 보도블록, 잔디블록 등이 보편적으로 이용된다.

㉰ 경계시설 : 이웃이나 주변과의 경계를 위해 만들어지는 시설물로 흔히 전원주택의 경우 흰색 구조물이나 목재, 철제로 낮게 설치하지만 식물을 이용한 생울타리를 만드는 게 보다 경제적이고 친자연적이며 지나가는 사람이 외부에서 바라봐도 근사한 정원이 된다.

㉱ 기타 : 정원에 물을 도입하는 수경시설(연못이나 분수, 벽천 등)이 있으면 수분이 충분해 정원의 생태계가 훨씬 다양해진다.

그림 Ⅳ-2-12. 주택의 연못정원. 수생식물을 가꿀 수도 있지만 주변에 습도가 유지되어 다른 식물들의 생장이 좋다.

조명시설은 야간에 정원의 모습을 아름답게 해 주고 특별한 구조물이나 식물을 강조할 수 있으며 야간보행 시 안전성을 높여준다.

5) 4계절 관상형 식물의 배치 및 식재

① 식물의 배치원리와 계절별 식물 유형

4계절 꽃이나 잎, 아름다운 열매를 볼 수 있는 정원을 만드는 것은 사실 어려운 게 아니다. 계절별로 피는 꽃들이 뭔지 알고 그것들을 조합하여 식재계획을 짜면 되기 때문이다. 그런데 사람도 찬 거 더운 거 가리듯이 꽃들도 햇볕, 흙, 물빠짐, 온도 등 가리는 성질들이 있다. 즉 채송화, 송엽국, 수련처럼 꽃이 아름다운 것들은 햇볕을 참 좋아한다. 다육식물들은 몸에 물이 있어 습기가 많은 곳을 싫어하지만 대부분 꽃들은 습기가 충분하면서 물빠짐이 좋은 곳에서 잘 자란다.

자생화를 중심으로 식재할 때 특히 중요한 것이 햇볕조건이다. 대부분 나무 아래처럼 반그늘을 좋아하지만 땡볕이나 그늘에서는 아예 견디기 어려운 것들이 많다. 이때는 그 식물의 자생지 환경을 생각하면 된다. 즉, 그 식물이 원래 물가에 사는지, 음지에 가까운 그늘 속에서 사는지, 여름에 시원한 곳인지 등 환경조건을 알고 그대로 적용하면 된다. 하지만 식물은 종류가 워낙 많고 적응성도 다르기 때문에 한 번씩 시행착오를 겪기도 한다. 어떤 식물이 어떤 환경을 좋아하는지는 인터넷이나 별도의 방식으로 틈틈이 공부하면서 자신의 정원에 직접 심고 가꾸어보는 게 가장 확실한 방법이다. 계절별(봄~가을)로 꽃이나 열매가 아름다운 식물들을 정리해보면 다음과 같다. 겨울 동안은 꽃보다는 상록의 잎이나 열매, 상록성의 교관목 또는 줄기의 수피색 등을 고려하여 식재하는 것이 바람직하다. 표 Ⅳ-2-1을 잘 활용하면 4계절 볼거리가 있는 나만의 멋진 정원 식재계획을 세울 수 있다.

표 IV-2-1. 4계절 관상을 위한 식물 유형별 계절별 구분

교목

봄	산수유, 매화, 목련, 살구나무, 배나무, 벚나무, 복사꽃, 이팝나무, 자두나무, 모과나무, 생강나무 등
여름	산딸나무, 배롱나무, 자귀나무, 귀룽나무, 노각나무, 층층나무, 느티나무, 산사나무, 함박꽃나무, 마가목, 만병초, 헛개나무 등
가을	단풍나무, 계수나무, 풍나무, 백합나무, 은행나무, 호랑가시나무, 감나무 등

관목

봄	개나리, 진달래, 산철쭉, 철쭉, 영산홍, 명자꽃나무, 라일락, 노린재나무, 황매화, 조팝나무, 병꽃나무, 미선나무, 병아리꽃나무, 길마가지나무 등
여름	무궁화, 해당화, 작살나무, 수국류, 불두화, 백당나무, 장미, 찔레, 종덩굴, 고광나무, 골담초, 으름덩굴 등
가을	말채나무, 산초나무, 당매자나무, 남천 등

초화류

봄	할미꽃, 돌나물, 매발톱꽃, 금낭화, 돌단풍, 은방울꽃, 복수초, 노루귀, 산마늘, 수선화, 삼지구엽초, 앵초, 애기나리, 둥굴레, 꽃잔디, 하늘매발톱꽃, 미나리냉이, 백리향, 노랑꽃창포, 천남성, 앉은부채, 우산나물, 관중, 청나래고사리 등
여름	기린초, 곰취, 두메부추, 붉은인동, 바위치, 상사화, 금불초, 까치수영, 뻐꾹나리, 꽃창포, 어리연꽃, 노랑어리연꽃, 수련, 연꽃, 말나리, 물싸리, 벌노랑이, 범부채, 부들, 부처꽃, 비비추, 옥잠화, 산수국, 섬말나리, 섬초롱꽃, 술패랭이, 왕원추리, 으아리, 작약, 동자꽃, 맨드라미, 봉선화, 홍화 등
가을	큰꿩의비름, 둥근잎꿩의바름, 감국, 산국, 개미취, 벌개미취, 쑥부쟁이, 층꽃나무, 용담, 수크령, 갈대, 국화류, 억새, 핑크뮬리 등

정원에는 기본적으로 내가 좋아하는 것을 중심으로 심게 되겠지만 정원의 기후나 토양환경, 식물의 생육특성, 주 관상부위 및 기간, 테마나 상징 등을 고려하여 다음과 같이 구별해

볼 수 있다. 식물을 잘 모르는 경우 각 특성별로 거기에 해당하는 식물을 골라 배치하면 큰 비용 없이도 내가 원하는 식물들을 구해 가꾸어볼 수 있다.

구체적인 식재계획이 완성되면 식재작업에 들어간다. 식재를 위해서는 사전에 전체적인 구 배 및 평탄작업, 토양조성, 관배수 등이 원활하도록 기반조성이 이루어져야 한다. 식재방법 은 식물의 크기, 생육환경, 보는 위치 등에 따라 달라지며 꽃이나 잎, 열매의 색깔, 공간별 계절성 등도 충분히 고려하여 식재한다. 식재작업은 연중 할 수 있지만 분으로 떠진 나무는 이른 봄에 식물들이 본격적인 생장을 시작하기 이전에 심는 것이 바람직하다. 포트에 담겨 재배된 묘들은 거의 몸살이 없기 때문에 연중 식재할 수 있다.

표 Ⅳ-2-2. 정원식물 선정을 위해 고려할 12가지 키워드

구분	핵심 고려사항
환경 저항성	내 정원에서 추위나 더위, 가뭄 및 병해충에 견딜 수 있는 정도를 체크한다.
비율과 조합	교목과 관목, 상록과 낙엽, 침엽과 활엽, 목본과 초본, 계절성을 고려한다.
겨울정원 고려	열매, 수피 등 겨울에도 볼 수 있는 형태이어야 하고 상록성인 것도 적절히 포함한다.
광적응성 구분	볕을 좋아하는 정도에 따라 양지, 음지, 반음지에 해당하는 곳에 식재한다.
크기와 형태	다 자랐을 때의 키나 폭을 고려하여 식재한다.
잎색과 질감	계절성, 조망점에서 가까운 곳은 고운 질감, 먼 곳은 거친 질감을 배치한다.
생장속도나 습성	빨리 자라는 속성수(형태 변화 큼), 늦게 자라는 치밀수(변화 미흡), 포복형, 덩굴성
주 관상대상	즐기는 대상이 꽃, 잎, 열매, 수피 등을 생각하여 연중 볼거리가 있도록 배치
개화 특성	꽃이 피는 시기, 총 개화기간, 동시에 꽃이 피는 정도, 꽃이 달리는 위치도 고려
집조와 피조	새를 부르는 열매나 무관심한 열매(새가 좋아하면 겨울에는 볼거리가 없다.)
확보 용이성	고가식물이 다 좋은 건 아님, 향토수종 유리, 야생화도 전문생산 농가들이 많다.
테마나 상징	특정 속 식물에 포커싱(국야가든/ 자생국화류만으로 정원 조성), 정원의 상징성

② 식물의 특성에 적합한 공간별 배치 기준

식물의 형태나 자라는 환경특성에 따라 자생화를 기준으로 식물 배치기준을 살펴보면 다음과 같다.

감국	관중	구절초	금낭화
꽃무릇(석산)	꽃창포	꽃향유	노루오줌
눈개쑥부쟁이	동의나물	맥문동	벌개미취
복수초	뻐꾹나리	상사화	섬말나리
섬초롱꽃	수선화	애기나리	애기말발도리
양지꽃	억새	얼레지	용담

용머리   원추리   은방울꽃   작약

참나리   층꽃나무   큰꽃으아리   큰천남성

하늘나리   하늘매발톱꽃   할미꽃   해국

그림 Ⅳ-2-13. 정원용 자생화 36선

㉮ 광 적응성 유형

광은 자생화 생장에 가장 중요한 환경이다. 식물에 따라 좋아하는 광 환경이 제각기 다르기 때문이다. 대체로 그늘이나 반그늘을 좋아하는 식물들이 많다. 몇 가지 정원용 야생화를 광 조건에 따라 구분해 보면 다음과 같다.

㉠ 그늘 : 괭이눈, 바위떡풀, 비비추, 산호수, 투구꽃, 천남성, 관중, 속새, 맥문동, 수호초 등

㉡ 반그늘 : 구절초, 용담, 곰취, 깽깽이풀, 남산제비꽃, 노루귀, 돌단풍, 복수초, 산괴불주머니, 앵초, 옥잠화, 우산나물, 은방울꽃, 하늘매발톱꽃, 금낭화 등

㉢ 양지 : 할미꽃, 하늘나리, 양지꽃, 패랭이꽃, 섬초롱꽃, 상사화, 바위솔, 감국, 금꿩의다리, 톱풀, 수크령, 큰꿩의비름, 기린초 등

ⓘ 식물의 키

자생화를 정원에 배치할 때 중요한 요인이다. 키가 작은 것들을 뒤에 배치하면 가려서 보이지 않기 때문이다. 초본류의 경우 개화기 또는 다 자랐을 때를 기준으로 앞부분에 작은 것을, 뒷부분에 큰 것들을 배치한다. 목본류는 특히 키가 중요하다. 교목성으로 계속 자라는 것도 있기 때문에 어른 나무로 자랐을 때를 기준으로 충분한 간격을 유지해주어야 한다.

ⓘ 개화기

개인의 취향에 따라 다르겠지만 계절별로 공간을 구획하는 것이 좋다. 앞뜰은 4계절 피는 것들을 골고루 배치해야겠지만, 안뜰이나 뒤뜰에는 공간의 환경특성을 감안하여 계절별로 피는 것들끼리 모아 봄정원, 여름정원 및 가을정원 등으로 위치에 따라 테마화 하는 것도 바람직하다. 5월에는 하늘나리, 6~7월에는 중나리, 땅나리, 섬말나리, 솔나리, 8월에는 참나리 등 5월부터 8월까지 자생 나리만으로도 개화기가 서로 다르기 때문에 훌륭한 테마정원을 만들 수 있다. 여기에 화단용 백합 원예품종을 몇 가지 넣으면 전문적인 여름철 나리정원이 된다.

ⓘ 꽃색(열매색)

야생화 꽃색은 빨갛거나 푸른색 등 원색적인 것보다는 노랑이나 흰색 등의 차분한 계열이 많다. 식물에 따라 좋아하는 환경이 다르기 때문에 색깔별 배치가 쉽지 않겠지만 가능한 가까운 색들이 모이도록 배치하면 훨씬 품격 있고 개성이 살아나며 깊이 있는 테마정원이 된다.

3 정원의 이용

우리는 흔히 행복을 말할 때 양적인 것(물질적 소유수준)과 질적인 것(정서적 감성수준)으로 나눠 이야기한다. 양적인 행복은 무게를 달 수 있어서 돈이나 물건으로 계산될 수 있지만 질적인 행복은 돈으로 환상할 수 없는 무형의 가치를 갖는다. 그런데 사람들이 대부분의 행복을 느끼는 것은 양적인 것이 아니라 질적인 것에 의한 것이 훨씬 크다. 즉, 돈보다는 자연의 생명, 창의적인 삶, 웃음, 봉사활동 등 평소에 가치있는 삶을 사는 사람들이 생각하고 실천하는 것들이다. "정원가꾸기는 행복입니다"라는 이야기도 여기에서 비롯된다. 독일의 시인 헤르만 헤세도 '정원일의 즐거움'이라는 책에서 "정원가꾸기는 인간이 누릴 수 있는 최고의 호사다"라고 말한 적도 있다. 사실 꽃을 가꾼다는 것은 생명을 돌보는 것으로 정원가꾸기를 잘할 때 식물들은 정상적으로 자라 꽃을 만발하게 피워냄으로써 정원주의 정성에 보답한다. 따라서 정원가꾸기는 단순히 집의 경제적 가치를 높이는 수단이라기보다 그 과정을 통해 몸과 마음의 건강을 추구해가고 정서적으로 안정된 삶을 영위할 수 있는 심미적인 활동이다.

그림 Ⅳ-2-14. 정원을 가꾼다는 것은 생명을 돌보는 일이다. 가드닝은 몸은 물론 마음까지 건강하게 해준다.

그림 IV-2-15. 정원산책은 삶에 새로운 에너지를 불어넣어 준다.

조금 더 나아간다면 정원의 꽃과 나무(자연)는 살아있는 생명체로써 자연을 구성하는 하나의 요소로 본다는 것이다. 식물도 인간(사람)$^{Homo\ sapiens}$과 똑같은 학명체계나 계급을 가진 개체(소나무)$^{Pinus\ densiflora}$로써 우리 인간처럼 자연생태계를 구성하는 1/n의 자격이 있는 하나의 생물종이라는 엄연한 사실이다. 이것은 우리가 어떻게 사는 것이 지속가능한 자연생태계를 위해 '인간'이라는 생물종답게 사는 것인지 깊은 고민을 하게 만들기도 한다. 따라서 정원을 가꾼다는 것은 생명에 대한 이해와 꽃과 나무들과 교감하는 활동으로 우리는 식물을 통해 더 자기답고 깊이 있는 삶을 살 수 있는 계기를 찾기도 한다. 실제 식물들은 우리에게 아름다움도 주지만 살아가는 다양한 방식들을 통해 우리에게 어떻게 살아야 하는지 많은 메시지를 준다.

그림 Ⅳ-2-16. '꽃처럼 산다는 것' 책 표지

정원의 꽃과 나무처럼 산다면 인간으로서 최고의 삶을 살고 있다고도 볼 수 있다. 필자가 생각하는 꽃처럼 사는 삶이란 나만의 컬러가 있고, 나를 통해 주변이 행복해지며, 주변과 함께 어울려 사는 삶을 말한다. 생활형 주택정원을 기준으로 정원이 우리 삶에 가장 많이 이용되는 몇 가지 형태를 보면 다음과 같다.

① 가족의 휴식 및 건강증진 공간

정원이 있으면 활동할 수 있는 생활공간이 실내에서 실외로 훨씬 넓어진다.

그림 Ⅳ-2-17. 정원과 연결된 데크는 가족들만의 힐링공간이다.

정원에서 이루어질 수 있는 활동으로는 야외 식사, 휴식, 차 마시기와 음악 감상, 독서, 사색, 별 관찰 등 삶의 질을 높일 수 있는 여러 가지가 있다.

그림 IV-2-18. 생활정원에서는 다양한 공동체 활동이 이루어지기도 한다(뉴질랜드).

그림 IV-2-19. 정원은 다양한 사람들이 모여 공부하는 학습장소로도 훌륭하다(안면도, 꽃담정원연구회).

특히 실내보다 맑은 공기를 맘껏 들이마실 수 있어 몸의 건강에도 좋은 영향을 미친다. 하루 한 시간 정도의 정원가꾸기를 하면 몸의 적당한 운동효과로 건강을 유지할 수 있을 뿐만 아니라 가드닝 자체가 생명체를 돌보는 핵심작업이기 때문에 마음까지 훨씬 건강해진다.

② 가족들의 부식원 신선채소 가꾸기

도시농부들이 증가하면서 정원에 텃밭을 만드는 세대가 늘고 있다. 주택정원에서도 텃밭정원을 만들어 이용하는 사람들이 늘고 있다. 정원에 볕이 충분히 드는 공간을 활용해 텃밭정원을 만들면 작은 면적이지만 자기 가족이 먹는 것을 직접 가꿀 수 있어 뿌듯함과 함께 즐거움도 크다. 채소를 가꾸면서도 농약이나 비료의 과다사용을 피하니 건강한 먹거리의 생산 등 텃밭정원의 이용 효과는 다양하다. 가능하면 텃밭도 볼거리가 있는 정원이 되도록 구획을 바둑판식이 아닌 다양한 형태로 디자인하고, 채소의 종류도 컬러를 고려하여 선택하며, 작부체계도 잘 짜서 만들게 되면 연중 먹거리는 물론 볼거리가 넘치는 멋진 텃밭정원이 된다.

그림 Ⅳ-2-20. 생활형 텃밭정원의 한 예. 허브류나 아름다운 화초도 심어 병해충 기피는 물론 연중 볼거리를 준다.

③ 다양한 문화 및 커뮤니티 활동

정원에서 이루어질 수 있는 문화활동은 다양하다. 가족들끼리의 크고 작은 행사는 물론 동호인들끼리 시 낭송, 가든파티, 자연소재를 이용한 소품만들기 등 무궁무진하다. 특히 다세대가 사는 전원주택이라면 집집마다 테마를 정해 각기 다른 정원을 조성하고 동아리를 만들어 서로 가드닝을 이야기하고 정원을 공유하게 되면 정원만으로도 멋진 공동체가 만들어진다. 요즘처럼 귀촌자들이 증가하는 시골에서도 충분히 적용해 볼 수 있는 정원 형태로 '우리'라는 공동체의식의 확장에도 크게 기여하게 된다. 이렇게 되면 자기 집에 손님이 오더라도 자기 집 정원은 물론 마을 전체의 정원을 서로 탐방할 수 있어 정원의 활용이나 이용 효과 면에서도 훨씬 더 효율적이다. 실제 필자가 경기 화성 보통리에서 살면서 여러 세대가 동참해주어 품격있고 꽃으로 행복한 전원마을을 조성하여 운영했던 사례도 있다.

그림 IV-2-21. 마을에 집집마다 테마정원을 만들고 정원을 서로 공유하며 공동체를 활성화 시킨 사례(화성 벚꽃마을)

실내식물의
공기정화 및 기능성

김광진

식물은 미세먼지를 흡착하고 실내에 있는 아토피 등 새집증후군을 유발하는 휘발성 물질을 흡수하여 제거하는 탁월한 공기정화 효과를 가지고 있다. 따라서 흡수와 흡착에 의한 식물의 공기정화 효과와 관련된 식물의 종류를 알아보고자 한다.

1 실내식물의 흡수에 의한 공기정화

도시의 공기는 실내외를 막론하고 심하게 오염되어 있다. 미국 환경부는 현대인의 건강을 위협하는 5대 요인 중에 하나가 실내공기라고 규정하였다. 현대인은 하루일과 중 90% 이상을 실내에서 생활하며, 하루에 20~30㎏ 정도의 공기를 마신다. 실내공기가 실외공기보다 현대인의 건강에 더 위협적이다. 원예식물은 공기정화 능력이 뛰어나며, 특히 실내공기 정화는 원예적으로 해결이 가능하다.

1) 실내공기의 오염

① 도시공기의 가장 큰 오염원은 공장, 자동차, 난방기 등이다. 이들로부터 발생하는 각종

오염물질은 도시의 주택이나 빌딩의 실내공기를 오염시키고, 대부분의 일상을 실내에서 보내는 도시인의 건강을 크게 위협하고 있다.

② 도시의 실내공기를 분석해 보면 포름알데히드^{formaldehyde}, BTX$^{benzene, toluene, xylene}$ 등 300~400여 가지의 휘발성유기화합물^{VOC}이 주된 오염물질이다.

휘발성유기화합물 [Volatile Organic Compounds; VOC]

증기압이 높아 대기 중으로 쉽게 증발되는 액체 또는 기체상 유기화합물의 총칭이다. 대기 중에서 광화학반응을 일으켜 오존 등 광화학 산화성물질을 생성시켜 광화학스모그를 유발하는 물질을 일컫는다. 대기오염뿐만 아니라 발암성 물질이며, 지구온난화의 원인물질이므로 국가마다 배출을 줄이기 위해 정책적으로 관리하고 있다. 벤젠, 아세틸렌, 휘발유 등을 비롯하여 산업체에서 사용되는 용매 등 다양하다.

출처 : 네이버 백과사전

③ 그 외에도 이산화탄소^{CO2}, 일산화탄소^{CO}, 미세먼지 등도 주요 오염물질이다. 실외 오염물질은 아황산가스^{SO2}, 오존^{O3}, 질소산화물^{NOx} 및 분진과 같은 입자상 물질 등이 있다.

④ 특히 실내공기 중에 포름알데히드나 VOC 등은 새집증후군을 일으키는 원인 물질로 알려져 있다. 새집증후군은 아토피성 피부염, 아토피성 천식과 비염이 대표적인 증상이다.

⑤ 우리나라 새집의 경우 대부분 건강 기준치보다 실내 오염물질이 높게 나타나 신축공동주택에 대한 실내공기질 관리법이 2005년 말에 제정되어 시행되고 있다.

⑥ 규제 대상 오염물질은 미세먼지, 포름알데히드, 일산화탄소, 이산화탄소, 부유세균으로 이들은 모두 식물에 의해 제거가 가능하다.

⑦ 실내공기, 공공시설공기, 산업배기 및 외기 전체의 성인 1일 공기 섭취 비율은 약 83%(무게로는 약 20~30kg)로 음료, 물과 음식류의 비율 약 15%에 비해 훨씬 많다. 특히 실내공기의 섭취비율이 약 57%로 가장 높아 실내공기질^{IAQ}이 인체의 건강에 영향을 미치는 가장 큰 요인 중의 하나이다.

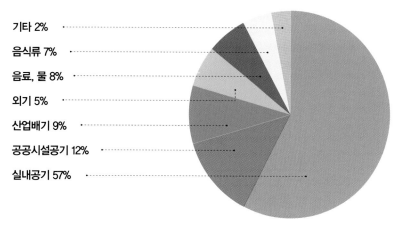

기타 2%
음식류 7%
음료, 물 8%
외기 5%
산업배기 9%
공공시설공기 12%
실내공기 57%

그림 Ⅳ-2-22. 인체의 1일 물질 섭취량 비율

공기정화식물과 생명유지시스템

- 우리가 생활하는 실내공간은 70년대 석유파동을 겪으면서 에너지 효율을 높이기 위해서 실내 밀폐율을 높여왔다. 겨울에는 난방, 여름에는 냉방을 위해 이중창으로 실내를 겹겹이 감싸 누기율을 낮추어왔다. 과거에 창호지와 흙으로 벽을 만들어 살던 주거 공간과는 달리 현대에는 콘크리트 건물로 실내공간이 마치 우주선 안처럼 자연과 독립된 공간이 되었다.
- 아래 그림처럼 완전하게 밀폐된 공간에는 촛불이 꺼지고 생명체는 죽는다. 그러나 이 공간에 식물을 같이 놓아두면 식물에서 나온 산소가 동물에게 주어져 호흡이 가능하고, 동물의 호흡에서 나오는 이산화탄소는 식물의 광합성에 활용되어 서로 생명을 유지하게 된다. 이뿐만 아니라, 식물은 동물이나 실내 각종 자재에서 발생하는 오염물질을 제거하여 실내공기를 정화함으로써 밀폐된 공간에서 생명체가 건강하게 살아갈 수 있도록 해준다.
- 이것이 우주 공간에서 생명을 유지해주는 생명유지시스템life support system의 근본적 원리이다. 공기정화식물은 이러한 우주 정거장을 개발하기 위한 미국의 우주항공국 등에서 연구가 시작되었다.

그림 Ⅳ-2-23. 공기정화식물과 생명유지시스템

2) 식물의 실내공기정화 원리

① 첫째, 잎과 근권부 미생물의 흡수에 의한 오염물질 제거이다. 잎에 흡수된 일부 오염물
질은 광합성의 대사산물로 이용되어 제거되고, 화분 토양 내로 흡수된 오염물질은 근권
부 미생물에 의해 제거된다.

그림 IV-2-24. 화분의 지상부(잎, 줄기)와 지하부(뿌리, 토양)의 낮과 밤 동안에 포름알데히드 제거 비율 및 실험과정

포름알데히드 제거 효과 (지상부 : 지하부)			
☀ **낮**	52% : 48%	🌙 **밤**	10% : 90%

낮에는 지상부의 잎을 통해서 전체 포름알데히드의 52%가 정화되고, 밤에는 뿌리에 있는
미생물에 의해 대부분 약 90%가 제거된다.

② 둘째, 음이온, 향, 산소, 수분 등의 다양한 식물 방출물질에 의해 실내 환경이 쾌적하게
되는 것이다. 잎에 광량을 높이면 광합성속도가 증가하여 제거능력이 높아지고, 화분에
실내 오염물질을 자주 처리할수록 근권부에 관련 미생물이 증가하여 제거 능력이 우수
해진다.

공기정화 과정

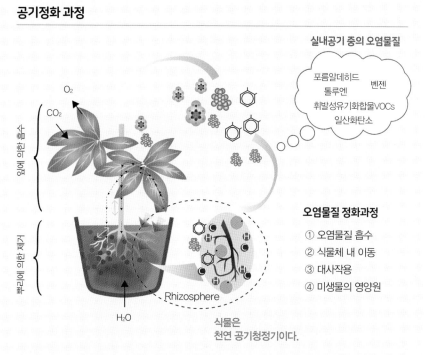

실내공기 중의 오염물질

포름알데히드 벤젠
톨루엔
휘발성유기화합물VOCs
일산화탄소

O₂

CO₂

잎에 의한 흡수

Rhizosphere

H₂O

뿌리에 의한 제거

오염물질 정화과정
① 오염물질 흡수
② 식물체 내 이동
③ 대사작용
④ 미생물의 영양원

식물은
천연 공기청정기이다.

① 잎에 흡수된 오염물질은 대사산물로 이용되어 제거되고, 일부는 뿌리로 이동되어 토양 내
근권부 미생물의 영양원으로 활용되어 제거한다.
② 음이온, 향, 산소 등의 방출물질에 의해 환경이 정화되며, 증산작용에 의해 공중습도가 올라
가고, 주변 온도를 조절한다.
③ 미생물은 유기물을 분해하여 식물영양원으로 제공하고, 뿌리 유출물(광합성산물의 최대
45%)은 미생물의 영양원이 되어 상호공생의 역할을 한다. 실내공기 중의 VOC가 근권부 미
생물에 의해 제거된다.
④ 증산작용에 의해 화분 토양 내의 부압이 형성되어 오염된 공기가 이동하면 근권부 미생물
과 토양 흡착 등에 의해 제거된다.

그림 Ⅳ-2-25. 실내식물의 공기정화 원리

3) 식물 흡수에 의한 실내공기정화

① 포름알데히드

포름알데히드는 각종 건축자재나 가구류의 방부제나 접착제 등에서 많이 발생하며, 새집증후군의 주요 원인물질로 알려져 있다.

실내식물에 의한 포름알데히드 제거는 기공을 통해 흡수되어 포름산으로 전환되고, 포름산은 다시 이산화탄소로 전환되어 광합성 과정인 캘빈 사이클을 통해 당, 유기산, 아미산 등으로 전환됨으로 무독화된다.

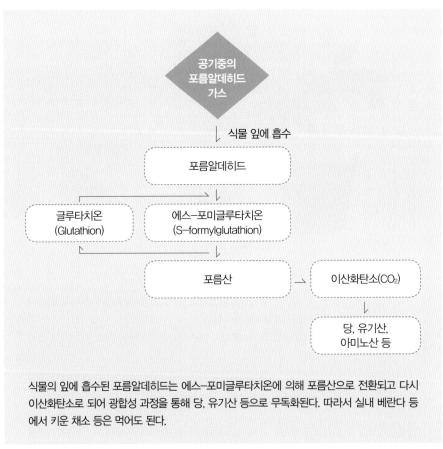

식물의 잎에 흡수된 포름알데히드는 에스-포미글루타치온에 의해 포름산으로 전환되고 다시 이산화탄소로 되어 광합성 과정을 통해 당, 유기산 등으로 무독화된다. 따라서 실내 베란다 등에서 키운 채소 등은 먹어도 된다.

그림 IV-2-26. 포름알데히드가 식물체 내에 흡수된 후 제거되어 무독화되는 과정

결국 흡수된 포름알데히드^{HCHO}의 탄소^{C}는 이산화탄소^{CO_2}처럼 대사산물로 이용됨으로써 제거된다. 또한 근권부 미생물의 영양원으로 이용되어 제거된다.

포름알데히드 제거 능력은 양치류가 가장 우수하고, 그 다음이 허브식물, 그리고 자생식물과 관엽식물이었다. 가장 우수한 식물은 고비, 부처손(셀라지넬라) 등이었으며 가장 낮은 식물에 비해 약 60배 높았다. 자생식물에서는 남천, 황칠나무, 백량금, 월계수, 마삭줄 등이, 목본성 관엽식물 중에는 구아바, 관음죽, 메시코소철, 디지고데카 등이, 초본성 관엽식물 중에는 접란, 디펜바키아, 틸란드시아, 안스리움, 싱고니움 등이, 허브식물 중에서는 라벤더, 제라니움, 로즈마리 등이, 그리고 난류에서는 나도풍란, 덴파레, 호접란 등이 포름알데히드 제거 효율이 우수하였다.

온도와 습도가 조절되는 커다란 환경조절실과 그 내부에 포름알데히드, VOC가 발생되지 않은 유리, 스테인리스, 테프론 재질로만 특수 제작한 밀폐된 챔버이다. 이 챔버는 식물 각각의 공기정화 능력이나 새집증후군 완화 효과 등을 구명하는 데 사용되고 있다.

그림 Ⅳ-2-27. 포름알데히드 측정 챔버

디시가든의 종류에 따라서는 수경재배에 미스트가 들어간 것이 가장 포름알데히드 제거 능력이 우수하고 다음이 토양재배, 그리고 수경재배 순이었다.

② 휘발성유기화합물

휘발성유기화합물^{VOCs: Volatile Organic Compounds}은 실온에서 액체로 휘발하기 쉬우며 피부에 잘 흡수되는 성질을 가지고 있고, 특히 새집증후군의 주요 원인물질로 알려져 있다.

건축재료, 세탁용제, 가구류, 카펫접착제, 페인트 등에서 주로 방출되며, 벤젠, 톨루엔, 자일렌 등이 대표적인 물질로 실내에서 300~400 종류가 검출된다.

톨루엔 제거 능력이 우수한 식물은 피토니아, 만병초, 자금우, 이끼류 등이며, 벤젠 제거에는 크라슐라(염좌), 수국, 심비디움 등이 우수하다. 또한 벤젠과 톨루엔 모두의 제거 능력이 우수한 식물은 해미그라피스, 아이비 등이다.

식물의 정화효과를 높이는 방법은 없나요?

화분 식재 시 지표면을 덮는 지피소재로 모래나 자갈보다 수태나 양치류의 부처손이 새집증후군을 일으키는 포름알데히드 등 휘발성 유해가스 제거에 효과적인 것으로 나타났다. 특히 뿌리 주변에 공기가 원활히 접촉할 수 있는 부처손 등의 지피식물이 수태나 백태 등 죽어 있는 소재보다 효과가 우수하다.

그림 Ⅳ-2-28. 화분의 지피방법에 따른 공기정화 효과

실내 공기정화를 위한 효과적인 화분 지피방법은 근권부로 공기가 원활히 접촉할 수 있는 소재가 좋기 때문에 모래보다는 식물체가 좋다. 모래 중에는 가는 모래보다 굵은 모래가 우수하고, 식물체 중에서는 살아있는 식물체에 의한 지피가 우수하다. 특히 셀라지넬라로 지피할 경우에는 같은 화분에서 약 40% 정도 공기정화 효과가 증가한다.

③ 일산화탄소

일산화탄소는 요리할 때 불완전 연소로 인해 발생하기 때문에 사무공간보다는 일반 가정에
많은 무색, 무취의 기체이다. 호흡기관에 들어가 적혈구의 산소운반 능력을 저하시켜 두통,
구토감, 호흡곤란을 일으키며 심하면 사망한다.

스킨답서스, 안스리움, 돈나무, 클로로피텀, 쉐플레라, 백량금 등이 일산화탄소 제거 능력
이 우수한 식물이다.

| 스킨답서스 | 안스리움 | 클로로피텀 |

그림 Ⅳ-2-29. 일산화탄소 제거 능력이 우수한 실내식물

──────── **식물 몇 개를 어떻게 놓아야 공기정화 효과가 있나요?** ────────

실내에 식물을 비치할 경우 공기정화를 위한 효과적인 화분 개수는 20㎡ 크기의 거실을 기준으
로 식물 크기가 초장 100㎝ 이상으로 큰 것은 3.6개, 초장 30~100㎝의 중간 것은 7.2개, 초장 30
㎝의 작은 것은 10.8개로 평균적으로는 3.3㎡당 1개 정도이다.

거실에는 휘발성유기화합물 제거 기능이 우수한 식물(정화 효과를 높인 식물—공기청정기), 주방에
는 일산화탄소 제거에 효과적인 스킨답서스, 공부방에는 음이온을 통해 집중력을 높여주는 팔손
이나무, 로즈마리 등이 효과적인데 음이온은 멀리 가지 못하므로 학생 가까이에 두는 것이 좋다.

생활공간 내 실내식물 적정 투입량(6평당 HCHO 10% 감소시키는 화분 수)
– 식물 크기 대 (초장 100㎝ 이상) : 3.6개
– 식물 크기 중 (초장 30~100㎝) : 7.2개
– 식물 크기 소 (초장 30㎝ 이하) : 10.8개

④ 미세먼지

실험은 챔버에 미세먼지를 공기 중에 날려 3시간 둔 후, 가라앉은 큰 입자는 제외하고 초미세먼지(PM 2.5)만 300ug/㎥의 농도로 식물이 있는 밀폐된 방과 없는 방에 각각 넣고 4시간 동안 조사하였다.

먼지는 입자의 크기에 따라 지름이 10㎛ 이하인 미세먼지(PM 10)와 지름이 2.5㎛ 이하(PM 2.5)인 초미세먼지로 나누는데, 미세먼지를 육안으로 볼 수 있는 가시화 기기를 이용하여 식물이 있는 방에서 초미세먼지가 실제 줄어든 것을 확인하였다.

가시화 기기로 본 초기 초미세먼지 농도   식물 있는 방 4시간 후 초미세먼지 농도

그림 Ⅳ-2-30. 가시화 기기 이용

또한 초미세먼지를 없애는 데 효과적인 식물도 선발하였다. 이는 잎 면적 1㎡ 크기의 식물이 4시간 동안 제거한 초미세먼지의 양(ug/㎥) 기준이다.

우수한 식물은 파키라(155.8), 백량금(142.0), 멕시코소철(140.4), 박쥐란(133.6), 율마(111.5) 등 5종이다.

  * 대기오염 정도 기준(ug/㎥) : 초미세먼지 '좋음' 0∼15, '보통' 16∼35, '나쁨' 36∼75, '매우 나쁨' 76 이상

초미세먼지 '나쁨'(55ug/㎥)인 날 기준, 20㎡의 거실에 잎 면적 1㎡ 크기의 화분 3∼5개를 두면 4시간 동안 초미세먼지를 20% 정도 줄일 수 있다.

생활공간에 공간부피 대비 2%의 식물을 넣으면 12∼25%의 미세먼지가 줄어들기에 기준

을 20%로 잡고 적합한 식물 수를 조사하였다. 앞으로 추가 연구를 통해 30%까지 줄일 계획이다.

* 국가의 미세먼지 저감 목표가 30%이다.

그림 Ⅳ-2-31. 잎 면적 1㎡인 화분 크기 예시   그림 Ⅳ-2-32. 바이오월

전자현미경으로 잎을 관찰한 결과, 미세먼지를 줄이는 데 효율적인 식물의 잎 뒷면은 주름 형태, 보통인 식물은 매끈한 형태, 효율이 낮은 식물은 표면에 잔털이 많은 것으로 확인되었다. 잔털은 전기적인 현상으로 미세먼지 흡착이 어려운 것으로 추정된다.

농촌진흥청에서는 식물의 공기정화 효과를 높이기 위해 공기를 잎과 뿌리로 순환하는 식물-공기청정기 '바이오월'을 개발한 바 있다. 바이오월은 공기청정기처럼 실내공기를 식물로 순환시켜 좀 더 많은 공기를 정화하는 효과가 있다.

바이오월을 이용하면 화분에 심겨진 식물에 비해 미세먼지 저감 효과가 약 7배 정도 높다. 화분에 심겨진 식물의 시간당 평균 저감량은 33ug/㎥인데 반해, 바이오월은 232ug/㎥이다.

2 실내식물의 방출물질에 의한 공기정화

1) 음이온

인간은 산소^{O_2}와 동시에 산소분자에 있는 음이온$^{O_2-(H_2O)n}$을 흡입함으로써 건강을 유지하는데, 과거 숲에서 살아오는 과정에서 숲의 음이온 양(1㎤당 400~1000개, 평균 700개)에 신체가 이온균형을 유지하도록 적응해 왔다. 그러나 산업화 이후 도시화 되면서 대기가 오염되었고, 오염물질은 대부분 양이온으로 대전됨으로써 음이온의 비율이 낮아졌다. 자연과 가까운 환경에서는 공기 중의 음이온과 양이온의 비율이 1.2 : 1 정도이며, 이에 비해 도시지역이나 오염지역 등은 1 : 1.2~1.5 정도로 양이온의 비율이 높은 것으로 알려져 있다.

① 음이온 생성

음이온은 1㎤당 약 30조 개 정도의 대기분자 중에서 자외선과 우주선이나 지각에서 발생한 각종 방사선에 의해 1만 개 이하의 극히 일부 분자에서 전자가 튀어나와 이온화되는 과정에서 생성된다.

튀어나온 전자는 대기의 78%를 이루고 있는 질소^{N_2}에 붙을 확률이 높지만, 21%를 구성하고 있는 산소의 전자 친화력이 질소보다 약 100배 정도 높기 때문에 일반적으로 산소분자가 음이온이 되고 질소가 양이온으로 대전된다.

또한 물분자가 H^+와 OH^-로 분해되고 OH^-에 물분자가 결합된 $OH^-(H_2O)n$ 형태로 대전되는 것으로 알려져 있다. 그리고 숲속은 식물의 광합성작용과 증산작용에 의해 산소와 물분자가 많아 음이온이 많다.

밀폐된 아크릴 챔버에 화분을 공간대비 30% 넣고, 음이온 측정기를 이용하여 각각의 식물에 대한 음이온 발생량을 측정하는 과정이다.

그림 Ⅳ-2-33. 식물의 음이온 발생량 측정

② 음이온 효과

실내에서 음이온의 효과는 크게 두 가지로 요약된다.

첫째, 음이온의 전기적 특성에 의한 오염물질 제거이다. 미세먼지나 화학물질 등의 오염물질은 양이온으로 대전되어 서로 밀어내며 공기 중에 떠다니게 된다. 이때 음이온이 공급되면 오염물질은 전자를 얻고 안정화 되어 땅으로 떨어지므로 제거된다.

둘째, 피부와 호흡을 통해 몸속으로 들어간 음이온에 의한 신진대사 촉진 효과이다. 현대인은 양이온이 많은 생활환경에 노출됨으로써 각종 질병이나 스트레스에 시달리고 있다. 따라서 충분한 음이온 공급으로 신체의 이온 불균형에 대한 문제 해결이 필요하다.

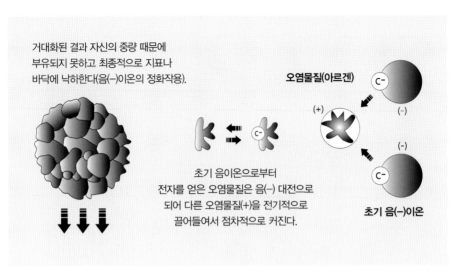

거대화된 결과 자신의 중량 때문에
부유되지 못하고 최종적으로 지표나
바닥에 낙하한다(음(-)이온의 정화작용).

오염물질(아르겐)

초기 음이온으로부터
전자를 얻은 오염물질은 음(-) 대전으로
되어 다른 오염물질(+)을 전기적으로
끌어들여서 점차적으로 커진다.

초기 음(-)이온

그림 Ⅳ-2-34. 음이온에 의한 오염물질 제거 과정

③ 식물의 음이온 발생

음이온 발생량은 식물 종류별로 차이가 있으며, 공간에 약 30% 정도 화분을 두면 공기 $1cm^3$ 당 약 100~400개 정도 발생한다.

음이온을 많이 발생하는 식물은 팔손이나무, 스파티필럼, 심비디움, 광나무 등으로 대체적으로 잎이 크고 증산작용이 활발한 종이다.

팔손이나무   스파티필럼   심비디움

그림 Ⅳ-2-35. 음이온이 많이 발생하는 식물

2) 향(피톤치드)

피톤치드[phytoncide]는 식물을 의미하는 피톤[phyton]과 죽인다는 의미를 갖는 치드[cide]의 합성어이다. 허브의 잎 등에서 나는 냄새를 향이라고 부르는 반면에 수목에서의 향은 피톤치드라고 말한다. 향의 효능은 쾌적감과 소취 · 탈취 효과, 항균 · 방충 효과 등 크게 3가지로 구분할 수 있다. 성분은 테르펜류와 같은 휘발성물질과 알칼로이드, 플라보노이드, 페놀성물질 등의 비휘발성물질도 포함한다.

피톤치드의 치드[cide]에서 추측할 수 있듯이 균을 죽이는 항균 효과를 갖고 있어 실내 부유세균의 수를 줄여 실내정화 효과가 있다. 또한 일부 향은 스트레스 호르몬인 코티졸[cortisol]의 농도를 감소시켜 스트레스를 완화시키는 효과도 있다.

3) 실내 온 · 습도 조절

식물의 기공을 통한 증산이나 식재 용토 표면으로 증발되는 수분에 의해 실내 습도가 조절된다. 실내에 식물을 공간 대비 9% 정도 두면 약 10%의 상대습도가 증가한다. 식물은 대기가 건조하면 증산과 증발량이 증가하고, 습하면 감소하는 자기조절[self-control] 능력이 있다.

마삭줄 36.6%　　　　행운목 30.4%　　　　쉐플레라 24.9%

장미허브 39.1%　　　　제라니움 32.2%　　　　돈나무 29.9%

그림 Ⅳ-2-36. 상대습도를 높여주는 식물(투입량 : 공간대비 30%, 측정시간 20분, n = 35)

증산에 의해서 형성되는 공중습도는 완전한 무균상태이다. 식물의 종류, 배치 방법 및 배치량에 따라 실내 환경의 온도, 습도가 달라진다.

건조한 집안의 천연 가습기 '실내식물'
천연 가습효과가 뛰어난 가습식물 선발

추운 겨울 건조한 우리 집 천연 가습을 원한다면 습도 증가 효과가 뛰어나고 그린 인테리어까지 가능한 가습식물을 활용하세요.

농촌진흥청은 원예식물 92종에 대해 8그룹으로 분류하여 증산작용을 통해 실내 습도를 올려주는 효과가 뛰어난 가습식물을 선발하였다. 그 종류는 관엽류 중에서 행운목, 마삭줄, 무늬털머위, 베고니아, 피토니아 등이고, 허브류는 장미허브, 제라늄 등, 자생식물은 돈나무, 만병초, 다정큼나무 등. 난류는 심비디움 등. 양치류는 봉의꼬리 등이었다.

식물은 증발산에 의해서 공기 중에 습도를 올리게 된다. 증발산이란 잎의 뒷면에 있는 기공을 통해서 물 분자가 공기 중으로 나오는 현상이고, 증발은 화분 토양 표면으로부터 물 분자가 증발되는 것이다. 화분의 가습 효과는 약 증산 90%, 증발 10%에 의해서 나타난다.

식물과 솔방울 그리고 물의 가습 효과를 비교한 결과 약 식물 41%, 솔방울 18%, 물 10% 정도로 상대습도가 증가하였다.

"화분은 세균 걱정이 전혀 없는 순수한 물 입자의 천연 가습기로 증산작용 과정에서 습도가 증가할 뿐만 아니라 음이온이 발생하여 건강을 증진시키는 효과가 있다."

"겨울철 건조한 실내에 화분을 놓는 것은 실내를 아름답게 하는 그린 인테리어 효과뿐만 아니라 가습과 새집증후군 완화 등 환경개선 효과를 제공한다."

문화곤충의 이해

이영보

---

1 문화곤충이란?

다양한 곤충들이 인간의 문학이나 언어, 역사와 종교, 예술과 레크리에이션 등 다양한 문화 활동에 직·간접적으로 이용되어 왔다. 그 속에서 곤충이 맡은 역할과 인간에 끼친 영향에 대하여 연구하는 분야를 문화곤충학$^{Cultural\ Entomology}$이라 하고, 이와 관련된 곤충을 통칭하여 문화곤충$^{Cultural\ Insects}$이라 한다(Hogue, 1987). 여기에서는 문학과 음악, 회화나 조각, 영화, 공예품, 우표, 화폐, 문양, 종교와 제향, 식용, 장식용 등 문화곤충의 예를 살펴보기로 한다.

1) 문학

① 시조

'나비야 청산가자'는 작자 미상의 시조로 속세를 벗어나 아귀다툼이 없는 이상의 세계로 가자는 내용으로 그 가사는 다음과 같다.

"나비야 청산가자 범나비야 너도 가자
가다가 저물거든 꽃에서 자고 가자
꽃에서 푸대접하거든 잎에서 자고 가자"

② **속담과 속신어**

곤충과 거미 관련 속담이나 속신어 들도 많은데, "비가 오려면 개미가 둑을 쌓는다", "날개 개미가 많으면 곧 비가 온다", "개미가 진을 치면 비가 온다", "개미가 길을 가로지르면 비가 온다", "개미가 떼 지어 이사를 하면 비가 온다" 등이 있다. "파리가 많은 해는 홍수다"의 의미는 여름 파리는 비가 많을 때 발생하므로 자연히 홍수가 질 가능성이 크다는 것이다.

"거미가 줄을 치면 날씨가 좋다", "거미가 집을 지으면 비가 그친다", "아침에 거미줄에 이슬이 맺혔으면 맑을 징조다", "거미줄에 이슬이 맺히면 날씨가 갠다" 등도 있다. 우리 조상들은 사계절의 변화를 곤충과 거미 등 동물들의 행동 특성을 관찰하고 새롭게 각색하여 지금까지 우리들에게 해학과 웃음을 선사하고 있다.

개미

이솝우화 '개미와 베짱이'에 등장하는 개미는 벌목 곤충에 속하는데, 한자어로 '의(蟻)', 우리말로는 '가얌이' 또는 '기얌'으로 불리며, 조선 후기에 발행된 어휘사전인 「재물보(財物普)·물명고(物名考)」에서는 '가얌이(馬蟻)', '불가얌이(蠪, 赤蟻)', '날가얌이(螱, 飛蟻)', '백의(白蟻)' 등으로 불리기도 한다.

개미는 전 세계적으로 1만여 종 이상이 존재하며, 배의 첫 2제철 사이에 잘록한 부분을 갖는데, 흔히 날씬한 허리의 상징으로 알려진 '개미허리'가 그것이다.

'개미와 베짱이' 우화에서 묘사된 것처럼 많은 사람이 개미는 부지런하고 성실하며 서로 협동하는 동물로 알고 있는데, 재물을 부지런히 조금씩 모은다는 비유적인 속담으로 "개미 금탑 모으듯", "개미 메 나르듯"이라는 속담이 있다. 아무리 보잘 것 없고 힘없는 사람이라도 꾸준하게 노력하고 정성을 들이면 훌륭한 일을 할 수 있다는 의미의 "개미는 작아도 탑을 쌓는다"라는 옛말도 있다.

이렇듯 '개미'하면 일반적으로 근면과 성실, 부지런함을 떠올리지만 개미류가 꼭 근면, 성실하지만은 않다는 연구 결과도 있다. 일본의 한 생물학자에 따르면 실제 개미군집 사이에서 열심히 일하는 개미는 불과 20%이며, 나머지 80%는 그다지 열심히 일하지 않는다고 한다. 20%의 근면, 성실한 개미가 나머지 80%의 베짱이 같은 개미를 먹여 살린다는 것이다. 더 재미있는 것은 성실히 일하는 개미군 20%만 따로 떼어놓으면 모든 개미가 열심히 일할 것 같지만 그 군집에서도 20%만 열심히 일하고 나머지 80%는 어영부영 시간을 보낸다는 사실이다. 그렇다면 어영부영하는 80%의 개미들을 따로 모아놓으면 어떨까? 게으른 개미들 사이에서 열심히 일하는 20%가 생겨나 놀고 있는 80% 대신 부지런히 일을 한다고 한다.

이탈리아의 경제학자 파레토(Pareto)는 개미군집 내 성실하게 일하는 개미들의 행동과 비슷한 '80대 20 법칙(80-20 rule)', 또는 '2대8 법칙'을 피력하며 전체 결과의 80%가 전체 원인의 20%에서 일어난다는 '파레토 법칙(Law of Pareto)'을 주장하기도 했다. 파레토의 법칙과 개미군집 사이에 직접적인 연관성은 없지만 우리가 몰랐던 개미들의 행동 특성을 설명하기 좋은 사례가 아닐까 생각한다.

이와 같이 개미에 대해서 근면, 성실과 같은 긍정적인 이미지만 있는 것은 아니다. 속담에서 보면 사소한 실수나 방심으로 큰 화가 온다는 의미로 "개미구멍으로 둑을 무너뜨린다", "개미구멍으로 공든 탑이 무너진다"는 말이 있다. 또한 무모함을 표현하는 "개미가 큰 바윗돌을 굴리려고 하는 셈", "단 꿀에 덤비는 개미 떼"라는 말도 종종 쓰이고 있다.

개미류는 앞에서 설명한 '개미와 베짱이' 말고도 다양한 우화에 등장해 아이들에게 교훈과 재미를 주고 일상에서 쉽게 볼 수 있어 친숙한 동물이며, 최근에는 '앤트맨'이라는 히어로로 영화까지 개봉된 바 있다.

③ 불교 의식

나비춤은 불교의식에서 제(祭)를 올릴 때 추는 종교의식의 하나로 나비 날개와 같은 의상을 입고 고깔을 쓰고 양손에 모란꽃을 들고 향나비, 오행나비, 쌍나비 등의 춤을 춘다. 완만하면서도 느리게 추는 춤으로 중요무형문화재 제50호로 지정되어 있다.

④ 어린이 노래

메뚜기 방아 찧기 놀이는 봉산, 익산, 곡성, 제주 등의 지역에서 불리던 구전동요의 하나로 봉산지역의 노래는 다음과 같다.

"방아야 방아야

풍덩풍덩 찧어라

아침먹이 찧어라

풍덩풍덩 찧어라

저녁먹이 찧어라

풍덩풍덩 찧어라"

2) 음악

① 피아노 연주곡

왕벌의 비행The Flight of the Bumblebee은 러시아의 작곡가 리콜라이 림스키 고르사코프N. A. Rimsky Korsakov가 만든 관현악곡으로 술탄 황제이야기 제3막에 나오는데, 벌들의 초고속 날개짓과 미세한 움직임, 그리고 그 소리를 음악으로 표현한 곡으로 피아니스트들이 치기 어려운 곡 중 하나로 알려져 있다. '터치오브라이트', '샤인', '말할 수 없는 비밀' 등의 영화 속에서도 배경 음악으로 등장한다.

② 오페라

나비부인Madam Butterfly은 이탈리아 출신의 푸치니G. Puccini가 작곡하고 자코사G. Giacosa와 일리카L. Illica가 작사한 오페라이다. 집안의 몰락으로 게이샤가 된 나비부인과 미 해군 중위 핑카톤은 주변의 만류에도 불구하고 결혼을 하고 아들을 낳았는데 곧 돌아오겠다던 핑카톤은 미국으로 돌아간 후 다른 여인과 결혼을 하고 3년이 지나서야 재혼한 아내와 일본으로 돌아와 아들을 데려가겠다고 하자, 나비부인은 절망하고 자결한다는 내용이다. 어느 갠 날 남편을 손꼽아 기다리는 마음을 서정적이고 애절하게 표현한 아리아가 유명하다.

3) 회화나 조각 등

① 초충도

조선시대 신사임당의 작품으로 나비, 잠자리, 여치류와 국화, 작약, 난초, 수선화, 해당화 등을 소재로 하여 섬세한 여성적 표현으로 단순하고도 간결한 한국적인 품위와 색채를 나타낸 작품이다.

② 화접묘도

조선시대 화가인 남계우는 나비와 각종 화초를 매우 부드럽고 사실적으로 표현하여 '남나비'로 불리기도 한다. 그의 작품으로는 화접도(花蝶圖), 화접대련(花蝶對聯), 석화접도대련(石花蝶圖對聯) 등이 있으며, 사실적이고 뛰어난 관찰력으로 그린 나비들은 우리나라 최초의 나비도감으로 불릴 정도로 섬세하게 묘사되어 있다.

③ 마망 Maman

'마망'은 루이스 부르조아Louise Bourgeois의 작품으로 '엄마'를 뜻하는 거미 모양의 청동상이다. 엄마 거미는 모성애를 상징하기도 하는데, 이 작품 또한 자신의 어머니에 대한 그리움과 모성애를 표현한 것으로 늑대거미류 역시 알집을 배에 달고 다니는 습성이 있다. 엄마 거미의 배 밑에는 알주머니가 있는데 그 알주머니 속에는 12개의 알이 들어 있고 12개는 바로 루이스 부르조아의 형제들의 수를 의미한다고 한다.

④ 소똥구리 조형물

평촌 한림대학병원 앞 중앙공원에 가면 이규민(1998) 작가의 청동 조형물을 만날 수 있다. 소똥구리가 경단을 만들어 굴려 가는 모습으로 1970년대 이후 방목 가축이 줄어들고, 인공 사료와 살충제의 사용, 환경오염 등 다양한 원인에 의해 멸종되어 더 이상 우리나라에서는 소똥구리를 볼 수 없다. 그러한 아쉬움과 어린 시절 고향의 향수를 불러일으키고 자연을 사랑하는 마음을 길러주고, 멸종위기에 처한 동·식물자원에 대한 보호의 중요성을 알리기 위한 조형물로 판단된다.

그림 Ⅳ-2-37. 쇠똥구리 조형물(이규민, 1997, 안양)

4) 영화

① 설국열차와 기생충

봉준호 감독의 영화 '설국열차^{Snowpiercer Terminology}' 내용 중 꼬리칸 탑승객이 먹는 음식은 양 갱 모양의 연질성 단백질 블록^{Protein Block}이라 불리는데 생존을 위해 먹는 유일한 먹거리로 주원료가 바퀴벌레이다.

한국영화 사상 처음으로 아카데미시상식에서 작품상 등 4개 부문을 수상한 영화 '기생충'에 서도 곤충이 등장하는데, 바로 '꼽등이'이다. 꼽등이는 대표적 기생충인 연가시의 숙주이며, 기택(영화 속 배우 송강호의 이름) 가족이 박 사장에게 기생하게 될 것임을 암시하는 장면 이기도 하다.

메뚜기 떼를 몰아내기 위한 애니메이션 '벅스라이프', 옐로우와 블랙 유충들이 벌이는 유쾌 한 슬랩스틱 코미디 '라바' 등 많은 애니메이션들이 있다.

바퀴벌레 활용

바퀴벌레는 각종 피부질환과 천식 등 호흡기 병증의 원인이 되는 병균을 옮기는 것으로 사람들은 징그러움과 혐오감부터 느낀다. 그렇다고 바퀴벌레가 백해무익한 해충만은 아니어서 미국 농무부ᵁˢᴰᴬ에 의하면 바퀴벌레의 일종인 '블라텔라 아사히나이*Blattella asahinai*'가 목화해충의 하나인 목화다래나방*Bollworm*의 알을 잡아먹어 해충 방제에 크게 기여한다고 한다.

바퀴벌레는 현존하는 날개 달린 곤충 중에서 가장 원시적인 부류이면서 또한 건강보조식품의 재료로 활용되기도 한다. 한 제약회사가 중국에서 수입해 국내 시판 중인 심혈관 치료제 '통심락(通心絡)'은 바퀴벌레의 유래물질이 질병 치료의 재료로 쓰이는데, 바로 통심락의 주원료가 바퀴벌레이기 때문으로 동물생약 5종(바퀴, 지네, 매미 껍질 등)과 식물생약 3종이 함유된 제품으로 순수 한방 생약으로 이용되고 있다.

한편, 바퀴벌레가 미래의 식량난을 해결하는 대체식품이 될 수 있다는 가능성을 대중에게 각인시킨 영화가 봉준호 감독의 '설국열차'이다. '살아있는 화석'으로 불릴 정도로 어떤 환경에서든 끝까지 살아남는 바퀴벌레가 영화를 통해 기차라는 한정된 공간에서도 사육되고 식량으로 활용될 수 있음을 보여주고 있다. 또한 인도의 '줄기세포생물학·재생의료연구소'는 다국적 팀을 구성, 바퀴벌레의 단백질 유전자를 분석하기 시작하여 바퀴벌레가 새끼를 키우기 위해 생성하는 모유의 성분을 파악해 고농축 영양소가 함유된 식품을 개발하고 있다.

'병정들이 전진한다'로 시작하는 '라 쿠카라차*La Cucaracha*'는 우리에게 익숙한 멕시코 민요로 흥겨운 멜로디를 가진 노래이다. '라 쿠카라차'는 스페인어로 '바퀴벌레'라고 하는데 왜 하필 바퀴벌레란 뜻의 '라 쿠카라차'를 사용했을까? 여러 설이 있지만 멕시코 혁명가요로 사용됐던 이 노래는 멕시코 농민들이 스스로를 바퀴벌레처럼 비참한 생활을 하고 있지만 끈질긴 생명력을 가진 집단으로 비유했다는 설이 유력하다.

늘 혐오와 박멸의 대상이었던 바퀴벌레, 이제는 바퀴벌레가 3억 5천년 동안 이 지구상에 존재할 수 있었던 끈질긴 생명력에 주목하고, 바퀴벌레를 식량자원으로 활용한다면 자원고갈을 걱정할 필요가 없을 것이다. 또한 생명력의 원천이 무엇인지 밝히고자 연구한다면 질병 치유의 자원으로도 그 가능성은 엄청나다고 생각한다.

② 마지막 황제 '부의'

왕귀뚜라미의 울음소리는 고향 생각이나 젊은 시절 호기로웠던 기억을 들추어내는 소재 중 하나이다. 농촌진흥청에서 65세 이상 어르신을 대상으로 시험한 결과 왕귀뚜라미를 기르신

도시농업 길라잡이

어르신이 기르지 않은 그룹에 비해 우울지수가 줄어들고 삶의 질 지수가 증가되는 것을 조사한 논문이 발표되기도 하였다(2015. 김성현).

영화 속 귀뚜라미

우리나라에 살고 있는 귀뚜라미류는 왕귀뚜라미*Teleogrllus emma*를 포함해 총 10아과 37종으로 알려져 있다. 왕귀뚜라미는 앞날개를 세워 소리를 내는데, 수컷이 암컷을 유혹하거나 수컷끼리 영역 다툼을 할 때, 그리고 자신의 영역을 확보하기 위함이다. 왼쪽 날개 바깥쪽에 있는 마찰판과 오른쪽 날개 안쪽에 있는 줄을 서로 비벼서 소리를 내는데, 이 소리는 앞다리 종아리마디 바깥쪽에 있는 '청귀'라는 기관을 통해 들을 수 있다.

베르나르도 베르톨루치*Bernardo Bertolucci* 감독의 영화 '마지막 황제'를 보면 황제에서 퇴출된 '부의'는 교도소에 오랫동안 수감된 후 출감하여 전전하다가 노년에 자금성에 들어가게 된다. 자신이 앉았던 옥좌를 바라보고 있을 때 한 꼬마 아이가 뛰어오는데, 부의는 그 꼬마를 보며 자신이 저 옥좌의 주인(황제)이었다고 말하지만, 그 아이는 거지꼴인 부의를 보고 비웃듯이 그 사실을 증명해 보라고 한다. 그러자 부의는 계단을 올라가 옥좌 밑에 있는 자그마한 낭 하나를 꺼내 소년에게 전해 준다. 그 소년이 낭을 살펴보니 귀뚜라미(한국에서는 귀뚜라미로 소개되었지만 북경여치임)가 들어 있었다. 그리고 주변을 살펴보니 부의는 어디론가 사라진 후였다.

세 살 어린 나이에 즉위한 부의 역시 처음으로 신하들과 알현할 때 한 신하로부터 귀뚜라미를 선물 받은 적이 있었다. 이 영화에서는 아마도 귀뚜라미를 과거 회상의 매개체로 이용한 것으로 보인다. 실제로 중국 상해의 한 시장에는 여러 종류의 소리곤충, 즉 귀뚜라미류를 판매하는 거리가 있다. 과거보다는 소리곤충을 찾는 손님이 줄었지만 아직도 어릴 적 고향을 생각하고, 젊었을 때의 영화로웠던 시절을 회상하고자 구입하는 사람들이 많다고 한다.

5) 공예품

① 비단벌레 말안장 가리개와 발걸이

비단벌레는 아름다운 광택을 지녀 일본에서는 '옥충*Jewel beetles*', 중국에서는 '녹금선(綠金蟬)'이라 불리며, 부와 명예의 뜻을 담아 왕들의 마구(馬具)로 이용되면서 '왕의 곤충'이라고도 불린다. 금동의 맛새김판 아래 세로로 비단벌레 날개를 촘촘히 배열하여 금동의 황금빛과

174

비단벌레 특유의 초록빛이 조합된 화려한 공예품의 하나이다. 거제곤충생태체험관에는 비단벌레 왕관과 목걸이 등 다양한 제품이 전시되어 있으며, 예천곤충연구소 곤충생태원 비단벌레관에는 13만 마리 이상의 비단벌레와 딱정벌레목 곤충들이 전시되어 있다. 이곳을 방문하는 탐방객은 3시간 15분 36초의 수명 연장과 로또 확률 당첨 확률이 0.5% 증가되고 부를 축적한다는 속설도 있다.

그림 Ⅳ-2-38. 반지, 목걸이 등 비단벌레 공예품들

비단벌레 활용

'비단벌레'는 딱정벌레목 비단벌레과에 속하는 곤충으로 몸 바탕색이 초록색이고, 가슴과 딱지날개에는 붉은색 줄무늬가 2줄로 늘어서 있으며, 전체적으로 금속성 광택을 띠고 있다.

비단벌레는 아름다운 색채로 인하여 우리 선조들이 옥충식 장식품으로 애용했던 유일한 곤충으로 4세기경 제작된 해뚫음무늬 금동장식(평양 중호군 진파리 7호 고분 출토)을 시작으로 6세기 초 경주 금관총('21, 말안장 꾸미개와 발걸이)과 황남대총('73, 말안장 꾸미개, 발걸이, 말띠드리개, 허리띠꾸미개)에서 출토된 말 장식품들이 있다.

특히, 금관총에서 출토된 말안장 뒷가리개는 일본 법륭사에서 발견된 '옥충주자'와 장식기법이 유사하여 당시 한·일간의 교류가 있었을 것이라 추정된다. 중국에서는 '금화충(金花蟲), 녹금선(綠金蟬), 길정충(吉丁蟲)'이라 불리며, 오색 영롱한 광택 덕분에 옥충식 골동품을 통해 당시 비단벌레에 녹아 있던 우리 선조들의 시대적 사상 및 주변 국가와의 역사적 교류가 있음을 유추해 볼 수 있다(강우방, '05; 박해철, '06).

이와 같이 비단벌레는 독특한 광택 때문에 '재생과 부활, 그리고 부와 명예'를 상징하였고, 본초강목(중), 왜막삼재도회(일) 등에서는 남녀의 사랑을 깊게 하는 미약(媚藥)으로 소개되기도 하였다.

금속공예인 야석(野石) 최광웅 씨는 복원한 경주 황남대총 출토 말안장 뒷가리개로 2017년에

특별전을 열었고, 비단벌레 공예가인 김흥수 작가는 실생활에 사용되는 팔찌, 목걸이, 티아라(왕관), 허리띠, 브로찌, 머리핀 등을 만들어 비단벌레의 아름다움을 널리 홍보하고 있다.

비단벌레는 여성이 지니고 있으면 남성에게 사랑을 받고, 행복과 재산을 모아주며, 장롱에 넣어두면 옷이 불어나고 벌레가 달라붙지 않으며, 경대에 넣어두면 사모하는 사람을 만난다는 속설도 있다.

시인 최동호(2019)는 "영롱한 빛 불꽃 가슴을 점화시켜다오. 말안장에 새겨진 비단벌레 날개 빛 내 사랑아"라며 비단벌레의 아름다움을 '불꽃 비단벌레'라는 시를 통해 표현한 바 있다.

신라 흥덕왕 때 공작(孔雀尾)과 청호반새(翡翠毛)의 깃털이 우리나라 복식(服飾)에 사용되어 지체 높은 여성들의 의복 등의 장식으로도 이용되었을 것이라 추정하고 있으며(김영재), 비단벌레 장식을 한 여성복을 제작하기도 하였다. 붉은색 옷감에 보색대비가 확연한 비단벌레 날개를 장식함으로써 비단벌레의 광택성을 통해 고대의 복식 문화의 일면을 엿보고 현대적인 감각을 가미해 더 아름다움 복식문화를 느끼게 하였다.

역사적 · 문화적 · 생태적 · 교육적으로 매우 가치가 큰 비단벌레의 서식지가 점차 감소되어 점점 멸종되어가고 있어 국립공원관리공단은 비단벌레를 천연기념물 제496호(2018.10.8), 멸종위기야생동식물 2급(2012.5.31)으로 지정하여 법적관리를 통해 보호하고 있다.

6) 우표

① 우표로 살펴보는 SILK 오천년

누에씨 만들기, 뽕잎 생산, 그리고 실켜기, 국제양잠학회 · 국제잠업대회 · 국제섬유산업 박람회 등 우리나라 양잠의 역사와 잠사박물관의 설립 등을 통하여 잠사문화의 보존과 홍보에 기여하기 위하여 전 세계의 다양한 우표를 모아 SILK 오천년의 역사를 책으로 묶어 발간한 바 있다(2009, 박광준).

그림 Ⅳ-2-39. 우표로 보는 SILK 오천년

7) 화폐

① 오천원권

한국은행에서 발간한 오천원권 지폐 뒷면에는 수박과 나비를 비롯한 동·식물들이 디자인되어 있다. 나비는 장수를 기원하며, 여치류는 다산을 상징한다. 서 황후는 보석 중에서도 여치 모양의 비취를 많이 애용하였다고 하는데 시경(時經)에서도 여치는 다자와 다손에 관한 이야기가 언급되어 있다.

그림 Ⅳ-2-40. 5천원권 초충도(나비, 여치류, 수박, 닭의장풀, 맨드라미, 도라지)

화폐 속 동식물들 의미

현재 사용되는 우리나라 지폐는 천원권, 오천원권, 만원권, 오만원권 등 총 4종이 있으며, 그 중에서 곤충이 등장하는 화폐는 오천원권이다.

오천원권 앞면에는 율곡 이이의 초상화와 율곡이 태어난 강릉 오죽헌, 그 뒤의 대나무가 그려져 있으며, 재미있는 것은 오천원권 앞면에 있는 홀로그램 안에는 태극 모양과 5000, 태극기 사괘(乾坤坎離)가 있고, 더 놀라운 것은 독도가 포함된 한반도 지도가 있다.

뒷면을 살펴보면 우선 먹음직스럽게 덩굴줄기로 늘어선 수박이 보이는데, 수박줄기를 따라 잎이 늘어져 있고 3개의 수박이 달려 있다. 그 좌측으로 꽃이 핀 맨드라미가 여러 송이 짙은 색으로 그려져 있고, 그 왼쪽 위에 나비가 날고 있고, 가운데에는 희미한 배경색으로 맨드라미가, 그 옆에 여치류가 그려져 있다. 오천원권에서는 신사임당의 '초충도' 중 '맨드라미와 개구리(5폭)' 일부를 발췌하여 묘사하고 있는데, 가장 많은 부분을 할애하여 그려진 그림은 수박이다. 수박넝쿨은 'S'자 모양으로 아래에서 위쪽으로 호방하게 뻗어 있고, 무성한 일곱여 개의 잎들과 먹음직스러운 수박 한 개, 그리고 중간에 애기수박이 달려 있으며, 넝쿨 끝에는 수박 꽃이 피어 있다. 수박은 수복(壽福)과 그 발음이 비슷하여 '장수와 복'을 상징하는 동시에 씨앗이 많고 자손이 왕성한 넝쿨처럼 끊이지 않아 '자손이 끊이지 않고 자손만대(子孫萬代) 이어 가길 기원'한다고 한다.

수박넝쿨 뒤에 그려진 꽃은 달개비라 불리는 닭의장풀(닭의 밑씻개, 닭의 꼬꼬, 달구씨개비, 고니풀, 오리의 발바닥을 닮아 압척초 · 계장초 등)이고, 그 위에 하얀 나비가 한 마리 날고 있다(심사임당의 초충도에는 2마리). 그리고 아래의 큰 수박과 중간 크기의 수박 밑에는 한 마리의 여치류가 있다.

한편, 3폭 수박과 여치 그리고 5000 사이에는 5폭 그림인 맨드라미와 개구리 민화 중 맨드라미와 도라지를 인용하여 형상화 하였는데, 맨드라미는 그 꽃이 수탉의 벼슬과 비슷하게 생겨 '계관(鷄冠), 계두(鷄頭), 계관화(鷄冠花)'라고 불리며, '벼슬을 상징한다'고 한다. 맨드라미와 같이 묘사된 도라지에 대한 정확한 의미는 알 수 없지만, 설사 · 기관지염 · 치통 등 예로부터 식용과 약용으로 써오던 다년생 식물로 우리 민족과 매우 친근한 식물이기에 등장한 것이 아닌가 싶다.

오천원권 화폐에 등장하는 곤충은 흰나비와 여치이다. 여치는 메뚜기목 여치과에 속하는 곤충인데 옛 문헌에는 '사계(莎雞) 또는 사계(梭雞) · 공(蛬)' 등으로 불리며 귀뚜라미와 여치를 동일하게 취급한 것으로 보인다. 특별한 의미를 부여하고 있는지에 대해서는 좀 더 체계적 접근이 필요하다.

반면, 나비는 한자로 '접(蝶)'을 쓰는데, 한자어의 노인(80세)을 의미하는 '질(耋)'과 비슷한 음을 나타내기에 '장수의 기원'을 축원하기도 하고, 한 쌍의 나비는 청춘남녀를 의미하여 '사랑, 영화, 부부의 화합을 소망'하기도 한다.

오천원권 화폐의 의미는 '수박과 같이 자손이 번성하고, 맨드라미처럼 원하는 사업이 번창하고, 나비처럼 무병장수와 사랑이 충만하고, 가정의 모든 일들이 화목하고, 행복하기를 기원하는 것' 으로 생각된다.

8) 종교(샤머니즘)^{Shamanism}와 민속

① 샤머니즘(거미신 예배당 터)

3000여 년 전 페루의 람바예퀴 협곡에서 거미 신을 모시던 예배당 터(내셔널지오그래픽, 2008)가 발견되었는데, 비가 장기간 오지 않을 때 기우제를 지내거나 전쟁에 나가기 전 승리를 기원하는 장소이기도 하다.

우리 문화 속 거미의 상징

거미는 지구상에 살아있는 생물 중 곤충 다음으로 많은 종 다양성을 갖는 분류군이다. 4만 5천여 종에 가까운 무리로 번성하였지만, 거미에 대한 사람들의 인식은 늘 부정적이었다. 검은 털과 많은 다리, 그리고, 사람을 죽일 수도 있는 독(사실 전체 종수의 0.001% 미만이므로 매우 제한적이지만)을 가지고 있다고 믿었기 때문이다. 그래서인지 과거 TV 속 드라마뿐만 아니라, 만화, 그리고 영화 속에서도 거미(또는 변종)는 사람을 괴롭히거나 사람을 죽게 하는 악역의 캐릭터로 자주 등장했다.

또한, 거미는 그물을 쳐 놓고, 은신처에 숨어서 먹이를 기다리는데, 몇 몇 종은 심각한 독을 가지고 있기 때문에 사람이 물릴 경우, 심한 통증과 고통을 느끼게 되며, 심지어는 죽음에 이를 수 있고, 늘 집 주변에 살면서 여기저기 거미줄을 쳐 집안을 더럽히기 때문에 오래전부터 혐오의 대상으로 취급받아 왔다.

하지만, 이러한 부정적인 이미지를 줄이는 데 크게 공헌한 소설이 엘윈 브룩스 화이트^{E. B. White}의 「샬롯의 거미줄」이다. 이 작품은 뉴욕 타임즈로부터 '문학작품으로서 완벽하고 기적적'이란 극찬을 받은 바 있으며 이 작품을 계기로 거미에 대한 부정적인 평가가 엷어지기 시작했으며, 그 후 이 작품은 2007년 게리 위닉^{Gray winick} 감독에 의해 영화화되어 상영되면서 호평을 받기도 했다.

최근 들어서는 새끼들을 돌보는 어미거미의 무한한 사랑과 위기 때 동료를 배려하는 동료애, 그리고 수컷 중 일부 종은 차후에 태어날 자손을 위해 스스로 먹이가 돼 진화를 꾀하는 등 거미의 생태가 속속 밝혀지면서 거미에 대한 인식이 새롭게 바뀌게 되었다.

만화로 제작되었던 스파이더맨이 2002년 영화로 상영되어 큰 사랑을 받은 것도 어찌 보면 이러한 인식의 변화 때문인지도 모른다. 혐오에서 긍정으로, 그리고 스파이더맨처럼 악당을 물리치고 지구를 지키는 슈퍼히어로로, 거미에 대한 부정적 인식은 다시 한번 생각해 볼 필요가 있다고 생각한다.

그림 IV-2-41. 스파이더맨 영화 포스터와 장식품들　　　　그림 IV-2-42. 스파이더맨 도색 버스

우리나라에서 거미는 이미 오래전부터 사람들 사이에서 회자되어 왔으며, 임금이 기거하는 궁궐에서도 쉽게 볼 수 있는 상징물 중 하나이다. 우리 문화 속 거미를 찾아보려면 조선 궁궐 중 가장 오랜 기간 동안 임금이 거처했던 창덕궁에 가면 된다. 창덕궁은 돈화문−궐내각사−금천교−인정전−선정전−희정당−대조전−낙선재 등의 건물들로 이루어져 있으며, 각각의 건물마다 용 문양, 수(壽) 문양, 봉황 문양, 희(喜)자 문양수막새 등 다양한 종류의 암막새와 수막새가 있다. 이 사이에 거미 문양의 수막새도 당당하게 한 자리를 차지하고 있는데, 바로 낙선재 일원 살량정과 칠분서 기와 등이다. 용이나 봉황과 같은 상상의 동물에서부터 한자어인 수와 희 등의 글자 모양과 여러 동식물 막새도 있는데 왜 하필이면 거미 모양의 막새를 이용한 것일까?

「서경잡기(西京雜記)」라는 책에 따르면 '아침에 내려오는 거미는 반가운 손님이 오거나 기쁜 소식이 찾아올 징조'에 기인한 것으로 여겼다. 즉, 과거 중국이나 우리나라 사람들은 거미들이 모여들면 모든 일이 기쁘게 이루어지고, 또한 거미와 같은 그림을 보면 곧 기쁘고 즐거운 상서로운 조짐이 있을 것으로 믿었기 때문일 것이다.

② 민속 선잠제

누에치기를 처음으로 전수한 서릉씨(西陵氏)와 선잠신(先蠶神)을 모시고, 왕비가 직접 누에치기 모범을 보이는 국가적 의례의 하나로 현재 성북구 사적 제83호로 지정되어 있으며 선잠제단에서 제향을 모시는 행사이다.

그림 Ⅳ-2-43. 풍잠기원제

9) 곤충 체험 및 레크리에이션, 생태관광

① 박람회

국립농업과학원에서는 농업기술박람회 행사의 일환으로 미래 먹거리 곤충식품 특별 전시와 낭충봉아부패병 저항성 토종벌, 곤충 식·의학 소재 등 미래농업관 전시 체험행사와 생태교실 '물벼룩아 놀자!'와 문화곤충 교실을 운영하여 많은 호응을 받았다.

| 문화곤충 교실운영 | 나비로 환생한 아랑 | 문화곤충 장식품들 | 거미 제작 체험 |

그림 Ⅳ-2-44. 농업기술박람회(2019)

② 경진대회

경기도농업기술원에서는 식물과 곤충이 함께 머무를 수 있는 공간을 다양한 재료로 제작하는 미니 가드닝(정원을 가꾸고 돌봄)^{Gardening} 현장 경진대회를 통하여 곤충과 식물이 사는 농업생태계를 이해하고, 환경과 생명의 중요성을 널리 알리는 행사를 진행하고 있다.

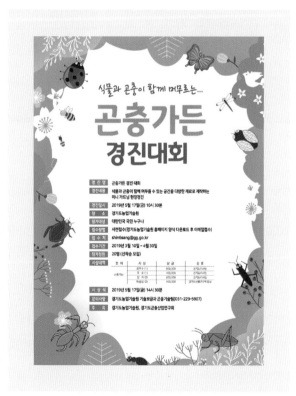

그림 Ⅳ-2-45. 곤충가든 경진대회 포스터

서울특별시와 국립농업과학원은 '곤충은 내 친구~ 우리와 함께 놀자!'라는 주제로 제3회 대한민국 애완곤충 경진대회를 개최하였다. 애완곤충 주제관, 곤충사진전, 곤충표본 아트 등 전시·홍보 행사와 곤충낚시, 곤충 촉감체험, 물방개 계주, 타잔곤충 등의 체험행사와 우량곤충, 멋쟁이곤충, 곤충미로 찾기, 곤충과학왕 등 경진대회도 진행하여 곤충을 좋아하고 즐기는 곤충인들과 일반 모두가 참여하고 즐길 수 있는 프로그램을 마련하여 지속적으로 경진대회를 이어갈 예정이다.

| 곤충과학왕 선발대회 | 곤충 타잔놀이 | 곤충표본 만들기 | 다양한 곤충표본들 |

그림 Ⅳ-2-46. 애완곤충 경진대회(2019)

③ 생태관광

남미 9개국에 걸친 아마존 550㎢ 열대우림이 계속된 개발로 벌써 17%가 파괴되었고, 북미에서는 50년 동안 새 29억 마리가 급감하였는데 이 역시 인간들의 욕심 때문이라고 한다. 지구상 모든 생명체의 0.015%에 불과한 인간이 포유류 83%를 멸종시켰다는 보도도 있으며, 향후 동식물 100만 종이 멸종위기에 처해 있다고 한다.

우리나라에서도 예외는 아니어서 경단을 만들어 굴리는 왕소똥구리와 장수하늘소, 산굴뚝나비 등은 이미 멸종되었거나 멸종위기에 처해 있다. 신두리 사구 내 소똥구리는 잘못된 보존정책 등으로 절멸에 이른 것으로 추정되며, 연천군 물거미 서식지 보존사업은 진행 중이지만 더 체계적인 보호 대책이 필요해 보인다.

우리나라에만 서식하거나 고유종인 경우, 자연경관을 보존하면서 생태관광지로 이용하여 각 지역의 신사업으로 각광 받기를 기원해 본다.

물거미 서식지

인공수초 내 물거미집

유영중인 물거미

그림 Ⅳ-2-47. 생태관광지

거미를 이용한 생태관광

대부분의 생물은 진화를 하지만, 역진화를 선택한 종(種)도 있는데, 바로 물거미이다. 거의 평생을 물속에서 살아 그에 대한 생태조차 잘 알려지지 않았고, 경기도 연천의 은대리에서만 서식하여 더 신비롭다. 문화재청은 1999년 물거미 보호를 위해 이 지역을 천연보호지역으로 지정해 관리하고 있다.

물거미는 '책허파'라는 기관으로 호흡을 하는데 수면에 올라서는 순간 몸을 180° 회전하면서 순식간에 배 부분에 공기방울을 만들고, 미리 쳐놓은 거미줄이나 식물의 줄기를 타고 수면 아래로 내려가 공기주머니 집을 만들고 생활한다.

한 번 멸종된 종을 복원하기 위해서는 엄청난 시간과 사회적 비용이 필요할 뿐 아니라 국내 종이 아닌 다른 나라 종을 도입하여 복원해야 하므로 진정한 의미에서의 복원이라 하기도 어렵다. 이미 많은 종들이 멸종되었거나 멸종위기에 처해 있어 이들 종을 보존하는 것은 우리나라의 생물주권을 확보하는 길이기도 하다.

과거 우리나라 토종자원의 하나인 앉은뱅이밀과 구상나무, 미스킴라일락 등 국내 고유종이 외국으로 무단 반출된 사례가 많다. 나고야 의정서 이행에 따라 국내 자원에 대한 무분별한 반출을 방지하는 대책을 강구하고, 멸종위기에 처해있는 동·식물자원에 대한 체계적이고 종합적인 보호와 관리가 필요하다.

물거미에 대한 현장 생태연구, 실내 증식법 확립, 제2의 서식지 발굴 등을 거쳐 안정적이고 체계적인 물거미 보호가 이루어진 후 방문 객들을 위한 물거미 전용 생태관을 건립하는 것은 어떨까? 이를 통해 서식지 내 물거미를 보호 및 보존하고, 지속 가능한 생태관광으로 연천군이 안보·구석기 문화·생태관광의 중심지가 되기를 기원해 본다.

10) 식용

① 식용곤충

과거 오래전부터 누에(번데기, 백강잠)와 벼메뚜기 등 3종을 식용하였고, 최근 들어 갈색거저리(고소애, 2014.7), 흰점박이꽃무지(꽃벵이, 2014.9), 장수풍뎅이 유충(2015.6) 및 쌍별귀뚜라미(2015.8), 아메리카왕거저리 유충(2020.1)을 새로운 식품원료로 이용할 수 있게 되었고, 의약품 및 화장품 등 다양한 소재로 활용하게 되었다.

전 세계적으로 약 20억 명의 인구가 2,037여 종의 식용곤충을 섭취하고 있는 것으로 추정되는데, 인류의 식량안보와 환경문제 해결을 위해 유엔식량농업기구에서는 육류, 가금류 및 어류 대체 단백질로 식용곤충을 내세워 전 세계적으로 식용곤충 레스토랑, 카페, 푸드트럭 등의 시장이 점차 확대되고 있다. 국내 식용곤충 산업도 주)이더블 버그, 주)정풍, 주)CJ 제일제당 등에서 다양한 형태의 에너지바, 양갱, 쿠키, 한방차 등의 제품이 현재 판매되고 있다.

| 갈색거저리 | 곤충 쿠키 | 고단백 영양식품 꽃무지 | 고소애 푸딩 |

그림 Ⅳ-2-48. 식용곤충 제품

─────── **식용 거미** ───────

세계적으로 식용 가능한 곤충은 2,000여 종 이상 보고되고 있는데 그중 딱정벌레목이 634종으로 가장 많다. 식용으로 가장 많이 팔리는 곤충은 갈색거저리 유충으로 우리나라에서는 대국민 애칭 공모전에서 선정된 이름이 '고소애'이다.

우리나라에서는 오래전부터 누에나방의 번데기나 벼메뚜기를 많이 먹어 왔고, 민간요법으로 풍을 다스리는 데 효과가 있다고 하는 '백강잠(흰가루병으로 죽은 누에나방의 새끼를 말린 것)'도

약재로 많이 이용되고 있다. 이 3종과 갈색거저리, 흰점박이꽃무지, 장수풍뎅이 유충과 쌍별귀뚜라미, 아메리카왕거저리 유충 등 5종이 일반 식품원료로 등록되어 식용곤충으로 활용되고 있다. 우리나라에는 이미 식용곤충 제품 생산 업체가 50여 곳에 이르며, 생산하는 제품도 에너지바, 쿠키류, 순대 등 200여 품목에 달하고 영양분이 풍부한 식품이지만 곤충에 대한 선입견 때문인지 진입 장벽은 아직도 높은 편이다.

거미도 단백질이 풍부하여 태국, 캄보디아, 미얀마 등 여러 나라에서 식용으로 애용되고 있는데, 특히 캄보디아의 경우, 시장에 가면 길거리 음식으로 거미를 튀겨 파는 모습을 쉽게 볼 수 있다. 놀랍게도 거미튀김을 사는 대상은 대부분 여성들이며, 미용을 목적으로 타란튤라 거미를 먹는다고 한다. 실제 캄보디아에 갔을 때 거미튀김을 먹어본 적이 있는데, 잘 구운 양념 돼지갈비를 먹는 느낌으로 생각보다 맛있었다.

| 거미튀김(캄보디아) | 거미튀김 관광상품(캄보디아) | 거미 시식 |

그림 Ⅳ-2-49. 식용 거미

이외에도 베네수엘라의 선주민(先住民)은 거미 털을 불로 태워 제거한 뒤 구워서 먹었고, 마다가스카르 사람들은 거미를 기름에 바짝 튀겨 먹었다. 17~18세기 프랑스 예술가나 천문학자들 사이에서는 거미가 별미로 통했으며, 중국의 일부 지역에서는 거미를 먹으면 10년은 더 살 수 있다고 믿었다. 우리나라에서도 진도 등 일부 지방에서 모내기를 끝내고 망중한을 즐기기 위해 거미를 잡아 실젖에서 거미줄을 뽑은 뒤 불에 구워먹었다는 말을 채증한 경우가 있다.

거미에 대해 영양학적 성분을 검사한 자료나 또 다른 근거자료를 찾을 수는 없었지만 이미 여러 나라에서 식용으로 이용했던 기록들은 있다. 거미는 식용뿐만 아니라 약재로 이용되기도 했다. 본초강목, 중약대사전, 동물약지 등에서 발췌한 「곤충약물도감」에 따르면 거미, 거미줄, 탈피각 등 거미산물 11종이 지혈, 인후염, 타박상, 편도선염 개선에 쓰였다. 특히 대륙 납거미의 거미집인 '벽전(壁錢)'은 해독과 지혈은 물론, 인후염, 궤양성 입냄새, 치질, 욕창, 칼 등에 의한 자상으로 인한 출혈을 멈추는 데 효과가 있는 것으로 알려져 있다.

이웃나라 중국의 경우, 수질(거머리), 선태(매미 허물), 자충(바퀴) 등 동물생약과 인삼, 작약 등 식물이 혼합된 생약을 이용해 혈관질환을 예방하는 치료 약재를 개발해 판매하고 있는데, 우리나라도 많은 연구를 통해 곤충에서 다양한 신약후보물질을 선발하고 활용되었으면 하는 바램이다.

11) 장식용

진귀하거나 친근한 곤충표본을 이용하여 장식용으로 전시하고 있다.

대전곤충생태관, 구리곤충관, 특히, 예천곤충연구소 & 곤충생태원은 3차원 곤충영상물을 볼 수 있는 3D 영상관과 곤충의 진화와 다양성을 살펴볼 수 있는 곤충역사관과 곤충생태관, 곤충표본전시관 등이 있다. 또한 아산환경과학공원 생태곤충원은 곤충표본전시관과 반딧불이, 타란툴라, 전갈 및 허브 등 40여 종의 살아있는 동식물을 직접 보고 만질 수 있는 생태체험학습장으로 운영되고 있다.

예천곤충생태체험관   아산생태곤충원   무주곤충박물관

그림 Ⅳ-2-50. 곤충 관련 학습장

제주에 위치하며, 나비를 주제로 한 테마파크 프시케월드는 신화 속 프시케의 모습이 담긴 나비룸과 나비의 몸과 날개의 균형을 잘 표현한 나비 모빌룸, 그리고 전 세계의 나비와 딱정벌레 등을 이용한 장식용 표본이 잘 전시되어 있다.

프시케월드   프시케의 시련   곤충 밥상

그림 Ⅳ-2-51. 나비 관련 테마파크

정서와 치유의 곤충 나비

나비는 예로부터 봄을 알리는 전령사로 불렸으며, '나불나불 거리며 날아다닌다'는 뜻이 담긴 '낢이(날비)'를 그 어원으로 보고 있다. 고대 그리스에서는 나비를 '프시케[Psyche]'라 불렀는데 이는 '영혼 또는 불멸'을 의미한다. 애벌레가 고치를 뚫고 나와 힘차게 하늘로 날아오르는 모습을 보고 붙였을 것으로 추정된다.

특이하게도 나비는 행운이나 행복, 사랑과 같은 길상을 의미하는 동시에 죽음을 상징하기도 한다. 그래서 나비 날개의 색에 따라 행운과 불운을 논했는데, "초봄에 흰나비를 잡으면 상주가 된다"라는 속설이 대표적이다. 반대로 호랑나비나 노랑나비를 보면 좋은 일이 생길 전조라고 생각했다.

"나비 보고 운수 보기", "나비 복 점치기" 등으로 불리는 나비점 풍습은 삼월 삼짇날 처음 보는 나비의 색으로 점을 쳐 그해의 길흉화복을 짐작해 보는 것이다. 앞에서 이야기한 것처럼 흰나비를 보면 그해에 상복을 입거나 다른 불길한 일이 생기고, 호랑나비 등 색이 있는 나비를 보면 운수가 좋다는 식이다.

나비점 풍습 말고도 우리 문화 속에서 나비는 언제나 친근한 존재로 화폐에도 등장한다. 또한 나비는 여인을 상징하기도 한다. 나비가 꽃과는 떼려야 뗄 수 없는 존재이기 때문에 여성의 몸을 치장하는 장신구나 경대와 같은 일상용품에 장식으로 많이 이용되었다. 날개를 활짝 편 모양의 비녀인 나비잠(簪)과 나비 모양 매듭 등도 그런 이유에서 아녀자들의 사랑을 받아왔다.

특히, 한 쌍의 나비가 함께 나는 것은 청춘남녀 간의 사랑과 영화, 부부의 화합 등을 의미하기 때문에 신혼살림으로 장만하는 가구나 침구류 등에 나비 모양이 많이 들어간다. 대표적인 것으로 장롱이나 반닫이 등에 붙은 나비 모양의 경첩, 촛대 등의 장식이 있으며, 베개, 이불 등에 나비 모양으로 수를 놓기도 했다.

나비는 보는 것만으로도 정서적 감흥을 일으키는데, 나불나불 날갯짓에 시름은 잊고 평안을 얻는 것이 바로 나비를 이용한 곤충치유의 하나이다.

04

동물을 활용한 동물교감치유

이동훈

1 동물교감치유의 이해

동물교감치유란 동물과의 상호 교감을 통해 사람의 정서적, 인지적, 사회적, 신체적인 문제를 예방하고 회복의 효과를 얻을 수 있는 활동을 의미한다. 이 장에서는 동물교감치유가 어떻게 탄생하게 되었고, 어떻게 정의하며, 어떠한 특성이 있는지 알아본다. 또한 우리나라 동물교감치유의 태동과 발전과정 및 그동안의 주요한 활동을 정리해서 살펴보도록 한다.

1) 동물교감치유의 현황과 전망

① 동물교감치유의 현황

반려동물은 인간에게 친근한 동반자의 역할을 하고 있다. 복잡한 일상생활에 지친 사람들에게 순수한 우정과 기쁨을 주고 정신적, 신체적 재활과 회복 그리고 치유에까지 관여하는 등 인간의 삶의 질을 향상시키는 데 기여하고 있다. 최근 반려동물이 참여하는 동물교감치유의 효과가 입증되면서 미국을 비롯한 선진국에서는 어린이부터 노인에 이르기까지 모든 영역의 환자에게 동물교감치유 프로그램이 대체 치료요법으로 적용되고 있다. 우리나라에서는 최근 농촌진흥청 국립축산과학원의 활동을 통한 정부 차원의 정책적 노력과 활동가들의 경험, 연구자들의 학술적 연구들이 정립되고 있는 단계에 있다.

인간과 동물 간의 상호 작용은 마치 보이지 않는 끈으로 연결된 것처럼 신체적, 정신적인 유대관계를 맺는다. 이를 인간과 동물의 유대^{HAB, Human-Animal Bond}라고 하는데, 동물이 인간과 유대감을 가지고 교감할 때 정신적 불안이나 우울 감소, 성취감이나 자아 존중감의 긍정적 향상이 보고되고 있다. 이러한 정서적, 정신적 유대관계를 바탕으로 한 인간과 동물이 함께하는 신체적 활동들을 통해 연령별 다양한 대상자들과 장애인의 소근육·대근육 발달과 근력, 평형감각의 재활, 심장 및 혈관질환에 긍정적 치유 효과 등이 객관적으로 밝혀지고 있고, 사람의 정신과 신체 건강에 도움을 주는 것으로 알려지고 있다.

인간과 동물의 유대, 즉 HAB의 역사가 오래된 미국의 경우 반려동물 양육 가구가 전체 가구의 68%에 달하고, 인간의 건강 증진, 교육, 치료를 목적으로 개, 기니피그, 말 등 다양한 동물들과 함께 하는 동물교감중재^{AAI, Animal-Assisted Intervention} 활동이 활발하게 진행되어 왔다. AAI 활동은 건강한 사람에게 즐거움을 주는 것은 물론 발달장애아동, 병원 환자 등을 치료하는 요법으로까지 광범위하게 적용되고 있다. AAI의 유형은 목적과 기법에 따라 동물을 활용하여 대상자와 상호반응을 얻을 수 있는 동물교감활동^{Animal-Assisted Activity}, 교육목표를 지향하는 동물교감교육^{Animal-Assisted Education}, 치료목표를 지향하는 동물교감치유^{Animal-Assisted Therapy}로 구분하고 있다.

AAI를 국내에서는 동물매개중재, 동물매개치유 등으로 혼용해서 부르고 있는데, 2018년 농촌진흥청의 동물매개치유 대체용어 선호도 조사 결과를 보면, 반려동물 전문가와 일반인 모두 동물교감치유 용어를 선호하는 비중이 동물치유, 동물보조치유, 동물활용치유에 비해 압도적으로 높았다(87%). 이는 최근 동물과의 정서적인 교감과 사회적인 소통을 중시하는 사회 흐름을 반영한 결과라 볼 수 있다. 동물교감치유란 동물과의 상호 교감을 통해 사람의 정서적, 인지적, 사회적, 신체적인 문제를 예방하고 회복의 효과를 얻을 수 있는 활동을 의미한다.

그림 Ⅳ-2-52. 동물교감중재 활동의 유형

국내의 경우 「2017년 동물보호에 대한 국민의식 조사」에 따르면, 국내 반려동물 양육 가구는 전체 가구의 28.1%로, 2012년 이후 지속적으로 증가하고 있는 것으로 나타났다. 국내 반려동물 양육 인구가 증가하면서 반려동물이 인간의 삶을 좀 더 풍요롭게 해주는 가족이나 친구로 생각하는 경우가 많아졌다. 「2018년 반려동물 보유현황 및 국민인식 조사」에 따르면, 반려동물 양육인의 생활에 있어서 가장 기쁨을 주는 것을 물어봤을 때 반려동물이라고 대답한 비율이 75.6%, 그 다음을 가족이라고 응답한 비율이 63.3%로 조사되었는데 이것은 가족 간의 유대관계가 여러 가지 이유로 위기 속에 있다는 증거이기도 하지만, 이 시대의 반려동물에 대한 사람들의 인식이 어떠한지를 보여준다.

첨단 과학기술과 산업의 발달은 현대사회의 물질적 풍요와 인류생활에 편리함을 가져다 주었지만 동시에 많은 문제점을 발생시켰다. 물질만능주의에 따른 생명경시풍조와 노령화 사회의 독거노인 증가 등 다양한 문제는 사회적 안정을 위협하고 있고 인간소외감과 정신적 압박감 때문에 인간 상호 간 소통이 단절된 상태에서는 물질적으로 풍요롭더라도 결국 소외감을 느끼게 된다는 것을 알게 되었다. 소외감을 느끼는 이 시대의 사람들에게 동물교감 치유는 도움이 필요한 사람과 도움을 줄 수 있는 사람, 그리고 일정한 훈련을 받은 반려동물 사이의 동반자적 생활과 활동을 통하여 인지적, 정서적, 사회적, 교육적, 신체적 발달과 적응력을 향상시킴으로써 육체적 재활과 정신적 회복을 추구하는 전문적인 분야이다.

② 동물교감치유의 전망

그림 Ⅳ-2-53. 4차산업혁명 유망직업·기술(한국고용정보원)

최초의 동물은 사람에게 단백질을 제공해 주던 식량자원이거나 인간을 공격하는 위협적인 존재이기도 했다. 식량으로 이용할 수 있는 동물을 더 많이 포획하기 위해 사냥기술과 동물 육종이 발전하기도 했고 맹수들은 숭배의 대상이 되기도 했다.

오늘날 인간과 함께하고 있는 동물들은 인간의 목적에 따라 육종되고 관련 산업이 발전해 왔다. 지금까지 반려동물 산업으로 사료, 용품, 수의 및 진료 분야 등이 주목받았는데, 최근에는 보험, 미용, 장례 등이 신성장 서비스 분야로 부각되고 있다. 반려동물과 관련된 서비스 범위가 확대되면서 앞으로 동물교감치유에 대한 관심과 수요는 더욱 커질 것으로 예상된다. 특히 심리적, 신체적으로 도움이 필요한 장애인, 노인, 환자 등에게 새로운 치유 기법으로 동물교감치유가 널리 활용될 수 있을 것으로 전문가들은 예상하고 있는데, 한국고용정보원에서 4차 산업혁명시대의 유망 직업으로 동물교감치유사가 선정되기도 하였다.

현재 해외에서는 동물교감치유가 비영리단체의 자원봉사 활동^{미국 Pet Partners, 영국 SCAS 등}으로 이루어지는 경우가 많은데, 우리나라에서도 일부 단체가 사회봉사 차원에서 환자의 가정이나 병원, 각종 시설을 방문하여 실시하는 형태가 주로 진행되고 있다. 앞으로 우리나라 동물교감치유 분야는 선진국의 사례를 바탕으로 도시농업, 치유농업 트렌드와 연계한 동물매개치유의 가치를 지속 가능하도록 자원화하여 중점 육성될 것으로 보인다.

앞으로 도시농업의 한 분야로서 전문 동물교감치유센터가 설립될 가능성이 있고, 학교를 통해 한국형 프로그램의 사례와 매뉴얼들이 보다 많이 실행되고 연구되어 보급될 것으로 보인다. 앞으로 동물교감치유 분야가 도시치유농업의 대표적인 한국형 운영모델로 정립되는 과정에서 대학들이 참여하고 특화된 펫샵이나 반려동물 까페 등에 활동 매뉴얼이 보급되고, 적절한 지원을 통해 반려동물교감치유 프로그램이 동시다발적으로 운영될 것으로 예상되고 있다. 정신병원이나 요양병원, 사회복지기관 등이 분원 형태의 특별한 공간을 마련하여 환자나 대상자가 내원하여 활동하거나 교육받고, 치료받는 형태로의 전문성도 갖추어 나갈 것으로 보인다.

앞으로 사람들과 함께 살아가는 동물들은 반려동물로서 어떤 역할들을 담당하게 될까? 아마도 반려동물과 함께하는 활동과 교육, 치유프로그램이 앞으로 시대의 반려동물이 가지게 될 최고의 활동 분야가 될 것이다. 올바른 유대관계 속에서 인간과 동물 그리고 자연은 함께 더불어 살아가야 하는 존재이기 때문이다.

2) 동물교감치유의 기원과 역사

① 해외 동물교감치유 사례

동물과 인간의 정서적 유대를 바탕으로 한 동물교감치유의 역사에서 가장 오래된 이야기는 선사시대부터 인간과 동물이 정서적으로 유대관계가 있었다는 주장이 있기는 하지만 BC 400년경 부상 당한 병사를 말에 태웠더니 치료 효과가 있었다는 그리스 문헌에서 처음 시작한다. 이후 9세기에 벨기에의 길^{Gheel} 지방에서 장애를 가진 환자들을 위한 치료에 동물이 참여하는 프로그램을 적용했다는 기록이 있다. 1792년 영국 요크셔지방의 퀘이커 상인들에 의해 만들어진 정신장애인들이 생활하던 공간에서 토끼나 닭을 키우면서 자기 통제력을 향상시킬 수 있는 긍정적 강화프로그램을 환자에게 적용하였는데, 오늘날 동물교감치유 프로그램 모델의 시초라고 볼 수 있다.

간호사 나이팅게일(1820~1910)은 동물들이 환자들의 좋은 동반자 역할을 한다고 추천하였는데, 장기입원 환자에게 작은 반려동물이 우수한 동반감을 제공한다고 하였다. 1830년 영국자선위원회가 정신병원 기관에 동물을 활용한 치료를 권장하였고, 1867년 독일에서는 간질환자 치료를 위해 주거시설 내에서 새나 고양이, 개, 말 등을 돌볼 수 있도록 했고, 동물농장과 동물보호구역도 설치하였다. 1901년 영국에서는 재활승마라는 승마치료의 개념을 도입해 재활승마에 대한 전반적인 기준과 표준을 만들어 세계 각국이 활용할 수 있는 토대를 마련했으며, 옥스퍼드 대학병원에서 재활승마치료를 실시하였다.

1900년대 초에는 프로이드가 반려견이 상담치료에 도움을 준다는 것을 알고 상담의 한 분야로 동물교감치유를 병합하여 즐겨 수행했다고 한다. 1919년 미국 엘리자베스 병원에서는 정신질환을 앓는 군인의 치료에 개를 활용했고, 1942년에는 적십자사와의 협조로 뉴욕의 파울링 공군요양병원에서 제2차 세계대전에서 다친 환자의 휴식과 긴장 완화를 위해서 다양한 종류의 농장동물과 함께하는 프로그램을 적용하였다. 1944년 제임스 보사드 박사는 반려동물로서 개를 기르는 것이 그 주인에게 치료적 이점을 준다고 보고하였는데 그는 '개를 기르는 사람의 정신건강'이라는 책을 저술하였다. 1952년 헬싱키 올림픽에서 덴마크의 하텔이라는 승마선수가 소아마비 장애를 극복하고 올림픽 은메달을 획득하면서 재활승마의 효과가 입증되었고 이후 재활승마는 유럽에 전파되었다. 1958년 영국에서는 장애인 조랑말 승마단체가 설립되었다.

반려견이 참여하는 동물교감치유는 1962년 미국 소아정신과 전문의인 레빈슨이 개와 놀면서 아동이 회복되는 장면을 목격하고 동물교감치유를 임상심리학에 적용시킨 최초의 활동이 역사에 남아 있다. 레빈슨은 진료를 받기 위해 대기실에서 기다리던 아동이 개와 놀면서 치료를 받지 않고도 회복되는 놀라운 사실을 발견하였는데, 그 후 공식적인 훈련을 받은 자신의 애견 징글Jingle을 동물교감치유에 참여하게 하여 1962년 '개-교감치유'라는 책을 발간하였다. 이 책에서 동물교감치유Animal-Assisted Therapy라는 용어를 처음으로 사용하였는데, 이것이 현대적이고 체계적인 최초의 동물교감치유 활동이라 할 수 있다.

1964년에는 유럽지역 재활승마단체 간 협력위원회가 결성되었고, 1966년 노르웨이에 위치한 베이토스톨런Beitostolen이라는 장애인 재활센터에서는 말이 치료요법의 중요한 역할을 맡아 시각장애인이 승마를 하게 됨으로써 성공적인 재활프로그램으로 자리잡기 시작하였다. 1969년 영국에서 재활승마협회RDA, Riding for the Disabled Association와 미국의 북미재활승마협회NARHA, North American Riding for the Handicapped Association가 설립되었고, 1970년에 독일에서 독일치료승마협회를 발족하여 치료적 접근방법으로 재활승마를 운영하게 되었다.

1970년대 맬런G. P. Mallon은 뉴욕의 그린 침니Green Chimney 아동 서비스 센터에서 발달 및 정서·행동장애아의 동기 부여와 심리적 회복을 위한 '치료농장 프로그램'을 적용한 결과, 슬프거나 화난 아동의 기분을 향상시키고 친구 사귀기, 애정 갖기 등의 기회를 제공한다고 발표한 바 있다.

1972년 미국 뉴욕의 심리치료사 3분의 1 이상이 심리상담에 애견을 활용한다는 조사결과가 있었고, 1973년 미국 파이크스 피크Pikes Peak 지역의 동물애호협회는 양로원과 기타 특수시설에 동물을 직접 데리고 방문하는 '이동 애완동물pet mobile'이라는 방문프로그램을 시작하였는데 이것은 지금까지도 동물교감치유 활동 프로그램의 하나로 자리 잡고 있다.

1975년 오하이오 주립대학의 S.A.코슨과 E.D.코슨은 반려동물을 이용해 양로원 환자를 치료한 결과 신체적, 심리적, 사회적 기능의 향상과 회복이 있었다고 보고하였다. 1976년 영국에서 미국으로 이주한 스미스[E. Smith]는 국제치료견협회[TDI]를 설립하여 동물교감치유 활동을 하였는데, 셰퍼드와 세틀랜드 쉽도그가 참여하여 실시한 동물교감치유 활동에서 1년 이상 말을 하지 못하던 여성이 말문을 열었다고 보고하기도 하였다. TDI는 미국에서 가장 오래되고 큰 동물교감치유 조직으로 발전하였다.

1977년 동물이 사람의 건강에 미치는 영향에 대한 체계적 연구와 다양한 형태의 동물교감치유 활동의 조직화를 목적으로 미국에서 델타협회[Delta Society]가 발족되었다. 현재 이 단체는 세계 최대의 동물교감치유 관련 단체로서 동물교감치유에 참여하는 동물 인증, 전문가 양성, 자원봉사자 교육, 출판 등의 사업을 진행하고 있다. 1990년에는 22개국 30개 단체가 참여하는 국제 인간과 동물 상호작용 연구협회[IAHAIO]가 발족되어 반려견, 고양이, 햄스터, 말, 농장동물 등이 참여하여 학교, 양로원, 병원, 교도소 등을 대상으로 펫 파트너 프로그램[pet partner program]을 운영하고 있다. IAHAIO에서는 세계 각국의 정보공유와 활발한 국제교류를 하고 있다.

1980년에는 세계장애인승마연맹[FRD]이 창립되어 세계 50여 개국의 회원국을 가지고 활동을 추진하였다. 또한 1999년 미국의 유타주에 말 교감성장과 학습협회[Equine Assisted Growth and Learning Assosiation]가 설립되어 표준화된 말 교감치유 프로그램을 실시하였고, 말 교감치유사 자격증 발급과 연구, 치유활동을 추진하였다. 2000년대에 들어 미국에서 동물교감치유의 효과가 입증되면서 본격적으로 각종 언론에 보도되었고, 많은 교사와 상담자가 동물교감치유 훈련에 관심을 가지고 참여하는 계기가 되었다.

② **국내 동물교감치유 사례**

㉮ 반려동물(개, 고양이, 토끼, 닭) 참여 사례

우리나라는 1990년 한국동물병원협회에서 '동물은 내 친구'라는 이름으로 활동을 시작하였고, 1994년 삼성화재 안내견학교가 보건복지부 인증 안내견 양성기관으로 설립되면서 1995년 이리보육원에서 동물교감치유 프로그램을 실시한 것으로 알려져 있다. 이후 삼성 안내견학교는 공주 치료감호소에서 정신질환자를 대상으로 동물교감치유 활동을 했으며, 그 결과를 1998년 9월 IAHAIO 제8차 학술대회에서 발표한 바 있다.

대학에서 참여한 동물교감치유 프로그램의 첫 사례는 1999년 경북대학교 유전공학과에 동물교감치유 동아리$^{S.A.P.}$가 구성된 후 경북대학교 사회복지학과와 연계하여 정신분열증 환자와 자폐아동을 대상으로 동물교감치유 방문프로그램을 실시하고, 그 결과를 논문으로 정리하고 경북대의 지원으로 세미나를 개최하였다. 이후 연구를 지속하여 대구지역 사회복지기관에 강아지를 분양하고 프로그램을 진행하였다. 경북대 동물교감치유 동아리는 2000년에 대구의 정신병원에서 운영하는 장애인 공동주거시설에 반려견이 함께 생활하는 활동을 진행하고, 정신과 의사의 지도하에 간호사가 참여하는 프로그램을 운영하기도 하였다.

2001년에는 이삭도우미개학교가 보건복지부인증 장애인 보조견 훈련기관으로 지정되면서 치료 도우미견의 훈련과 분양을 시작하였고, 2002년에는 삼성 치료 도우미견센터가 발족되어 치료 도우미견 양성과 자원봉사자 교육을 하면서 체계적인 동물교감치유 프로그램을 시도하였다. 2004년에는 산업자원부 지역혁신 특성화사업의 일환으로 대구 BICT융합 애견사업단이 동물교감활동 및 치유프로그램을 추진하고 전문가 양성 교육을 진행하였고, 그 결과를 바탕으로 2008년에 동물교감치유 및 교육 분야의 일자리 창출을 추진하는 고용노동부 인증 사회적기업이 만들어지고 국가지원사업이 추진되었다.

2008년 원광대학교에 동물매개심리 치료학과가 신설되었고 한국동물매개심리치료학회가 설립되었으며, 2012년 한국동물매개심리학회지가 창간되어 지금까지 활동이 지속되고 있다. 이 밖에도 민간단체 및 대학 등에서 다양한 활동들이 진행되고 있지만 최근 가장 주목할 만한 활동은 2016년부터 농촌진흥청 국립축산과학원에서 토끼, 염소, 닭 등을 주제로 진행하고 있는 동물교감교육 프로그램이다. 농촌진흥청 국립축산과학원은 2018년 동물교감교육 운영 매뉴얼을 발행하였고, 2019년에는 교육부 인성교육 프로그램으로 동물교감교육 프로그램이 인증되도록 하여 앞으로 전국 시·도 교육청과 학교에서 인성교육 프로그램으로 활용될 수 있도록 하였다.

토끼와 함께하는 동물교감교육   닭과 함께하는 동물교감교육

Ⅲ-2-54. 농촌진흥청 국립축산과학원의 학교깡총, 학교꼬꼬 프로그램

㉮ 재활승마 사례 및 현황

1996년 승마협회 주관으로 평택 에바다 장애인 종합복지관에서 재활승마치료 프로그램을 실시한 것이 우리나라 최초의 승마재활치료이다. 이후 2001년 삼성승마단에 재활승마단이 발족되어 승마치료 강습회와 뇌성마비 등 신체발달 장애가 있는 아동을 대상으로 재활승마를 시작하였다. 삼성전자승마단은 2009년 국내 최초 재활승마전용센터를 건립하고, 2010년에는 PATH Intl.에서 우수센터로 인증을 받았다. 2012년 그리스에서 개최된 HETI 총회와 2015년 대만 HETI 총회, 2018년 아일랜드 HETI 총회에서는 2001년부터 2019년까지 약 6,000여 명 이상의 자원봉사자들의 참여와 함께 2,000여 명의 장애아동들이 수혜를 받은 그동안의 연구 성과를 발표하여 많은 주목을 받기도 하였다. 삼성전자승마단은 삼성서울병원 의료진과 연계하여 참가자의 치료 효과를 높이는 데 중점을 두고 있다.

한국마사회는 2005년 사회공헌 사업의 일환으로 재활승마를 도입하고 활동을 시작하였다. 같은 해 인근 사회복지관 등과 연계하여 재활승마 프로그램을 운영하였으며, 2009년부터는 '찾아가는 재활승마'를 통해 체험기회를 제공하였다. 2010년에는 연세대학교 세브란스의료원과 협약을 맺고 참가자를 의뢰받아 발달장애 아동 등을 대상으로 재활승마 프로그램을 운영했으며, 이후 대상을 확대하여 인터넷게임 과몰입 청소년을 위한 프로그램도 운영하였다. 2011년에는 인터넷게임 과몰입 청소년을 대상으로 승마 효과에 대한 학문적으로 연구를 시행하였고, 2013년에는 삼성서울병원에서 ADHD(주의력 결핍 및 과잉 행동장애) 아동을 대상으로 재활승마 효과 연구를 진행하여 주의력 결핍 등 관련 증상이 호전되는 긍정적인 효과를 도출하였다. 2007년부터 2011년까지 삼성전자 승마단과 함께 PATH Intl.의 심사관을 초청, 지도자 양성 과정을 도입 및 실시하여, 전주기전대, 서라벌대 등 말산업 관련 대학에서 재활승마를 시작하는 계기가 되었다.

2012년 한국재활승마학회가 창립되었고, 2015년 농림축산식품부로부터 사단법인 설립허가를 받았다. 2017년에는 기존 학회로서의 한계를 넘어 재활승마에 대해 다양한 사업을 수행할 단체의 필요성이 제기되어 대한재활승마협회가 창립되었다. 2018년 1월에 농림축산식품부로부터 사단법인 설립허가를 받은 협회는 동년 8월에 재활승마지도사의 권익보호 등을 목적으로 재활승마지도사협의회를 창립하였다. 이 협의회와 (사)한국재활승마학회를 산하단체로 구성한 (사)대한재활승마협회는 회원으로 말산업 전문인력 양성기관은 물론 의학, 보건학, 체육학 등 재활승마와 관련한 교수 및 각계 인사가 참여하고 있다.

농림축산식품부로부터 말산업 전문인력 양성기관으로 지정받고 재활승마와 관련 있는 국내 대학은 전주기전대학, 서라벌대학교, 성덕대학교, 제주한라대학교 등이다. 전주기전대학은 2007년에 전국 최초로 마사과를 개설한 이후, 2014년에 재활승마과를 설치하였고, 2019년에는 마사과와 재활승마과를 말산업스포츠재활과로 통합하여 말산업 분야는 물론 스포츠 재활로서 재활승마의 발전을 도모하고 있다. 2013년부터 매년 재활승마 경진대회를 실시하고 있으며 2015년에는 대한장애인체육회의 지원으로 국가대표 선발전 겸 전주기전대학 총장배 장애인승마대회를 매년 시행하고 있어 전국단위의 선수들이 참여하여 재활승마 및 장애인스포츠승마 분야에 다양한 경험을 돕고 있다. 국제학술대회와 장애인승마 심판 및 등급분류사 교육도 진행하는 두 대회는 레크리에이션 및 스포츠로서의 재활승마를 발전시키는 역할을 수행하며 매년 지속되고 있다.

시라벌대학교는 2010년 마사과가 설치되었고 마사과에서 재활승마지도사를 양성하고 있다. 서라벌대학교는 재활승마봉사단을 운영하는데 2010년도부터 2015년까지 울산 지적장애인 특수학교인 태연학교를 대상으로 매주 1회 재활승마를 실시하였고, 2016년부터 현재까지 경주지역의 장애인학생들에게 매주 1회, 매년 160명의 장애아동 재활승마를 실시하고 있다. 서라벌대학교 승마장은 2017년 한국마사회 재활힐링협력승마장으로 지정받아 소방관들과 방역공무원, 교도관 등이 참여하는 EAL프로그램을 다수 운영하고 있다.

2010년에 성덕대학에 설치된 재활승마복지과는 인간존중과 장애인의 잠재능력 개발을 위한 전문인력으로 재활승마지도사를 양성하고 있다. 제주한라대학교는 2013년에 제주특별법에 의해 국내 유일의 4년제 정규 학사과정으로 설립인가를 받아 말관련 전문가를 양성하기 위해 마사학과와 마산업자원학과의 2개 학과로 마사학부가 조직되었다. 특히 재활승마 분야에서는 인체의 이해와 장애 및 병리에 대해 이론적 지식을 기반으로 재활승마 실무를 공부하면서 실무 위주의 재활승마 전문가를 양성하며, 지역 단체와 연계하여 장애인 개인이나 단체 및 관련 협회와 재활승마, 힐링승마뿐만 아니라 장애인 승마선수 훈련교육도 지원하여 넓은 스펙트럼으로 역할을 수행하고 있다. 자원봉사자 교육도 함께 진행함으로써 지역대학으로서의 책무도 동시에 수행하고 있다.

Ⅲ-2-55. 서라벌대학교 승마장 재활승마 강습(서라벌대학교 마사과 제공)

3) 동물교감중재^{AAI, Animal-Assisted Intervention} 활동의 구분 및 정의

① 동물교감활동^{AAA, Animal Assisted Activity}

동물교감활동은 사람과 동물과의 상호활동을 통해 사람들의 정서적 안정과 신체의 발달을 촉진시켜 삶의 질을 향상시키는 것이다. 즉, 전문적인 치료활동이라기보다는 반려동물과 함께 즐거운 시간을 보내는 정도의 오락적, 교육적, 예방적 기능에 중점을 두는 것으로 수동적 동물교감활동과 상호작용적 동물교감활동으로 나눈다.

표 Ⅳ-2-3. 동물교감활동의 내용

구분	동물교감활동의 내용
대상	• 모든 사람이 대상이 됨(개인 또는 시설, 집단의 내담자)

목표	• 삶의 질 향상
	  – 오락적 효과 : 즐거움 및 스트레스 해소
	  – 교육적 효과 : 바람직한 감정, 사고, 행동양식의 습득
	  – 예방적 효과 : 심리적 정화, 평온, 안정

접근문제	• 긴장, 불안, 비합리적 사고 • 비능률적 행동습관, 비성취적 관념
장소	• 생활 장면 전체
기간(횟수)	• 자원봉사자에 의한 활동은 보통 6~20회 • 개인이 반려동물로 여기고 평생을 같이 활동함

㉮ 수동적 동물교감활동

수동적 동물교감활동은 단순히 사람들이 동물의 아름다운 자태나 익살스러운 행동(묘기), 새의 지저귀는 소리, 물고기의 헤엄치는 모습 등을 감상하거나 관람하는 그 자체로 즐거움을 느끼고 심리적 안정과 정화의 효과를 경험하게 하는 활동을 말한다.

수동적 동물교감활동은 동물의 털 알레르기가 있거나 동물을 기피하는 사람에게도 적합하며, 질병과 기생충 감염의 위험이 적고 비교적 관리가 쉬운 이점이 있다.

표 Ⅳ-2-4. 수동적 동물교감활동

구분	수동적 동물교감활동
장소	• 생활장면 전체
담당자	• 동물소유자, 시설(병원, 학교, 관공서, 동물원 등) 담당자
활동내용	• 어항의 물고기가 헤엄치는 모습을 감상하면서 마음의 여유를 갖는다. • 관상조의 아름다운 빛깔과 지저귀는 소리를 감상하면서 심신을 정화한다. • 동물원의 동물 쇼나 재주를 관람하면서 즐기거나 스트레스를 해소한다.

㉯ 상호작용적 동물교감활동

상호작용적 동물교감활동은 사람들이 직접 동물과 상호작용을 함으로써 동기를 유발시키고, 신체적 활동증가와 사회생활 기술 향상 등의 효과를 꾀하는 적극적인 교감활동이다.

표 Ⅳ-2-5. 상호작용적 동물교감활동

구분	상호작용적 동물교감활동
장소	• 병원, 시설(노인 보호, 장애인, 소년원 등), 가정
담당자	• 자원봉사자(준전문가), 시설 담당자, 동물 소유자
활동내용	• 반려견, 고양이, 토끼 등을 기르기(먹이 주기, 미용관리 등) • 같이 놀거나 산책하기

이러한 활동은 일반인은 물론 심신장애자에게 스트레스를 해소하고 비합리적인 사고, 감정, 행동 양식에 긍정적 변화를 주어 심신의 안정과 치료의 효과가 있다. 우리나라에서는 기초훈련을 받은 반려견과 자원봉사자가 병원이나 각종 시설을 방문하여 실시되고 있다.

② **동물교감교육**Animal-Assisted Education

동물교감교육은 목표한 교육 효과를 얻을 수 있도록 전문가와 동물의 참여로 대상자 사이에 이루어지는 교육목표 지향적인 전문 프로그램이다.

아이들에게 생명의 소중함을 알게 하고, 심리·정서적으로 안정을 느낄 수 있는 힐링의 공간과 프로그램이 절실히 필요하다. 반려동물이 인간에게 정서적 문제 완화, 정서적 외상의 최소화, 건강한 정신건강, 학습기회 제공, 그리고 사회수준에서의 능력감 등을 향상시킨다는 사실이 밝혀지면서 반려동물이 교육적 목표를 달성하기 위해서 효과적인 것으로 알려지고 있다. 반려동물과의 교감 교육프로그램이 손상된 사회적 상호작용 및 의사소통, 자아개념 개선, 공감, 자기통제감 증진 및 스트레스 감소 등에 매우 긍정적인 영향을 주는 것으로 보고되고 있다. 최근 급증하고 있는 청소년 범죄문제는 법률적 제재나 임시적인 행정 처리로는 해결이 불가능한 수준에 도달했는데, 근본적 문제해결을 위한 실천대책이 요구되고 있다. 인성 회복을 위한 하나의 활동으로 각 가정에서 반려동물을 키우는 것이 효과적인 수단이 된다는 주장과 연구들이 있다.

독일에서 555명의 아이들과 그 아이들의 가족들을 대상으로 아동과 개와의 관계를 탐색한 연구가 있었다. 아이들은 개를 독특한 능력을 가진 친구이자 놀이친구로 인식하고 있음을 밝혔는데, 개는 어른처럼 행동하지 않기 때문에 아이들은 개를 거리낌 없이 대할 수 있고, 아동이 수행하는 사회적 방식은 개와도 쉽게 이루어질 수 있으며, 어린아이들이 자신과 똑같은 욕구를 가지고 있는 반려견에 대해 편견 없이 정서적, 신체적으로 접촉할 수 있다.

어린이들은 자신이 기르는 반려견과의 관계를 통해, 반려견을 주의 깊게 기르는 과정에서 자긍심을 얻게 되고 또한 타인의 감정을 이해할 수 있는 능력을 갖게 된다. 이런 능력은 계속 변화하는 사회 환경에 적극적이며 긍정적으로 대처하기 위해 중요하다. 자신에게 의존하고 순응하는 동물을 통해 책임감과 자신의 능력에 대한 자신감을 갖게 되고, 동물의 감정과 욕구를 직접 경험하고 충족시켜 줌으로써 다른 사람들의 감정과 욕구에도 관심을 갖고 이해할 수 있게 된다.

어린이들은 반려동물이 어떠한 상황 속에서도 자신의 편에 서서 무조건적으로 자신을 사랑하고 따라 줄 것이라고 믿고 있으며, 이것이 아이에게 든든한 힘이 되는 것이다. 또한 반려동물을 사육하는 데 따른 역할분담을 통하여 가족 내의 교류를 촉진하는 역할을 하며 가족

간의 유대를 더욱 강하게 하는 경향이 있다. 따라서 어린이들은 반려동물을 키움으로써 사회적, 감정적 발달을 성공적으로 이루고 또 다른 사회에 적응할 준비를 할 수 있게 되는 것이다.

표 Ⅳ-2-6. 동물교감교육

구분	동물교감교육 내용
대상	• 모든 사람이 대상이 됨(개인 또는 시설, 집단의 내담자)
목표	• 교육적 목표지향 − 주의력 증가, 신체 운동능력 향상, 의사소통능력, 사회성 향상 등 − 정신발달 촉진, 대인관계 향상, 문제행동 감소, 감정조절 향상 등 − 자아존중감 향상, 난독증 해결 등 − 인성 함양, 창의적 분야연계 교육
접근문제	• 인성교육, 창의교육, 분야별 연계교육 등 • 교육부적응 문제 해결
장소	• 학교 또는 교육목표 달성을 위해 방문이 가능한 장소
기간(횟수)	• 대상 및 프로그램에 따라 다름 − 학년단위, 학기단위, 방과후학교 운영, 기간설정 운영 등

반려동물을 키우면 어린이의 지각발달과 언어습득을 촉진시키며 말하는 기술을 향상시킨다고 알려져 있는데, 이러한 현상은 반려동물이 어린이가 말하는 것을 끝까지 들어주는 대상으로, 어린이로부터 칭찬과 지시, 격려, 처벌과 같은 형태의 의사소통을 끌어내는 언어자극제로서의 기능을 하기 때문이다. 또한 반려동물은 아이에게 생명의 신비, 죽음 등에 관해 자연스럽게 알려 줄 수 있는 기회를 제공하기도 하고, 동물과 같이 놀면서 다른 어린이와의 관계 형성이나 유지에 촉진제 역할을 하여 아이의 사회성이 증가하는 데 도움을 주기도 한다.

어린이는 반려동물을 키움으로써 긍정적인 경험과 함께 부정적인 경험도 하게 될 것이다. 아이들은 자기가 기르던 동물이 죽거나 다쳤을 때 경험해야 하는 고통, 동물의 본능적인 요구에 대한 불만, 동물 때문에 부모에게 혼나는 문제 등으로 스트레스를 받기도 할 것이다. 그러나 동물을 키움으로써 얻는 혜택은 그 부작용을 불식시키기에 충분하므로 어른들이 치유적, 교육적 여건을 만들어 주고 그 효과를 극대화 시키는 노력이 필요할 것이다.

③ **동물교감치유** Animal-Assisted Therapy

동물교감치유는 도움이 필요한 사람(대상자)과 도움을 줄 수 있는 사람(치유사) 그리고 일정한 훈련을 받은 반려동물(교감동물) 사이의 동반자적 생활과 교감활동을 통하여 인지적, 정서적, 사회적, 교육적, 신체적 발달과 적응력을 향상시킴으로써 육체적 재활과 정신적 회복을 추구하는 전문적인 분야이다. 따라서 특정한 자격과 요건을 갖춘 반려동물을 매개로 인간의 의료나 복지, 재활분야에 의도적이고 계획적으로 행해지는 전문적인 행위이다. 동물교감치유를 위해서는 치유계획과 목표가 설정되어야 하고, 그 목표에 맞는 요건과 자격을 갖춘 반려동물을 선택하여 치유프로그램에 적용해야 한다. 치유프로그램 이후에는 효과에 대한 평가를 실시해야 한다.

표 Ⅳ-2-7. 동물교감치유

구분	동물교감치유의 내용
대상	• 개인환자 또는 시설, 집단의 대상자
목표	• 신체적 회복 및 재활 • 정신적 문제 해소, 성격의 심층변화
접근문제	• 신체적 장애 • 정신적 장애
장소	• 재가프로그램 : 시설에서 직접 동물을 기르면서 진행 • 내원프로그램 : 대상자가 동물교감치유가 가능한 장소에 와서 진행 • 방문프로그램 : 동물교감치유를 진행하는 팀이 대상자가 있는 곳으로 방문해서 진행
기간(횟수) 및 접근방법	• 증상에 따라 다를 수 있음 • 전문적, 목적지향적 치유프로그램을 구성하여 진행

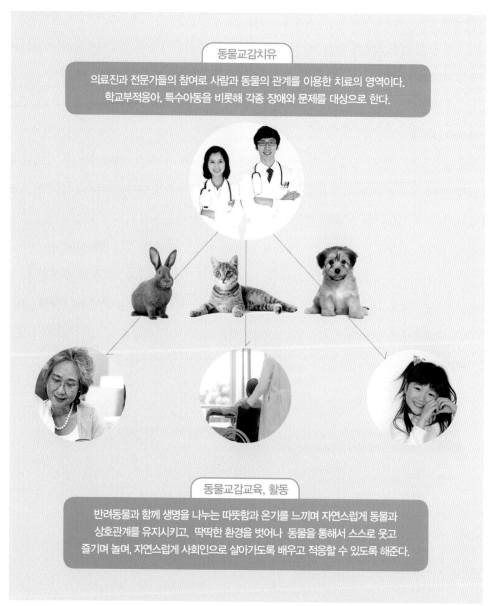

동물교감치유

의료진과 전문가들의 참여로 사람과 동물의 관계를 이용한 치료의 영역이다.
학교부적응아, 특수아동을 비롯해 각종 장애와 문제를 대상으로 한다.

동물교감교육, 활동

반려동물과 함께 생명을 나누는 따뜻함과 온기를 느끼며 자연스럽게 동물과
상호관계를 유지시키고, 딱딱한 환경을 벗어나 동물을 통해서 스스로 웃고
즐기며 놀며, 자연스럽게 사회인으로 살아가도록 배우고 적응할 수 있도록 해준다.

그림 IV-2-56. 동물교감중재 활동의 구분과 정의

4) 동물교감중재 활동의 특징과 효과

반려동물은 사람을 비교하거나 차별하지 않는다. 그 사람이 돈이 많은지 적은지 건강한지

그렇지 않은지에 상관없이 선입견을 갖지 않고 사람을 대한다. 반려동물은 누구나 자신을 정성껏 보살피는 모든 사람을 공평하게 있는 그대로 받아들이고 따른다. 이것이 반려동물이 사람과의 교감을 통해 교육과 치유의 효과를 줄 수 있는 가장 기본적인 이유이다.

① 특징

동물교감치유가 음악치료, 미술치료, 원예치료, 놀이치료 등 기타 심리치료와 구별되는 가장 큰 장점은 프로그램에 대상자를 맞추는 것이 아니라 대상자의 특징에 맞는 프로그램 기획구성이 가능하다는 것이다. 동물교감치유는 종합적이고 전문적인 분야인데, 다양한 전문가가 참여해야 하며, 치료자가 대상자를 긍정적인 방향으로 변화시킬 책임과 목적을 가지고 계획적으로 수행하는 전문적인 심리치료의 한 분야이다. 음악치료사가 멜로디, 하모니, 리듬, 음색에 대한 지식과 기술이 없다면 음악치료를 수행할 수 없듯이 동물교감치유 역시 동물에 대한 이해와 응용기술 없이는 치유 프로그램을 수행할 수 없다. 따라서 치료, 심리학 분야와 동물학 분야의 이론과 실기를 갖춘 전문가들이 협업하여 진행하는 종합적 다학제 참여 프로그램이다.

② 효과

최근 반려동물 교감프로그램의 긍정적 효과가 입증되면서 국내에서도 많은 관심을 나타내고 있다. 자폐아동, 우울증환자, 학교폭력으로 인한 대인 기피증을 보이는 청소년, 고아, 치매환자, 외로운 독거노인 등이 반려동물들과 만나는 과정 속에서 마음의 치유 및 정서적 안정을 얻고 사회성을 회복하게 되었다는 사례들이 알려지고 있다. 일상생활에서 반려동물과의 많은 대화를 통해 어휘구사능력이 향상되고 의사소통이 원활해져서 대인관계가 증진되었다거나 동물을 규칙적이고 반복적으로 관리하면서 생활태도와 기억력이 향상되는 사례도 있고, 양육능력과 생명존중감을 키우면서 양육받고 싶어하는 자신의 욕구를 충족하게 되는 사례도 있다.

반려동물은 특히 감정적으로 상처를 입은 사람들의 닫혔던 문을 열리게 하는 효과가 있다.

사람들은 사회생활에서 만나게 되는 사람들에게 상처를 받고 그 정도가 심할 경우 정신적 질환을 가지게 되는데, 사람에게 받은 상처를 사람이 낫게 하는 것이 어려운 경우 치유프로그램에서 반려동물과의 교감이 중요한 역할을 하기도 한다.

동물교감치유는 지적호기심과 관찰력을 배양할 수 있는데, 반려동물과의 일상생활을 통해 동물의 관리와 응용 등 새로운 지식과 기술을 습득하는 과정에서 지적호기심과 예민한 관찰력을 기를 수 있다. 이를 통해 대상자의 주의력 결핍, 과잉행동장애, 품행장애 등 다양한 장애유형과 부적응 행동의 예방과 치유에 효과적이다. 연구에 따르면 동물과의 많은 자발적 대화는 어휘구사력과 의사소통을 원활하게 하는 효과가 있는데, 이를 통해 대인관계가 증진된다. 이 때문에 특히 우울증이나 대인관계에 어려움을 겪고 있는 사람들에게 효과적이다. 동물의 이름부르기, 규칙적이고 반복적인 관리를 통해 노인성 치매치료에도 효과적인 접목이 가능한데, 동물을 기르는 방법을 공부하게 되고 각종 관리계획 수립과 준비, 적기에 예방접종과 건강검진 등을 할 수 있는 지각능력이 함양되므로 집중력과 판단력이 향상될 수 있다. 살아있는 동물을 돌보면서 양육능력과 생명존중감을 키우게 되고, 자녀를 떠나보내고 빈둥지증후군을 겪는 성인이나 결손가정에서 부모의 양육을 경험해 보지 못했거나 부모의 학대나 친구의 따돌림을 받는 아동들에게 자아존중감을 향상시켜 줄 수 있다.

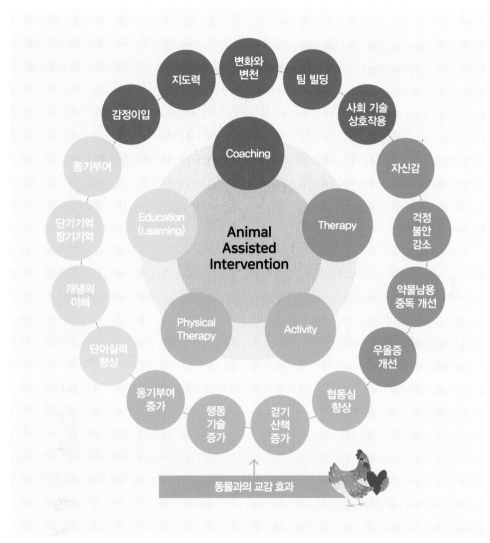

그림 Ⅳ-2-57. 동물과의 교감효과(국립축산원 학교꼬꼬 운영매뉴얼)

반려동물과 같이 생활한 아동은 그렇지 않은 아동에 비해 타인에 대한 이해심이 더 많다는 연구결과가 있는데, 동물은 어린아이와 같이 직선적이며 자신이 느끼는 그대로 행동하기 때문에 동물에 대한 이해능력은 다른 사람과에 대한 이해와 관계형성에도 영향을 준다. 또한 반려동물과의 대화는 비밀이 보장되기 때문에 부정적인 감정이나 생각까지도 안전하게 표현할 수 있는 효과가 있으므로 누군가에게 말하고 싶어 하는 욕구를 충족시켜서 사회적 지지와 사회화를 촉진시키는 데 도움을 준다.

정신질환이 있거나 자신에 대한 자긍심이 부족한 사람에게 동물은 주변의 환경에 초점을 맞추도록 해 줌으로써 외향성을 증가시킬 수 있는데, 사람을 기피하면서도 동물과는 대화를 할 수 있는 자기개방과 자기수용이 어려운 사람에게 반려동물이 대인관계에서의 의사소통을 연습할 수 있는 중요한 상담역이 될 수 있기 때문이다. 이때 동물은 사람의 외모나 장애에 상관없이 비판적이지 않고 무조건적으로 수용하기 때문에 동물을 통해 사랑과 친화력을 배울 수 있고, 상호작용을 통해 긴장감과 불안감을 해소할 수도 있다.

수술 대기 중인 환자의 고립감 해소에 도움을 주었다는 연구결과와 치매환자의 사회성 증가와 비정상적인 행동감소에 효과가 있었다는 연구결과도 주목해 볼 만하다. 많은 연구에서 동물이 곁에 있으면 심박 수와 혈압이 감소하고 행복감을 주는 호르몬 수치가 증가했다는 결과가 보고되고 있다. 물리치료를 위해 기구를 한 시간 돌리는 것보다 반려동물을 빗질하거나 반려동물과 함께 산책하며 운동하는 프로그램들이 정서적인 부분을 포함하여 신체적 정신적으로 긍정적인 효과가 있음도 밝혀지고 있다.

그 외에도 정신적인 압박감과 소외감을 해소해 주고, 즐거움을 선사하며 정신적 흥미를 유발하여 스트레스를 해소해 주는 반려동물은 사랑스런 히포크라테스로 우리의 삶 속에서 함께 하고 있다. 이미 시각장애인 도우미견, 청각장애인 도우미견, 호스피스견, 발작 경고견, 장애 사역견 등으로 장애 보조 및 치료에 도움을 주고 있는 반려동물들이 앞으로 우리나라에서 더욱 의미 있는 새로운 활동에 참여할 수 있게 될 것이다.

③ 적용 분야

동물교감치유 및 교육프로그램에서 모든 학생들이 대상자가 될 수 있는데 청소년의 학교부적응 문제를 해결하기 위한 종합적이고 체계적인 이해와 적합한 중재 및 상담활동이 부족한 실정임을 고려할 때 반려동물 교감치유 프로그램을 어린이, 청소년, 부적응아, 특수교육 대상자 등의 사회성 향상, 대인관계 증진, 비행습관 교정, 정상적인 발달과업 증진을 위해 구성할 수 있다.

교내 동물사육장을 활용하여 전담교사의 지도에 따라 학생들이 당번제 활동으로 사육동물을 관리할 수 있도록 하고 수업 전, 방과 후 활동프로그램을 구성하여 관찰, 활동일지를 기록하는 형태로 운영이 가능하다. 또한 예방웰빙의 측면에서 고아, 정신적 스트레스를 받는 자나 독신자, 배우자 상실 독거인, 소년소녀 가장들에게는 반려동물과 함께하는 시간을 통해 즐거움과 안정을 줄 수 있도록 하여 긴장, 불안 등 스트레스를 해소할 수 있도록 프로그램을 구성할 수 있다. 가족 간의 불화가 있는 경우 반려동물은 가족 간의 대화 주제가 될 수 있도록 구성하고 은퇴자, 독거노인, 고령자의 경우 반려동물과 함께하는 대화와 놀이친구가 될 수 있도록 하여 외로움을 극복할 수 있도록 구성할 수 있다. 나아가 재활과 치유분야의 경우 우울증, 기억력, 집중력 치료에 반려동물이 참여하는 국내외 사례가 보고되고 있는데 이와 함께 반려동물과 함께하는 프로그램 구성을 통해 소근육, 대근육의 기능회복과 치유에 도움이 되도록 적용할 수 있다.

2 동물교감치유의 실행

동물교감치유의 효과적인 실행을 위해서는 프로그램의 준비·기획단계가 가장 중요하다. 이 장에서는 동물교감치유 실행기획을 위해 꼭 알아야 할 내용들을 소개하고 이를 바탕으로 운영체계를 구성하고 실행 및 평가를 진행할 수 있도록 하였다.

1) 동물교감치유 점검

① 교감치유 프로그램 전 점검사항

㉮ 각종 서식 준비

동물교감치유 전에 치료자는 교감치유의 원리와 이론, 치료자로서의 태도, 책임에 대한 마음의 준비가 되어 있어야 한다. 교감치유에 필요한 면접지, 서약서, 각종 기록지, 필기도구 등을 점검하여 빠짐없이 준비한다.

④ 교감치유동물과 관리기구 점검

동물교감치유는 일반적인 상담과 달리 동물이 참여하여 상담 및 치료활동이 이루어진다. 따라서 교감치유에 이용되는 동물과 동물을 관리하는 데 필요한 각종 관리 도구를 준비하여야 한다. 교감치유에서 가장 적합한 교감치유동물을 선택하여 각종 예방접종 및 건강상태를 점검하여 최상의 상태인가를 확인해야 한다. 또한 반려견과 고양이는 목욕과 발톱 자르기를 미리 실시한다.

교감치유 프로그램을 운영할 때 위험 요소를 줄일 수 있도록 목줄은 2m 이내의 헝겊이나 나일론으로 만든 것을 사용해야 한다. 금속성 줄은 상처를 줄 수 있다. 또한 관리를 위한 간단한 기구(브러시, 빗 등)를 준비해야 하며, 만약의 사태에 대비하여 배설물을 처리할 수 있는 봉투와 종이 수건, 악취제거제 등을 준비하고 교감치유 중에 동물의 사기를 북돋아 주기 위한 간식이나 장난감 등을 준비한다.

② **신청서 접수**

동물교감치유 신청서를 통해서 다양한 정보를 수집해야 한다. 접수면접은 상황에 맞추어 실시하되 사전에 제작된 신청서를 이용하는 것이 편리하다. 그러나 자폐아나 고령의 노인, 치매환자, 무학자, 정신분열증환자 등 기록이 불가능할 경우 혹은 방문 치료를 할 때는 치료자가 대신 작성할 수도 있다.

㉮ 대상자(환자)의 기본정보

대상자의 이름, 생년월일, 성별, 좋아하는 동물, 주소, 연락처, 학력, 결혼 상태, 직업, 가족사항 등을 기록한다.

㉯ 대상자의 문제와 상황

대상자에게 현재 나타나고 있는 문제, 그 문제의 진행사항, 과거와 현재의 치료 정보 등을 기록한다.

표 Ⅳ-2-8. 동물교감치유 신청서(예시)

성명		나이	세	성별	남/여	좋아하는 동물	
주소						연락처	
교육 정도		결혼 상태	기혼 / 미혼 / 별거			직장(학교)	

가족 사항	이름	나이	학년	직업	관계	동거유무	

현재 나타나고 있는 문제(도움을 청하는 이유를 쓰십시오.)

현재 나타나고 있는 문제의 진행 및 상황

과거 또는 치료경험

③ 내담자 선별 검사

모든 내담자는 동물교감치유에 참여하기 전에 내담자와 동물을 보호하기 위하여 적합성 여부를 검사하여 선별해야 한다. 동물교감치유에서 심각하게 고려해야 할 대상은 다음과 같다.

- 동물에 대한 폭력 성향이 있거나 폭력 전과자

- 동물 학대(유기) 경력이 있는 자
- 자폐성 아동(동물 학대나 폭력성이 있는 경우)
- 동물 기피나 공포증이 심한 자
- 동물 털 알레르기 환자 등은 동물교감치유에 참여시켜서는 안 된다.

2) 동물교감치유 면접지 작성
① 면접 시 유의사항

면접 시 대상자는 모두 처음 겪는 상황에 대해 막연한 불안과 긴장을 경험한다. 치료자는 사소한 단서나 행동에 민감해야 하며, 가능한 한 곧바로 내담자를 안심시켜야 한다.

㉮ 편안한 분위기를 조성한다.

불안감을 해소하기 위해서 신뢰감과 편안한 분위기를 느끼게 해 주어야 한다. 대상자는 자신이 무능력자나 비정상인으로 비추어질지 모른다는 불안감을 가질 수 있다. 따라서 친근감을 주기 위해서 밝은 표정으로 일상적인 대화(날씨, 일상생활 등)로 시작하는 것이 좋다.

㉯ 동물에 대한 친근감을 심어 준다.

대상자의 일부는 동물에 대한 두려움을 나타내는 경우도 있다. 동물은 우리의 가장 친근한 친구이며 반려자로 인간에게 주는 혜택에 대하여 설명한다. 또한 질병을 전파하거나 공격하지 않는다는 점을 주지시켜 친근감을 갖도록 유도한다.

㉰ 문제 해결 및 변화에 희망을 준다.

동물교감치유라는 것이 정말 가능한가에 대한 의구심이 있을 수 있다. 면접자는 우선 내담자에게 동물교감치유의 효과와 발전 가능성에 대해 몇 가지 예를 들어 설명하여 문제 해결 의지와 확신을 심어 주어야 한다.

② **면접지 작성 요령**

㉮ 대상자의 일반사항

대상자의 성명, 생년월일, 면접일, 장소, 치료형태, 치료회기, 치료분야 등을 기록한다. 일반적으로 치료회기는 내담자의 상태에 따라 단기 6회, 중기 12회, 장기 20~50회로 설정한다.

㉯ 대상자의 현황

면접자는 객관적인 정보를 수집하여 현재 대상자의 상태를 가늠할 수 있다. 즉, 가족사항, 가계도(친밀한 정도 파악), 직장인은 동료와의 대인관계, 주부일 경우 가정환경 및 양육태도, 학생의 경우에는 성적과 친구 관계, 시설수용 이유 등을 기록해야 한다.

㉰ 호소문제

교감치유를 신청한 이유, 문제의 시작과 경과, 현재 상태 등을 기록한다. 문제의 원인을 개인적인 문제나 가족 또는 타인의 탓으로 돌리며 흥분할 때 적절히 조절해 주어야 한다.

㉱ 대상자의 문제 및 관찰 내용

대상자의 스트레스나 압력은 대상자가 현재 가장 힘들어하는 것이 무엇인가에 대한 것으로 대상자의 언어 그대로(표현방식 및 말투)를 적어 놓는 것이 도움이 된다. 외모 및 행동 관찰은 내담자의 옷차림이나 위생상태, 표정 또는 말할 때의 특징과 시선 처리 등은 그 사람의 현재 정신 및 심리 상태를 가늠하는 데 중요한 단서가 된다. 그러므로 면접자는 이에 주목하고 관찰하는 바를 기록하는 것이 좋다.

㉲ 치료 목표

현재의 '문제 행동'과 바람직한 '목표 행동'에 대한 내담자의 감정과 행동을 탐색하고 문제해결을 위한 구체적인 목표를 설정한다. 내담자가 얻고자 하는 것을 구체화한다.

⑭ 개입

동물교감치유사가 치료과정에서 내담자에게 도움을 줄 수 있는 개입은 지지상담, 정보
제공, 긴급구조, 일시보호, 법률지원, 조사동행, 입소의뢰, 귀가지원, 가족상담, 식사제
공, 의복지원, 의료지원, 기관연계, 교육지원, 상담종결, 사후관리 등이다.

⑮ 상담 치료계획

내담자의 새로운 견해나 인식이 실생활에서 실현되도록 내담자의 구체적인 행동절차를
협의하고 세부적인 행동계획을 작성하는 것이다. 즉, 상담목표 달성을 위한 새로운 대안
을 모색하고 구체적인 실천계획을 수립한다.

⑯ 동물과 치료자 배정에 필요한 정보

대상자가 어떤 종류의 동물을 좋아하는지, 어떤 유형의 치료사를 원하는지를 면접자가
파악해야 한다. 이때 기준이 되는 것은 치료자의 주된 전문성과 아울러 종교, 성별, 연
령, 결혼 유무 등과 같은 개인적인 사정에 따라 달라질 수 있다.

표 IV-2-9. 동물교감치유에 참여하는 동물의 종류에 따른 장단점

	사육성	운반성	상호접촉성	감정소통성	안정성	인간의운동성	동물자신의즐거움	감염의안전성
물고기	A	D	D	C	A	D	C	B
파충류	C	C	C	C	B	D	C	B
조류	A	C	B	C	A	D	C	B
햄스터	A	A	C	C	B	C	C	B
기니피그	A	A	A	C	A	C	C	B
토끼	A	A	A	B	A	C	C	B
양.염소	C	C	A	B	B	B	C	B
소	C	C	B	B	B	B	C	B
돼지	C	C	B	B	B	B	B	B
고양이	B	B	A	A	B	B	A	B
개	B	B	A	A	B	A	A	B
말	C	D	B	A	B	A	B	B
돌고래	D	D	B	B	B	A	C	B
원숭이	D	C	C	B	D	B	B	D

A=매우좋음 B=좋음 C=보통 D=나쁨   *위자료는 일본의 "Tails World"의 내용을 인용한 것을 발췌.

3) 동물교감치유 프로그램의 기획 및 실행준비

① 기획 고려사항

㉮ 신청서 접수 및 면접결과를 바탕으로 프로그램 운영팀을 구성한다.

㉯ 치유목표, 실천계획을 운영팀과 공유하고 대상자와 관련된 모든 사람들이 참여하는 협의체를 구성한다.

㉰ 실천계획 설명회를 통해 프로그램에 대한 사전안내 및 동의, 의견수렴 절차를 반드시 수행한다.

㉱ 프로그램 수행 시 고려되어야 할 동물복지 및 주의할 점을 교육한다.

㉲ 대상자에 대한 정보를 바탕으로 치료목표에 따른 사전 검사를 실시하여, 수립된 실천계획이 적절한지 판단하여 필요하다면 수정 보완해야 한다.

㉳ 참여 주체별 역할분담을 명확히 하고, 주요역할에 따른 책임한계를 명확히 한다.

㉴ 치유동물의 특성에 따라 프로그램 운영시간, 장소, 예산의 적정성을 검토하여 추진한다.

㉵ 사전검사, 중간검사, 최종평가 시기를 사전에 계획하여 진행될 수 있도록 사전협의를 통해 확정한다.

② 실행준비 가이드라인

㉮ 대상자 및 대상자가 속하거나 관련 있는 관계자들에게 충분한 사전안내와 동의를 구해야 한다.

㉯ 내부참여자와 외부전문가로 구성된 협의체를 구성하는 것이 좋다.

㉰ 구성된 협의체에 모든 정보를 공유하고 구성원들은 동물교감치유 프로그램에 대해 사전 교육을 받아야 한다.

㉱ 대상자의 여건에 맞는 운영유형(방문형, 상주형, 혼합형 등)을 판단하여 적절히 선택해야 한다.

㉲ 치유동물은 수의학적인 안전성 판단을 기본으로 공격성, 사회성 기준을 통과한 동물이어야 한다.

ⓑ 치유동물의 안전과 복지가 보장되어야 한다. 동물복지교육 이수, 동물 휴식공간 및 시간 마련, 활동시간 제한, 동물의 스트레스 모니터링, 정기적인 수의학적 검진 등을 수행해야 한다.

ⓢ 동물교감치유 전문가와 대상자의 특성을 잘 아는 전문가에 의해서 목표가 점검되어야 하고, 목표에 맞는 프로그램이 개발되고 검증되어야 한다.

ⓐ 동물교감치유 전과 후에 대상자의 건강, 감정, 안전을 고려해야 한다.

ⓩ 효과측정을 위해 검증된 측정도구에 대한 협의가 필요하며, 사전 사후 검사 실시에 대한 동의가 필요하다

ⓒ 대상기관에서 지켜야 할 규칙을 문서화해서 구비한다.

표 Ⅳ-2-10. 동의서 양식(예시)

동물교감치유 프로그램 참여 동의서

본 연구는 동물교감치유 프로그램을 통하여
참여 대상자의 증상 향상 효과에 대해서 알아보고자 하는 것입니다.
모든 프로그램 과정은 녹음, 녹화 또는 기록될 것이며,
연구과정 동안에 습득되는 자료는 연구 외의 다른 목적으로는 사용하지 않을 것입니다.
또한 모든 자료는 익명으로 사용될 것입니다.

본인은 동물교감치유 프로그램에 참여하는 동안에 발생할 수 있는 사항들을 사전에 설명을
들어 알고 있으며, 주의해야 할 내용을 설명 받았습니다.

1. 나는 프로그램 참여기간 동안 성실하게 참여할 것을 다짐합니다
2. 현재 나의 문제행동을 가능한 하지 않겠습니다.
3. 치료사와의 약속을 지키며 나 자신의 발전을 위해 노력하겠습니다.
4. 같이 참가한 다른 사람들에게 피해가 가지 않도록 하겠습니다.
5. 참여 동물들을 사랑하고 정성껏 보살피겠습니다.

20   년   월   일

대상자 (또는 보호자) _____ (인)

3
친환경
관리기술

01

토양의 이해 및
친환경 시비기술

박진면

토양관리는 토양에 한정되어 있기보다는 주변 환경 모두와 아주 유기적으로 연관되어 있다. 어느 한 시기에 국한된 것이 아니라 과거와 현재 및 미래가 연결되어 있고 농촌과 도시를 따로 떼어 생각할 수 없는 통합체로 지속성을 가지고 순환하는 형태를 이루고 있다.

자원은 끊임없이 생성과 변화, 소멸의 과정을 거치며 이 모든 과정이 이루어지는 중심에 토양이 있고 토양은 많은 역할을 한다. 따라서 친환경적으로 토양을 관리하기 위해서는 토양에 대한 이해가 필요하고, 여러 생명체가 균형을 이루며 생활할 수 있도록 토양환경을 조성할 필요가 있다.

우리 모두는 인류 문명 과정 속의 한순간을 담당하고 있다는 것을 느껴야 한다. 현재 점유권만을 활용하겠다는 욕심을 줄여서 지속적인 환경 생태의 유지와 인류 생존의 문제에 책임성 있는 자세로 과학적인 근거를 가지고 흙을 다루며 작물 생산에 임하는 것이 바람직하다.

1 토양이란

우리는 흙과 땅을 구별하여 생각할 수 있다. 흙이란 토양(土壤)[soil]의 학술용어를 말하며, 땅[land]은 물을 제외한 지표면을 나타내는 용어이다. 흙은 지표면에 있는 부드러운 풍화지층으로 식물체가 자랄 수 있는 곳을 말하기도 하여 땅 즉, 토지(土地)보다 좁은 의미로 쓰이기도 한다. 토양은 적당한 무기물과 유기물, 물과 공기로 이루어져 있고, 유해물질이 없고 여러 가지 양분을 함유하고 있으며, 식물이 자라는 데 기계적으로 지지해주는 농업생산의 기본적 요소이다. 토양은 물리성(토성, 토양구조, 투수성 등), 화학성(양분), 생물상(중, 소, 미생물)으로 구분할 수 있으며 이들은 상호 밀접한 관계를 가지고 있다.

토양은 동·식물들에게 삶의 터전이 되어 줌과 동시에 이들이 생활하면서 버려 놓은 많은 쓸모없는 모든 것들을 분해하여 원래의 모습으로 되돌려 놓는 대통합자로서 정화 기능과 작물을 생산하는 기지 역할까지 하고 있다.

사람들은 토양을 벗어나 살 수 없기 때문에 토양에 대해 존경하는 마음과 동시에 두려운 마음을 가져야 한다. 우리는 과학적 근거를 가지고 지속가능한 환경 친화적인 토양관리로 삶의 생태를 온전하게 보전하여 후세대에 물려주어야 하는 의무가 있다.

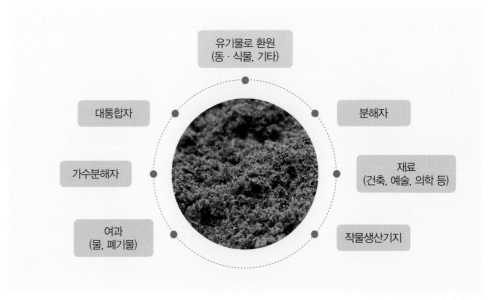

유기물로 환원
(동·식물, 기타)

대통합자

분해자

가수분해자

재료
(건축, 예술, 의학 등)

여과
(물, 폐기물)

작물생산기지

그림 Ⅳ-3-1. 토양의 여러 기능

2 토양구조 및 관리

1) 토양 발달

암석은 많은 시간을 거치면서 바람, 일사, 물, 빙하, 생물 등에 의하여 부서지게 되는데 이를 풍화작용이라 하며, 이들의 결과물이 토양으로 나타나게 된다. 토양이 발달되는 과정을 보면 풍화작용을 받아 지형과 토양의 모재(母材)가 생성되며 풍화가 더 진전되어 토양이 생성된다.

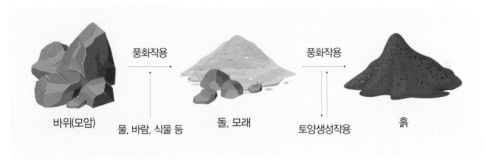

그림 Ⅳ-3-2. 토양생성 과정

대부분의 토양은 모재, 기후, 지형, 식생, 시간이라는 5대 토양생성 인자의 영향을 받아 토층이 생성·분화, 발달되면 토양 단면을 형성하게 된다. 토양생성 과정은 풍화물들이 쌓여 퇴적물이 되는 단계를 지나 주위 환경의 영향을 받아 성숙된 토양으로 발달되는데 이때 토양의 층위 분화가 생겨 토양 단면을 형성하게 된다.

토양생성 작용은 풍화, 변형, 재합성, 유기물분해, 부식생성, 산화환원, 물질이동 및 집적 등 여러 과정들이 단독 또는 복합적으로 끊임없이 일어난 후 안정기에 접어든 토양을 발달된 토양이라 한다.

발달된 토양은 층위별로 토양의 고유 특성을 잘 나타내고 있어 그에 맞는 토양관리가 필요하다. 그러나 현재 도심지 주변, 시설채소 재배지역, 과수원 등 많은 곳이 원래의 토층을 유지하면서 만들어지는 것이 아니라 사람들의 힘에 의하여 인위적으로 조성되어 관리되는 곳이 많다.

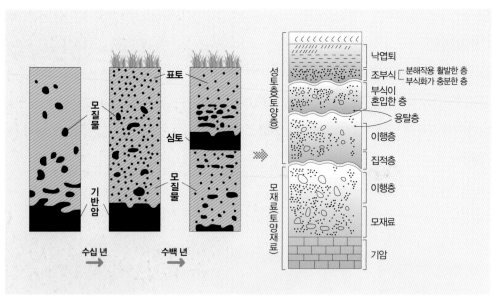

2) 인위토 ^{man made soils}

인위토는 자연의 순환법칙에 의하여 생성된 토양이라기보다 인간의 적극적인 개입으로 만들어진 특수한 토양을 말한다. 인위토는 사람들의 필요에 의하여 만들어지고 있어 자연 흙과 아주 다른 특성을 가지게 된다. 특히 도시농업 또는 주말농장의 토양은 인위토로 조성되는 경우가 많다.

인위토는 외부로부터 토양을 반입하여 많은 적토(복토)로 인해 원래 표토가 깊은 내부에 존재하는 경우, 경지정리 등으로 표토와 심토가 교란되는 경우, 시설재배지 토양에서 연작장해나 염류집적 완화를 위하여 복토한 경우, 평탄작업을 위하여 아파트 공사장 지하 토양이나 임야 절토지에서 흙을 반입한 경우를 말한다.

인위토는 일정한 목적을 가지고 다른 성질의 토양을 쌓거나 깎아서 평평하게 하거나 지형을 바꾸는 작업으로 인하여 만들어진다. 외부에서 유입되는 흙과 원래 있던 흙은 토양 특성이 많이 다르며, 대개 유입되는 흙은 토양 물리성 및 화학성이 매우 불량한 경우가 많다. 또한 유입 토양은 유기물과 토양미생물이 거의 없는 심토일 확률이 높아 각종 무기성분이 적고, pH가 낮으며 발달되지 않은 모재 토양이기 때문에 조성 후에 물리·화학성의 보완이 필요하다. 또한 조심스럽게 옮기는 것이 아니라 대형 차량 등으로 운반되기 때문에 인위토는 토층이 다져지는 경우가 많아 딱딱한 층을 형성하여 전체적으로 깊이갈이 필요성이 요구되고 있다.

인위토로 농장을 조성할 때 가장 좋은 방법은 외부에서 토양을 반입하는 경우 양질의 토양이 반입되도록 하고, 기존의 토양과 서로 다른 층이 만들어지지 않도록 관리를 하여야 토층 간 양·수분의 이동이 원활할 수 있다.

3 작물과 토양의 상호관계

토양은 인류가 농경생활을 시작하면서부터 작물을 키우는 생산지로서 매우 중요하게 다루어지고 있다. 토양은 토양의 생산성에 의해서 만들어지는 많은 유기물질과 그것에 의존하여 살아가는 많은 동물들의 잔재물이 미생물에 의하여 분해되어 환원되는 과정이 이루어지는 곳이다.

토양은 무기물을 유기물질로 바꾸는 기능과 유기물질을 미생물의 분해로 무기물질로 환원시키는 기능을 한다. 이 과정에서 식물이 생장하는 데 필요한 영양소가 토양에 잔류하게 되어 비옥한 토양과 척박한 토양으로 나누어지게 된다. 비옥한 토양은 식물이 자라는 데 필요한 양분을 많이 가지고 있어 외부에서 보충하지 않아도 되나, 척박한 토양은 생산성 유지를 위해서 외부에서 양분을 공급하지 않으면 식물이 제대로 자랄 수 없다.

땅 위에서 자라는 식물은 기본적으로 물과 양분을 토양으로부터 공급받는다. 토양은 이외에도 식물의 뿌리가 활동할 수 있는 환경을 조성해 주고 식물을 물리적으로 지지해주는 역할을 한다. 식물이 잘 자랄 수 있는 조건의 토양은 식물 뿌리가 뻗어 자랄 수 있는 공극과 호흡에 필요한 산소가 확보되고 호흡에서 발생하는 이산화탄소가 토양 밖으로 잘 배출되어야 한다. 토양을 구성하는 요소는 토양 물리성, 화학성 및 생물상이라는 세 가지 조건들이 서로 밀접한 관계를 유지하며 식물 생육에 영향을 미치고 있다. 토양 물리성은 토양의 성질을 결정하는 토성, 토양 삼상, 토양구조 등을 말하며, 배수성, 통기성, 보수력, 보비력 등에 아주 크게 영향을 미친다.

화학성은 작물이 자라는 데 필요한 양분을 구성하는 부분으로 항상 유동적이다. 이를 기반으로 미생물이 토양 안에 존재하고, 이들에 의하여 양분의 산화환원이 이루어지며, 토양용액에 존재하여 작물에 흡수되고 지하수로 용탈되거나 가스 상태로 휘산된다.

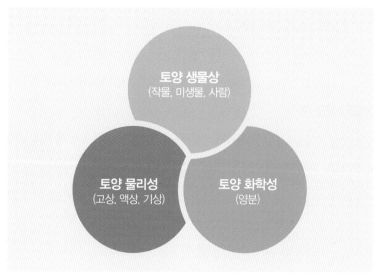

그림 IV-3-4. 토양의 구성 요소

4 토양 물리성

1) 토양 삼상

토양 물리성 중 토양 삼상은 암석의 풍화산물로 기본 골격 구조를 나타내며, 고상과 공극 부분으로 이루어져 있다. 공극 부분은 물과 공기가 토양수분 함량에 따라 평형을 이루게 되며, 이때 고상과 공극 중의 액상과 기상을 토양 삼상이라 한다. 이상적인 삼상의 이론적 비율은 고상 50%, 액상과 기상이 각각 25%를 이루고 있으나 액상과 기상의 비율은 공극율에서 차지하는 비율로 항상 유동적이다.

액상이 많아진다는 것은 비가 오거나 관수를 하여 공극이 물로 채워져 침수와 같은 현상이 나타나는 것인데, 이때 통기성이 나쁘면 뿌리에 산소 공급이 불량하게 된다. 기상이 많아진 다는 것은 공극에서 물이 빠져나가 토양용액의 부족으로 물과 양분의 공급이 어려워 가뭄 피해를 입게 된다는 것이다. 따라서 토양관리는 관수와 배수를 통해서 액상과 기상의 비율 을 20~30% 범위로 유지하는 것이 바람직하다.

자연생태계에서 토양 삼상은 환경 조건에 따라 비율이 다르게 나타난다. 비교적 간섭이 적 은 산림토양은 고상이 45~48%이며, 기상과 액상의 비율이 50%, 유기물이 2~5%로 유지 되지만, 도시지역의 토양은 고상이 60~70%, 기상과 액상이 30~40%로 유지되어 식물체 가 생육하기에 불리한 조건이라고 알려져 있다. 따라서 일반 농경지는 고상을 줄이기 위하 여 깊이갈이와 입단화 촉진을 위한 재배적인 노력을 기울이고 있다.

2) 토성

토양은 고상에 포함된 요소 중에서 입자 크기에 따라 모래, 미사, 점토로 구분할 수 있는데, 이것들의 비율에 따라 구분되는 토양의 성질을 토성이라 한다. 토성은 양분을 지니는 능력 뿐만 아니라 보수성, 통기성 등 식물의 생육과 밀접하게 관계되는 기본 성질이다.

점토 함량이 많은 토양을 식토, 모래 함량이 많은 토양을 사토, 중간 정도의 성질을 가진 토 양을 양토라 하고, 이들 중간에 속하는 식양토, 사양토 등 토양은 여러 가지 토성으로 구분 된다. 토양입자의 크기를 정밀하게 분석하여 토성을 결정하기보다 야외 현장에서 손가락 촉감으로 토성을 구분하여 판정하는 방법이 있다.

손가락으로 문질러 보면 모래는 껄끄럽고, 미사는 건조할 때 밀가루와 같은 부드러운 촉감 을 주고 젖었을 때는 끈 모양으로 짧게 늘어난다. 점토의 경우에는 끈 모양으로 길이가 길 어진다. 이런 현장 판단 기준을 활용하면 간편하게 각자의 토성을 짐작해 볼 수 있다.

표 Ⅳ-3-1. 촉감에 의한 토성 판정법

토성	판정 기준(질흙 함량)
사토(S, 모래흙)	거의 모래뿐이라는 느낌이 있는 것(12.5% 이하)
사양질토양(SL, 모래참흙)	1/3~2/3 정도가 모래인 것(12.5~36%)
양질(L, 참흙)	모래가 조금(1/3) 느껴지는 것(25~37.5%)
미사질양토(SiL, 미사참흙)	모래 점질이 거의 없는 것
식양토(CL, 질참흙)	모래가 조금 느껴지고 점질이 많은 것(37.5~50%)
식토(C, 질흙)	점질이 있는 점토가 대부분인 것(50% 이상)

3) 토양구조

토양입자 하나하나가 독립적으로 존재할 수도 있지만 여러 개의 입자가 모여서 하나의 큰 덩어리처럼 입단을 만들어 존재하기도 한다. 토양구조란 이들 입단의 모양, 크기와 배열 방식 등에 의해서 영향을 받는 물리적 구성을 말한다. 토양구조에 따라 물의 이동, 공기의 이동, 토양 공극량 등이 크게 달라진다. 토양구조는 구상(球狀), 괴상(塊狀), 판상(板狀), 주상(柱狀)의 4가지 기본형이 있다.

토성으로 보았을 때 점토의 함량이 많아 배수와 통기성이 불량할 것 같은 경우에도 그렇지 않은 것은 입단이 형성되어 구조가 잘 발달되어 있기 때문이다. 입단이 형성됨으로써 1차 입자 사이에 있는 소공극보다 입단과 입단 사이에 더 큰 공극이 생기게 된다. 이런 토양은 큰 공극으로 배수성과 통기성을 유지하고 입단 내 작은 공극에 물과 양분을 보관하여 보수성과 보비력이 좋아 식물 생육에 유리한 조건이 된다.

그림 Ⅳ-3-5와 같이 단립구조에서는 소공극만 가지고 있어 밀 상태(A)가 되면 투수성과 통기성이 불량하고, 조 상태(B)를 유지하면 대공극만 있어 보수력이 떨어진다. 그림 C와 같이 입단구조가 발달하면 밀 상태가 되어도 입단과 입단 사이에 대공극이 존재하여 통기성과 투수성을 확보하고 입단 내부의 소공극에서 보수력을 유지할 수 있다. 그림 D와 같은 조 상태에서는 대공극으로 배수성을 확보하고 입단 내부의 소공극을 통하여 보수력과 보비력을 유지할 수 있다. 따라서 토양관리를 통해서 입단이 발달된 토양으로 만들어야 배수 및 통기성도 좋고 필요에 따라 토양수분과 양분을 유지하는 질 좋은 토양환경을 조성할 수 있다.

토양 입단을 촉진하는 방법은 토양유기물과 석회 함량을 높이고 초생재배 등으로 미생물의 밀도와 활동을 촉진하며, 토양이 너무 건조하거나 습하지 않도록 관수와 배수 관리를 통해서 항상 적당한 토양수분을 유지하도록 관리하여야 한다.

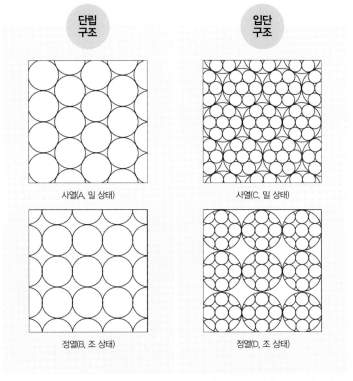

그림 Ⅳ-3-5. 토양의 단립구조와 입단구조

4) 토양 공기

토양 통기성은 식물 뿌리가 호흡할 수 있는 환경인지를 가늠할 수 있는 조건으로 토양 생산성을 결정하는 데 가장 중요한 요소 중의 하나이다. 식물 뿌리가 호흡하는 과정에서 산소를 흡수하고 이산화탄소를 방출하는데, 이들의 원활한 교환은 토양 통기성에 의하여 좌우된다. 토양미생물도 호흡하기 때문에 식물 뿌리와 경합할 수밖에 없다. 다시 말해서 근권 사이에서의 가스 교환은 부족한 산소를 공급하고 이산화탄소의 과잉을 초래하지 않을 정도로 유지되면 가장 바람직하다. 토양 통기성이 불량한 경우는 기계적 다짐으로 고상 부분이 증가하여 공극이 부족하거나 침수 또는 배수가 불량하여 기상이 부족할 때 나타난다.

통기성이 좋은 토양에서는 부족한 산소가 대기로부터 쉽게 대체됨으로써 토양 공기의 조성이 대기 조성과 비슷하다. 토양 공기의 성분 변화는 대기의 변이보다 훨씬 크게 나타난다. 토양 공기는 온도, 토양수분, 토양 깊이, 식물 뿌리의 생육 상태, 미생물의 활성, pH, 통기성과 같은 인자에 영향을 받기 때문에 대기 중의 공기 조성과 다르다. 아주 극단적인 경우 산소가 0에 가까운 경우도 발생할 수도 있고 상대습도는 항상 100%에 가까운 특성을 보인다.

토양과 대기 사이의 공기 교환은 대류와 확산에 의하여 일어난다. 대류는 대기의 기압 변화, 온도 기울기, 토양 표면의 강한 바람, 토양 공기에 압력이 가해지는 작업(경운, 다짐, 토양수분 이동 등)으로 일어난다. 확산 이동은 토양의 기상과 액상에서 일어난다.

표 IV-3-2. 대기와 토양의 공기 조성

구분	산소	질소	이산화탄소	수증기
대기	20.93	79.01	0.03	20~98
표토	14~21	75~80	0.5~6.0	95~100
심토	7~18	–	3~10	98~100

(단위 : %)

입단화된 토양에서 기체 확산은 입단 외부의 대공극을 통해 빠르게 일어날 수 있으며, 대공극은 비나 관개 후에도 빠르게 배수되어 공기 충전의 연결망을 형성한다. 그러나 입단 내부의 소공극은 포화상태를 오랫동안 유지하기 때문에 공기의 확산이 대단히 느리다. 따라서 입단이 잘 형성되어 대공극과 소공극이 함께 발달되면 보수성과 통기성이 동시에 원활하게 되어 식물이 잘 자랄 수 있다.

5 토양미생물

토양미생물은 생존과 활발한 활동을 위하여 토양 속에서 유기탄소를 비롯한 여러 양분을 얻기 위하여 끊임없이 경합하고 있다. 토양미생물의 생장 조건은 온도, 수분, 토양산도, 토양양분, 에너지원, 다른 미생물과 경합 등에 영향을 받는다. 일반적으로 토양수분은 포장용수량에 가깝고, pH는 중성, 영양성분이 풍부한 30℃ 내외의 온도 조건에서 미생물의 생육이 원활하다.

토양미생물은 사상균^{fungi}, 방선균^{actinomyces}, 세균^{bacteria}, 조류^{algae} 등이 있으며 이들은 토양의 분해자로 무기성분의 산화와 환원에 관여한다. 따라서 토양화가 덜 된 미숙한 토양에는 미생물이 부족하여 유기물의 분해뿐만 아니라 산화 및 환원이 제대로 이루어지지 않아 양분의 이용률이 떨어진다.

유기질비료 사용량을 늘리고 화학비료와 제초제 사용을 줄이면 미생물의 다양성과 밀도가 증가하여 건강한 토양환경이 조성된다. 토양에 유기물을 시용하고 퇴비차 등 유기물질을 투입하는 것은 미생물의 다양성을 확보하기 위한 방법이다. 토양생태계 내부에서는 물질의 생화학적 변화가 끊임없이 일어나고 있으며 이때 토양생물의 역할이 필요하다. 모든 물질은 대동물 → 소동물 → 미생물 등의 순으로 잘게 줄여 분해되며, 이 과정에서 토양생물의 영양과 에너지원이 되는 물질은 유기물이다. 이때 탄소는 에너지원으로, 질소는 영양원으로 사용되기 때문에 퇴비화가 잘 이루어지기 위해서는 C/N율이 중요하다.

6 토양 화학성

토양 화학성은 토양입자를 에워싸고 있는 액상막 또는 토양용액에서 화학적 뿐만 아니라 물리적으로 일어나는 반응현상에 의한 화학성분의 함유량과 조성 등을 말한다. 화학적인 변화와 반응으로는 화학성분이 양(+)이온과 음(−)이온으로 변화하여 토양에 붙어 있거나 떨어지는 현상과 토양산도, 산화환원전위, 용액의 평형 등이 있으며 이 결과로 여러 가지 화학성분의 함량과 결합 형태가 존재하게 된다.

토양의 양분 보유능은 토양이 화학성분을 지니거나 내보내는 과정 중 식물체가 이용할 수 있도록 가지고 있는 능력 즉, 보유 능력을 말한다. 토양입자는 음(−)하전을 띠고 있어 양이온이 흡착·교환되기 때문에 양이온치환용량이라 하며, 치환용량이 높다는 것은 양분을 보유할 수 있는 능력이 높다는 것과 같다. 일반적인 토양에서 점토 함량과 유기물 함량이 많을 때 양이온치환용량이 높다.

사토는 점토와 유기물 함량이 낮아 양이온치환용량도 낮다. 양이온치환용량이 높은 토양에서는 토양에 시비된 양분이 토양입자에 붙어 있다가 토양용액에 녹아나와 식물의 뿌리에 흡수될 수 있으므로 토양입자→ 토양용액→ 식물 뿌리로 양분이 순조롭게 이동되는 환경으로 식물체가 잘 자랄 수 있다.

1) 토양반응

토양반응이란 토양이 나타내는 산성과 중성 또는 알칼리성의 정도를 말하며, 토양용액 중의 수소이온농도를 간편하게 표시하는 방법으로 pH값으로 나타내고 있다. pH값과 토양반응의 세기는 다음과 같다. 우리나라 토양은 화강암을 모암으로 풍화작용에 의하여 만들어진 토양이기 때문에 야산을 개간하면 pH가 낮은 산성토양이 많아 양분의 유효도가 떨어지므로 석회를 시용하여 토양을 중성으로 개량해 왔다.

표 IV-3-3. pH값과 토양반응의 세기

pH		5.5		6.0		6.5		7.0		7.5		8.0		8.5
토양반응	강산성		중산성		약산성		미산성		미알칼리성		약알칼리성		중알칼리성		강알칼리성

2) 토양반응과 작물 생육

토양에서 토양반응이 중요한 것은 유기물 함량에 따라 차이는 있으나 대체로 토양반응에 따라 양분의 유효도가 달라지기 때문이다. 보통 양분의 유효도는 중성~약산성(pH 6~7)에서 가장 높다. 강산성이 되면 인(P), 칼슘(Ca), 마그네슘(Mg) 등의 유효도가 떨어지고, 알루

미늄(Al), 구리(Cu), 아연(Zn), 망간(Mn) 등의 용해도가 증대하여 그 독성 때문에 식물체가 잘 자랄 수 없다. 알칼리성이 되면 미량원소들의 유효도가 낮아져 미량원소 결핍을 가져올 수 있다.

우리나라 토양은 화강암을 모암으로 산성토양이 많아 중성으로 교정하기 위하여 보통 1년에 10a(300평)당 소석회 100~200kg을 공급하였으나, 최근에는 시비 환경이 달라져서 과잉 공급으로 알칼리성 토양이 되는 문제도 있고, 토양마다 차이가 많아 각 시군 농업기술센터에 토양 분석을 의뢰하여 분석 결과에 따라 석회 시용량을 결정하는 것이 합리적이다. 고토 함량이 낮으면 소석회 대신 고토석회를 사용하면 마그네슘도 함께 공급할 수 있어 효과적이다.

7 비료의 이해

우리나라 「비료관리법」에 의하면 비료는 "식물에 영양을 주거나 식물의 재배를 돕기 위하여 흙에서 화학적 변화를 가져오게 하는 물질과 식물에 영양을 주는 물질을 말한다"라고 정의되어 있다. 즉, 작물의 생산량을 높이는 데 직접적으로 영향을 미치는 물질과 토양을 개량하여 수확을 높이는 물질도 포함된다.

작물 생육에 필요한 원소는 16개 원소이나 산소, 탄소, 수소는 물과 공기에서 얻고 그 밖의 원소는 토양에서 얻는다. 이 중 작물이 자라는 데 10a당 5~15kg 정도 흡수되는 질소(N), 인(P), 칼륨(K), 칼슘(Ca) 등의 원소를 다량원소라 하고, 10a당 1~5kg 정도 흡수되는 마그네슘(Mg), 황(S), 칼슘(Ca) 등을 중량원소라 하며, 10a당 10g~1kg 흡수되는 철(Fe), 구리(Cu), 아연(Zn), 몰리브덴(Mo), 망간(Mn), 붕소(B) 등을 미량원소라 한다.

작물이 필요로 하는 양에 비하여 토양에서 부족하기 쉬운 질소, 인산, 칼륨 비료를 3요소라 하며, 이들 3요소 비료는 작물이 많이 흡수하기 때문에 작물을 재배할 때마다 주기적으로 공급한다. 우리나라 「비료관리법」에 의하면 비료는 보통비료(화학비료)와 부산물비료로 나뉘며, 부산물비료는 부숙이 필요한 부숙유기질비료, 부숙이 필요하지 않은 유기질비료로 구분되어 있다. 퇴비는 부숙유기질비료에 포함되어 있다.

표 Ⅳ-3-4. 비료의 구분과 종류(비료 공정규격 설정 및 지정: 2018. 3.30 고시)

구분		비료의 종류	종류
보통비료	1. 질소질 비료	황산암모늄(유안), 요소, 염화암모늄, 부산염화암모늄, 질산암모늄, 석회질소, 암모니아수, 질산석회, 질황안, 질안석회, 피복요소, 씨디유(CDU), 아이비디유(IBDU), 엠유(MU), 칠레초석, 질산희토, 광물융합체질소	17
	2. 인산질 비료	과린산석회(과석), 중과린산석회(중과석), 토마스인비, 용성인비, 용과린, 가공인산비료	6
	3. 칼리질 비료	황산칼륨(황산가리, 입상황산가리), 염화칼륨, 황산칼륨고토	3
	4. 복합 비료	제1종복합, 제2종복합, 제3종복합, 제4종복합(엽면시비용, 양액·관주용, 화초용), 엠유(MU)복합, 피복복합, 씨디유(CDU)복합, 피복요소복합, 아이비디유(IBDU)복합, 포름요소복합	12
	5. 석회질 비료	소석회, 석회석, 석회고토, 부산소석회, 부산석회, 패화석, 생석회, 액상석회, 수용성분상석회, 부산석고	10
	6. 규산질 비료	규산질, 규회석(규회석비료1호, 규회석비료2호), 광재규산질, 경량콘크리트규산질, 규인, 규인칼륨, 수용성발포규산	7
	7. 고토 비료	황산고토, 가공황산고토, 고토붕소, 수산화고토, 질산고토, 부산고토	6
	8. 미량요소	붕산, 붕사, 황산아연, 미량요소복합, 황산구리, 황산망간, 몰리브덴산나트륨, 킬레이트철	8
	9. 그 밖의 비료	제오라이트, 벤토나이트, 석회처리, 재, 아미노산발효부산액, 부산동물질액, 아미노산발효부산박, 상토1호, 상토2호	9
	소계		78
부산물비료	1. 부숙유기질	가축분퇴비, 퇴비, 부숙겨, 분뇨잔사, 부엽토, 건조축산폐기물, 가축분뇨발효액, 부숙왕겨, 부숙톱밥	9
	2. 유기질 비료	어박, 골분, 잠용유박, 대두박, 채종유박, 면실유박, 깻묵, 낙화생유박, 아주까리유박, 기타식물성유박, 미강유박, 혼합유박, 가공계분, 혼합유기질, 증제피혁분, 맥주오니, 유기복합, 혈분	18
	3. 미생물	토양미생물제제	1
	4. 기타	건계분, 지렁이분, 동애등에분	3
	소계		31
합계			109

1) 보통비료(화학비료)

보통비료는 화학비료로 알려져 있으며 각각의 비료는 공정규격이 성분량으로 규정되어 있다. 보통비료는 질소질, 인산질, 칼리질비료가 있으며 복합비료, 석회질비료, 규산질비료, 고토비료, 미량요소, 그 밖의 비료 등 9종으로 구분되며 78종류가 등록되어 있다.

2) 부산물비료(유기질 및 부숙유기질비료)

부산물비료는 부숙유기질비료, 유기질비료, 미생물비료, 기타 4종으로 구분하며 31종류가 포함되어 있다. 부숙유기질비료는 유기물 함량을 규정하여 가축분퇴비, 퇴비, 부숙겨, 부엽토, 부숙 왕겨 및 톱밥 등 9종이 포함되어 있으며, 유기질비료는 보통비료와 마찬가지로 질소, 인산, 칼륨의 3요소 성분 합을 공정규격으로 정하여 어분, 골분, 유박 등 18종이 포함되어 있다.

비료의 올바른 사용을 위해서는 사용 목적에 따라 비료의 종류를 선택하여 구입하고 사용 전에 포대의 뒷면에 있는 비료 성분 보증표를 확인해보면 사용하는 비료에 대한 정보를 알 수 있다.

① 퇴비

퇴비는 자급비료로 직접 만들어 사용할 수 있는 다목적용 비료에 속한다. 퇴비는 다량원소뿐만 아니라 미량원소 성분과 유기물을 함유하고 있어 토양에 미생물과 부식을 동시에 공급해 주기 때문에 매우 유용하다. 예전에는 볏짚, 낙엽, 산야초 등을 쌓아서 분해시킨 것을 퇴비^{compost}, 가축배설물을 주원료로 하여 만든 것을 두엄$^{farmyard\ manure}$으로 구분하였다. 요즈음은 다양한 유기자원을 이용하여 퇴비를 만들고 있어서 원료 여하를 불문하고 퇴비라고 부르는 경향이다.

퇴비의 원료에는 동물질, 식물질, 광물질 등 여러 가지가 있는데 농가에서 가장 쉽게 얻을 수 있는 것이 가축분뇨이다. 유기자원은 배출원에 따라 단일의 특정 유기물로 구성되기도 하며 여러 가지의 유기물이 혼합된 경우도 있다. 토양이나 대기 중에는 세균, 방선균 및 사상균 등 다양한 미생물이 존재하여 퇴비화는 이들 미생물에 의하여 이루어진다. 미생물은 통기성, 수분, 영양원 등 서식하기에 적합한 환경이 주어지면 유기물을 분해하며, 이 같은 미생물의 특성을 이용하는 것이 퇴비화이며, 퇴비화에 관여하는 미생물은 대부분 호기성 미생물이다.

② 퇴비 사용 목적

퇴비는 지력 유지 및 증진, 작물의 지속적 생산성 확보를 위하여 필요 불가결한 농자재이다. 질 좋은 퇴비의 사용 목적은 토양의 물리성, 화학성 및 미생물상을 개선하여 작물이 생육하기 좋은 환경을 조성하는 데 있다.

③ 퇴비 만들기

퇴비는 최종 탄질(C/N)비를 20 전후로 조절함으로써 토양 중에서 급격한 분해로 인한 일시적인 작물의 질소 부족 현상(질소 기아)을 방지하며, 유기물에 함유된 유해성분을 농경지에 사용하기 전 미리 분해시켜 작물의 생육장해를 방지한다. 유기물 중의 유해 해충, 잡초의 종자는 고열 부숙 과정에서 사멸시키고 오물감을 없애서 취급이 쉬우며 안심하고 사용할 수 있도록 한다.

가축분뇨를 이용한 퇴비 만들기는 가축분뇨에 수분과 C/N율 조절을 위하여 왕겨, 톱밥, 볏짚 등을 넣어 주고 쌓아 두었다가 1~2개월 후 1차 발효가 끝난 후 뒤집어 주면 2차 발효에서 거의 사용할 수 있는 퇴비로 변한다. 뒤집기를 안 하면 내부만 발효되고 외부의 재료는 미부숙 상태가 되며 내부 온도가 65℃ 이상으로 상승하면 호기성 미생물은 죽게 된다.

최적의 퇴비화 조건은 미생물이 가장 살기 좋은 환경조건을 맞추어 주어야 한다. 퇴비화에서 가장 중요한 4가지 조건은 온도, 수분, 공기 및 탄질비이다. 야외에서 퇴비를 퇴적하여 제조할 때는 퇴적 완료 후 비닐 등으로 덮어 온도를 유지하며, 수분은 60% 전후로 관리한다. 퇴적 규모가 작을 경우 퇴적 후 온도 상승 조건에 맞추어 한 달에 1회 정도 뒤집기를 하면 된다.

재료는 서로 차이가 많아 각자 특성에 맞게 준비를 해야 한다. 마른 재료는 쌓기 하루 전에 물을 뿌리거나 흠뻑 적셔 수분이 충분히 흡수되도록 하여 3등분으로 절단해야 쌓기가 수월하다.

재료 쌓기는 퇴비장 바닥에 작은 통나무나 나뭇가지 같은 것을 나란히 놓고 그 위에 퇴비를 쌓으면 통기성이 좋아져 퇴비가 잘 부숙된다. 퇴비 재료를 30㎝ 정도 쌓고 그 위에 미생물 먹이로 요소나 복합비료를 재료의 양에 따라 조절하여 뿌리고 물을 흠뻑 뿌려준다. 이때 질소비료는 재료 100㎏에 0.5㎏ 정도의 비율로 4단을 쌓을 때는 4등분하여 나누어 준다.

이와 같이 쌓기 작업 후 빗물이 스며들지 않도록 비닐 등으로 덮어 주고 물이 빠질 도랑을 만들어 퇴비에서 흘러내린 물은 한쪽에 모이도록 하여 뒤집을 때 이 물을 다시 뿌려준다. 퇴비 더미 크기에 따라 다르지만 1톤 이상의 재료를 쌓고 5~7일 정도 지나면 열이 생겨 온도가 50~60℃로 상승한다. 정상이면 3~4주 후에 열이 떨어지게 되는데 이때 1차 뒤집기를 한다.

만약 수분이 부족하면 온도가 빨리 떨어지고 수분이 너무 많으면 늦게까지 온도가 올라가고 지속된다. 1차 뒤집기를 할 때 수분 상태를 확인하여 수분이 알맞게 유지되도록 한다. 1차 뒤집기 후 3~4주가 지나 2차 뒤집기를 실시하며, 속성퇴비를 제조하기 위해서는 여러 차례 반복하면 된다. 뒤집어 쌓을 때는 바깥에 있는 덜 썩은 것이 안쪽으로 들어가 고르게 부숙되도록 한다.

음식물 찌꺼기를 이용한 퇴비 만들기는 염분함량이 높은 국물을 제외하고 건더기만을 활용한다. 음식물 찌꺼기를 커다란 통에 넣고 한약재 찌꺼기나 깻묵을 혼합한 후 물이 들어가지 않도록 뚜껑을 덮어 따뜻한 곳에 30여 일 보관하면 퇴비 덩어리가 된다. 냄새가 난다면 부숙이 아직 끝나지 않은 것이므로 부숙이 끝날 때까지 더 많은 시간이 필요하다. 음식물 찌꺼기가 많을 경우 보조 재료로 톱밥이나 볏짚을 혼합하면 발효가 잘 된다.

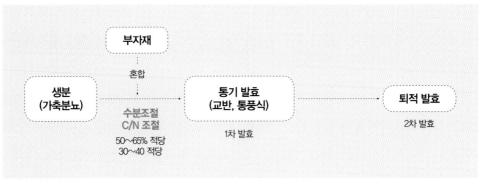

그림 Ⅳ-3-6. 가축분을 이용한 퇴비 만드는 방법

④ 퇴비화 단계적 과정

퇴비의 부숙 온도와 부숙 기간은 부숙도를 결정하는 가장 중요한 인자이다. 퇴비의 부숙 온도는 15일경에 60℃ 이상에 도달하여 20일 정도 고온으로 지속되며, 1차 부숙 후에 분해가 시작되면 다시 상승한다. 분해 과정에서 부숙 온도가 다시 올라가는 것은 1차 분해 후 남아 있던 쉽게 분해되는 유기물이 2차로 분해되기 때문이다. 따라서 가축분퇴비의 경우 부재료로 사용되는 재료의 특성과 관계없이 3개월 이상의 퇴비화를 거치는 것이 안전하다.

퇴비 원료는 퇴비화가 진행됨에 따라 무게가 감소하고, 감소율은 재료에 따라 다르지만 가축분(우분, 돈분)을 톱밥과 혼합하여 퇴비화할 경우 부숙 3개월 후에 약 30%가 감소되고 유기물은 30~40%가 분해되며, 안정화에는 자연조건에서 퇴적하여 퇴비화하는 경우 약 6개월의 기간이 필요하다. 퇴비 재료를 쌓아 만들 때 온도가 높으면 탄산암모늄이 휘발되기 쉬우므로 온도가 너무 오르지 않게 수분과 뒤집기로 조절해야 한다.

퇴비 재료 쌓는 곳의 중간중간에 흙을 넣어 두면 토양에 질소가 흡수되어 날아가는 손실을 줄일 수 있다. C/N율이 너무 높은 상태로 퇴비화를 하면 미생물에 의한 질소 이용이 증가하여 손실로 이루어질 수 있다. 퇴비 만들기 과정에서 빗물이 들어가면 가용성이 된 인산, 칼륨 등도 용탈되므로 지붕이 있는 퇴비사에서 퇴비를 만들면 좋다.

볏짚 및 산야초 퇴비의 부숙 정도는 색깔과 탄력성, 악취, 손 촉감으로 감별할 수 있다. 완숙되면 색깔은 암갈색이 되고 탄력성이 다소 있으며 악취는 없고 손 촉감은 부드럽다.

표 Ⅳ-3-5. 볏짚 및 산야초 퇴비 부숙도 감별법

구분	미숙	중숙	완숙
색깔	황갈색	갈색	암갈색
탄력성	없음	거의 없음	다소 있음
악취	많음	다소 있음	없음
손 촉감	거침	다소 거침	부드러움

* 완숙 후에는 수분 40~50%의 푸슬푸슬한 퇴비가 됨

가축분퇴비의 부숙도 간이 감별법은 다음과 같이 색깔, 형상, 악취, 수분 상태, 부숙 중 최고온도, 부숙 기간, 뒤집기 횟수, 통기 정도 들을 점수화해서 30점 이하는 미숙, 31~80점은 중숙, 81점 이상은 완숙되었다고 본다.

표 Ⅳ-3-6. 가축분 퇴비 부숙도 간이 감별법

색깔	황~황갈색(2), 갈색(5), 흑갈색~흑색(10)
형상	원료의 형태 유지(2), 상당히 붕괴(5), 형태를 알 수 없음(10)
악취	원료 냄새 강(2), 원료 냄새 약(5), 퇴비 냄새(10)
수분	70% 이상 (2), 50~60% 전후(5), 50% 전후(10) - 수분 70% 이상 : 손으로 움켜주면 손가락 사이로 물기가 많이 나옴 - 수분 60% 전후 : 손으로 움켜주면 손가락 사이로 물기가 약간 나옴 - 수분 50% 전후 : 손으로 움켜주면 손가락 사이로 물기가 스미지 않음
부숙 중 최고 온도	50℃ 이하(2), 50~60℃(10), 60~70℃(15), 70℃ 이상(20)
부숙 기간	가축분 자체 : 20일 이내(2), 20일~2개월(10), 2개월 이상(20) 축분+농산부산물 : 20일 이내(2) 20일~3개월(10), 3개월 이상(20) 축분+톱밥 등 20일 이내(2), 20일~6개월(10), 56개월 이상(20)
뒤집기횟수	2회 이하(2), 3~6회(5), 7회 이상(10)
통기	통기 안 함(2), 통기함(10)
점수 합계	미숙 : 30점 이하, 중숙 : 31~80점, 완숙 : 81점 이상

⑤ 퇴비 원료 특성 및 사용 가능한 재료

퇴비 원료의 선택은 최종적으로 퇴비의 품질에 영향을 미친다. 과거에 사용하던 볏짚류는 유해물질 혼입이 없었으나 최근에 사용되는 퇴비 원료는 가축분을 포함하여 잔여 음식물, 유기성 산업폐기물, 도시폐기물까지 확대되고 있다. 농업 분야에서 퇴비를 만들어 이용하는 목적은 폐기물처리가 아니고 양질의 퇴비를 사용하여 토양의 질을 향상시키고 우수한 농산물을 생산하는 데 있다.

퇴비 원료에 적합하지 않은 재료는 퇴비를 만드는 데 사용하지 말아야 한다. 부적합한 퇴비 원료는 장기적으로 작물 재배지의 오염을 유발한다. 퇴비 원료로 적합 및 부적합한지는 「비료관리법」에 자세하게 명시되어 있다.

⑥ 퇴비 사용법

퇴비는 일반적으로 부숙이 어느 정도 된 것을 10a당 1~2톤 정도 사용하며, 토양과 잘 섞이도록 깊이갈이를 하는 것이 양분 손실 방지에 효과적이다. 특히 습기가 많은 곳에는 미숙퇴비를 사용하지 말아야 하며, 원칙적으로 완숙퇴비를 시용한다. 퇴비는 밑거름으로 사용한다.

3) 퇴비차

퇴비차는 퇴비로부터 수용성 양분과 세균, 사상균 등 여러 가지 미생물을 우려낸 액체로, 이 유용한 미생물을 잘 배양하여 미생물 배양체를 만들어 놓은 것이다. 따라서 유용한 미생물을 얻기 위하여 퇴비 재료가 좋아야 하며, 이런 미생물을 배양하기 위하여 미생물 먹이, 산소, 온도 등을 잘 조절하여야 한다.

① 퇴비차의 이점

엽면살포로 유용 미생물을 작물 표면에 고르게 도포하여 병원균이 감염될 자리를 줄이고, 작물에 영양 공급원으로 여러 가지 성분을 공급한다. 잎에 접종된 유용한 미생물은 대사과정 중 이산화탄소를 배출하여 광합성을 증가시킨다. 여러 미생물의 공급으로 토양 입단화를 촉진하고, 토양미생물의 평형을 이루어 생태계를 복원한다. 미생물의 밀도가 낮은 이른 봄에 시용하면 생육 초기에 미생물의 활동을 활발하게 하여 생육을 촉진하는 효과가 있으며, 가을에 살포하는 것은 다양한 미생물을 공급하여 토양에 잔존하는 유기물질 분해를 촉진하는 효과를 얻을 수 있다.

② 퇴비차의 품질에 미치는 영향

퇴비차는 퇴비의 품질, 종류에 따라 세균이나 곰팡이가 우점할 수 있으므로 필요에 따라 맞춤형으로 만들어 사용한다. 퇴비차를 만드는 퇴비 재료는 다양한 미생물 공급을 위하여 탄소와 질소 비율을 잘 맞추어 볏짚, 낙엽, 팽연 왕겨, 톱밥, 청초, 축분, 부엽, 유기토양 등을 활용한다. 퇴비차의 제조 온도는 사용하는 작물의 미생물과 관련이 있으므로 작물이 자라는 토양과 생육온도와 상관이 있다.

미생물을 배양할 때 먹이 종류에 따라 우점하는 미생물이 달라진다. 세균은 설탕, 단순단백질, 저분자 탄수화물을 좋아하고 사상균은 밀가루, 콩가루, 귀리와 같은 재료를, 원충류 등 1차 소비자는 건초를 첨가했을 때이다. 퇴비 자체에 먹이원이 충분할 수도 있으며, 당밀 등을 과도하게 넣으면 세균만 너무 많이 증식한다. 식물 생장을 촉진하고 병원균에 항균력을 갖는 유용미생물은 대부분 호기성이기 때문에 이런 미생물을 배양하기 위하여 산소가 많은 조건으로 퇴비차를 제조한다.

퇴비차는 먹이, 온도, 산소 공급 방식에 따라 품질이 달라진다. 따라서 퇴비차를 만드는 과정을 각자 정형화하여 일관된 품질을 유지하는 것이 중요하다. 산소 농도가 떨어져 혐기 상태가 되면 좋지 않은 미생물이 자라게 되므로 잘 저어 주거나 기포 발생기를 넣어 산소를 공급해 주어야 한다. 온도가 30℃ 이상으로 올라가면 용존산소량이 떨어지므로 방임 상태에서는 가급적 온도가 상승하지 않도록 관리한다. 제조 후 시간이 지나면 혐기 상태로 미생물상이 달라질 수 있으므로 가급적 만든 후 바로 사용한다.

③ 퇴비차 만드는 법

㉮ 혐기 발효법

물이 담긴 통에 퇴비를 담은 주머니를 넣어 흔들어 주는 방식으로 10여 일 안팎의 기간이 필요하다.

㉯ 기포기 활용법

물이 담긴 큰 통에 퇴비를 담은 주머니를 넣고 미생물 활성화를 위하여 먹이를 넣고 인위적으로 기포를 발생시켜 호기 상태를 만든다. 기포발생기는 일반적으로 수족관에서 사용하는 것을 활용한다. 주머니는 퇴비 입자는 빠지지 않고 미생물과 유용한 선충, 사상균 등이 빠져나올 수 있을 정도면 충분하다. 지속적으로 공기를 주입하지 않으면 퇴비차가 혐기적으로 만들어져서 작물에 이롭지 않은 미생물이 배양될 수 있다. 수돗물을 사용할 때는 한 시간 정도 공기를 미리 주입하여 염소를 날려 보낸다. 그렇지 않으면 염소가 유용 미생물을 자라지 못하게 할 수도 있다.

퇴비차를 만드는 데 소요되는 시간은 기온이 높은 여름에는 하루 만에도 배양이 가능하고 봄과 가을에는 3일 정도 필요하다. 보통 퇴비차를 만드는 데 2일 정도 소요기간이 필요하며, 만든 즉시 사용하여야 한다. 3일 이상 퇴비차를 제조한다면 미생물 먹이로 당밀을 더 첨가하여 미생물이 유지되도록 해야 한다. 사용할 때 다른 영양원을 첨가해 사용할 수 있고, 퇴비차는 엽면살포 또는 관주에 이용할 수 있다. 퇴비차는 작물에 영양분 공급과 미생물 처리 효과가 있어 생육과 병해충을 막아주는 역할을 한다. 보통 2주마다 작물에 사용하는 것이 좋다.

㉰ 20L용 퇴비차 재료

일반적으로 20L용 퇴비차를 만드는 재료는 세균(지렁이 분변토) 우점퇴비 또는 곰팡이(부엽) 우점퇴비 700g과 산흙, 유기농 밭흙 각 1컵, 당밀 45g, 단풍나무 시럽, 액상 캘프, 휴믹산, 가수분해 어분 각각 30g에 암석가루(맥반석 등) 3 티스푼이다. 정해진 것은 없고 필요에 따라 가감이 필요하다.

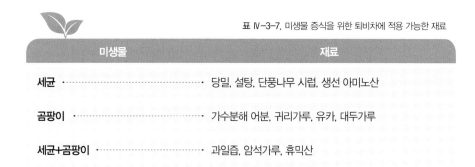

표 Ⅳ-3-7. 미생물 증식을 위한 퇴비차에 적용 가능한 재료

미생물	재료
세균	당밀, 설탕, 단풍나무 시럽, 생선 아미노산
곰팡이	가수분해 어분, 귀리가루, 유카, 대두가루
세균+곰팡이	과일즙, 암석가루, 휴믹산

④ 퇴비차 사용법

퇴비차는 자주 주어도 되지만 토양과 재배작물에 따라 양과 시기가 달라진다. 토양이 척박하고 사양토일 경우 곰팡이가 우점하는 퇴비차를 자주 뿌려주면 토양을 가꾸는 데 많은 도움이 된다. 일반적으로 퇴비차는 300평당 10~20L 정도 사용하며, 토양에 관주할 때는 원액을 사용해도 되나 물에 10배 정도 희석하여 뿌려준다. 엽면살포는 작물과 사용 시기에 따라 차이가 있으나 보통 10~50배 정도 희석하여 살포하는데 각자 기준을 정하여 사용한다.

4) 그 밖의 액비

유기 액비는 일반적으로 혈분, 골분, 어분, 청초 등의 유기물과 설탕 등 무기물을 혼합하여 미생물로 액상 발효시켜 만든다. 유기물은 분해되어 식물생육에 도움을 주고, 배양된 발효 미생물은 작물 병해충 발생 억제에 효과가 있는 것으로 알려져 있다. 만드는 재료, 환경, 방식에 따라 차이가 있으므로 기본원리를 이해하고 각자 방법을 터득하여 노하우를 가지고 만들어 사용할 수 있어야 한다.

① 청초 액비

청초 액비를 만드는 일반적인 방법은 청초를 잘게 썰어 용기의 3/4 정도 채우고 당밀 등을 넣은 다음 청초가 완전히 잠길 정도로 미지근한 물을 붓는다. 농가에서는 청초 대신에 키우고 있는 작물의 생체(줄기, 가지 과일 등)를 넣어 만들기도 한다. 청초 액비는 적당한 온도에서 7~10일간 발효시키는데 산소 공급을 위하여 하루에 2~3회 저어 준다. 유산발효를 위해 유산균을 넣기도 하고 목초액, 생선액비, 액상 무기물 등을 첨가하기도 한다. 엽면시비는 작물에 따라 차이가 있으나 일반적으로 300~1,000배로 희석하여 사용한다.

② 생선 아미노산 액비

생선과 설탕을 1:1로 혼합한 후 부엽토 또는 인위적으로 채취한 토착미생물을 첨가하여 밀봉한 후 완전히 액상 상태가 될 때까지 잘 숙성시킨다. 자연상태에서 완전히 숙성될 때까지는 6개월에서 1년 정도 걸린다. 발효가 완전히 끝나면 좋은 냄새가 난다. 인위적으로 배양한 유산균, 광합성균 등 여러 가지를 첨가하여 사용하기도 한다. 완성된 액비는 밀봉하여 어두운 곳에 보관한다. 생선 아미노산 액비는 초기에 질소질이 많으며 후기에는 인산질이 많고 주로 관주로 이용한다.

③ 혈분 액비

혈분 액비는 혈분에 당밀, 해초가루, 각종 미량원소를 첨가해 발효 숙성시킨 것이다. 초기 발효 촉진을 위해 인위적으로 배양한 유산균과 건조 효모를 넣기도 한다. 산소 공급을 위하여 하루에 2~3회 저어 준다. 여름에는 1주일 정도 되면 기포 발생이 줄어들어 재료들이 잘 녹아 난 것을 알 수 있다. 봄과 가을에는 시간이 조금 더 걸린다. 엽면시비는 1,000배, 관주용은 작물에 따라 100~500배액으로 이용한다. 혈분 대신 골분을 사용하여 골분 액비를 만들어 사용하기도 한다. 액비 발효 시 고온을 유지하여 미생물 활성을 촉진하기도 하고, 기포 발생으로 호기 발효조건을 만들기도 한다. 발효할 때 농업현장에서 구하기 쉬운 깻묵, 쌀겨 등을 활용할 수도 있고 막걸리 만드는 것과 같이 설탕, 효모, 쌀뜨물 등을 넣어 여러 가지의 액비를 만들어 이용할 수 있다. 액비를 만든 후 다양한 무기질 영양소를 첨가하여 영양제로 사용하기도 한다. 유기 액비는 친환경 농자재로 활용할 가치가 있으나 공정규격이 없고 만드는 재료와 방법뿐만 아니라 시기에 따라서도 다르게 만들어진다. 사용 방법에 따라 효과도 달라지므로 각자 경험과 노하우를 어느 정도 갖추는 것이 필요하다.

도시텃밭의 친환경 병해충 관리기술

김충기

1 도시텃밭 농사와 환경적 의미

도시농업은 그 출발부터 환경친화적인 농사일 수밖에 없다. 「도시농업의 육성 및 지원에 관한 법률」의 목적에서 도시농업은 '환경친화적인 도시조성'을 목적으로 하고 있고, 먹거리 생산을 위한 텃밭농사의 경우 대부분 자급을 목적으로 하기 때문에 자신의 먹거리를 건강하게 생산하고자 하는 도시민의 요구와도 맞아떨어지기 때문이다. 도시에서 농사를 통해 건강한 삶을 영위하고자 하는 도시민들과 마찬가지로 도시텃밭 자체가 생태적이지 않으면 많은 도시민들에게 환영받지 못하기도 하다.

텃밭농사에 있어 환경친화적인 농사는 무엇보다 중요하지만 그만큼 쉬운 일도 아니다. 많은 도시민들은 막연히 화학농약(살충제, 살균제, 제초제)과 화학비료를 쓰지 않으면 된다고 생각하지만 막상 농사를 짓다 보면 벌레와 병 피해를 어떻게 해결할지 어려워하기 일쑤이다. 문제는 여기부터 발생한다. 유기농을 원하는 초보농부들은 화학농약 없이 어떻게 병충해를 해결할 것인가? 그래서 많은 이들은 "역시 농약 없이는 농사가 안돼"라고 하며 친환경 농사를 쉽게 포기하게 된다.

우리가 생각하는 유기농은 다분히 친환경농산물 인증제도에 갇혀 있다. 대부분의 도시민에게 유기농이 뭐냐고 물어보면 '화학비료와 화학농약을 안 쓰는 농사'라고 대답한다. 물론 틀린 말은 아니지만 여기에는 함정이 있다. 왜 이걸 안 쓰는 건지, 이걸 안 쓰려면 다른 방법으로 무엇이 필요한지를 생각 못하는 경우가 많다. 도시텃밭 농사를 시도하는 초보 도시농부들에게 이런 개념을 잘 잡아주는 것 또한 도시농업전문가의 역할이라 할 수 있을 것이다.

도시텃밭 농사는 그 자체만으로도 환경적인 의미를 가지고 있다. 그리고 여기에 더해 몇 가지 원칙을 더하면 도시농업을 실천하는 개인의 환경과 건강뿐만 아니라 사회와 지구의 환경과 건강까지 넓혀서 생각해볼 수 있는 확장성을 가지고 있다. 이는 아래의 이유와 단계로 생각해볼 수 있다.

① 우리는 건강한 삶을 위해 도시텃밭을 시작한다.
② 건강한 채소는 건강한 토양과 환경이 만들어낸다.
③ 텃밭의 건강한 토양과 환경은 마을, 도시 더 나아가 건강한 지구환경을 만들어낸다.

즉, 나의 건강을 위한 친환경농사의 실천은 지구의 건강을 담보하는 시작인 것이다. 그리고, 이런 농사를 위해서는 텃밭농사(도시농업 실천)에 대한 뚜렷한 방향성과 원칙을 마련하는 것이 좋다. 일반적으로 가장 우선시되는 원칙은 화학비료(무기질비료)와 화학농약(살충제, 살균제, 제초제)을 쓰지 않는 것이다. 여기에 조금 더 나아가면 토양덮개에 있어 플라스틱재료(비닐멀칭)를 쓰지 않는 것부터 시작할 수 있다. 비닐멀칭은 잡초제거, 지온상승, 수분유지 등의 효과가 있는 반면 만들어지는 재료 자체가 석유화학제품일 뿐만 아니라 사용 시에는 살아있는 토양(토양 속 생태계의 균형유지)을 만드는 데 도움이 되지 않고, 사용 후에는 폐기물 처리로 환경의 부담을 줄 뿐만 아니라 많은 농지의 경관을 저해하는 요소이기도 하다.

하지만 일반적인 농업에 있어 위에 언급한 농자재들은 생산성에 있어 효율적이라는 이유로 많이 쓰이고 있다. 이는 우리나라가 단위면적당 높은 농약사용량[1] 과 비료사용량[2] 을 자랑할 만큼 과도하게 사용하는 데서 오는 문제가 심각하다. 농민의 건강뿐만 아니라 토양과 지하수의 오염, 토양 경반화와 과도한 자원과 에너지의 투입 등이 전체적인 지구의 환경(특히 탄소배출과 기후위기, 자원고갈)의 문제로 여겨져야 한다.

그래서 친환경농업에서는 이를 대체할 농사법에 대한 접근으로 시작한다. 환경에 피해를 주지 않는 농자재로 대체하면서 생산성을 유지할 수 있는 방법을 찾는 것이다. 화학비료는 유기질비료로, 화학농약은 친환경농약으로 대체하는 것이 우선이다. 이는 인체에 해를 주지 않으면서 환경에 부담을 주지 않는 농사를 위한 선택인 것이다. 이런 측면에서 3無농법[3]은 가장 기본이 되는 도시텃밭 농사의 실천원칙이다.

그 외에도 퇴비자급이나 미생물을 활용한 농사법, 생활 속에서 쉽게 얻거나 버려지는 유기폐기물 등을 활용하여 순환하는 농사법을 강조하기도 한다. 이는 농사를 위해 쓰이는 비료 등, 외부 투입재를 줄여나가고 생활 속에서 순환할 수 있는 자원을 활용하는 측면에서 중요한 의미를 갖고 있다.

따라서, 도시텃밭의 건강한 방식의 농사법은 건강한 먹을거리의 생산을 넘어 우리가 딛고 있는 토양의 건강과 나아가 지구환경의 건강을 지키는 중요한 실천인 것이다. 도시텃밭 농사가 지구를 살릴 수 있다. 그리고 그 실천에는 반드시 그 동안 관행처럼 쓰여진 농자재들을 어떻게 대체할 것이며 또는 줄여가거나 쓰지 않는 방법까지 고민해야 한다.

---

1 농민신문(2019. 6. 12) – "농경연이 FAO 자료를 바탕으로 분석한 우리나라의 1㏊당 농약 사용량은 2016년 기준 11.8㎏에 달했다. 호주(1.1㎏) · 캐나다(1.6㎏)와 비교하면 농약을 10배 가까이 더 쓰는 것이다. 세계 최대의 농업생산국으로 꼽히는 미국은 2.6㎏에 그쳤다. 영국(3.2㎏) · 프랑스(3.7㎏)"

2 농민신문(2019. 6. 12) – "우리나라의 1㏊당 비료 사용량은 268㎏으로 나타났다. 캐나다(79.2㎏)의 3.4배, 미국(136.3㎏)의 2배에 달하는 수치다."

3 無화학농약. 無화학비료, 無비닐멀칭을 실천하는 농법으로 친환경농업인증 중심의 산업농에서의 '유기농업'과 달리 자급중심의 도시농업에서 텃밭농사를 실천하는 기준처럼 알려지고 있다. 대부분의 공영농장에서도 이를 원칙으로 삼고 있다.

2 병충해의 이해

1) 병충해의 발생원리

농사에 있어 가장 어려운 부분 중에 하나가 바로 병충해의 관리이다. 병충해는 작물에 오는 병에 의한 피해와 벌레에 의한 피해를 합친 표현으로 대로는 병해충이라는 표현을 쓰기도 한다. 일반적인 농업에서 쓰이는 농약의 사용만이 이를 해결한다고 쉽게 생각하는 경우가 많다. 그래서 도시농부들은 농사에는 농약 없이는 불가능하다고 생각하는 경우가 많다. 화학농약을 사용하지 못하게 하면 흔히 아무런 조치도 취하지 않고 그냥 피해를 감수해야 한다고 생각하는 경우가 많다. 하지만 화학농약을 쓰지 않고 병충해에 대비하기 위해서는 그만큼의 또는 그보다 더 세심한 노력이 필요하다. 그러기 위해서는 먼저 병충해에 대한 이해가 필요하다.

우선 일반적인 상식 선에서 쉽게 생각하면 된다. 사람에 비유해서 생각해보면 쉽다. 사람이 병이 드는 경우를 생각해보자. 많은 사람들이 큰 병이 걸리면 병원을 찾아가고 치료를 하게 되는데 치료를 위한 약처방을 받게 된다. 병의 원인이 되는 병원체를 없애기 위한 것이다. 그리고 또 하나의 조치는 먹는 것을 바꾸는 것과 환경이 좋은 곳으로 거주지를 이주하는 것이다. 중요한 것은 사실 병을 없애는 것보다 몸을 건강하게 만드는 것이다. 즉, 병을 이길 수 있는 건강한 몸이 있다면 병원균이 들어와도 큰 병이 걸리지 않고 스스로 나을 수 있다. 그래서 이 세 가지를 종합해서 생각해보면 된다.

병충해를 관리하는 가장 좋은 방법은 바로 피해가 오지 않게 관리하는 것이다. 물론 쉽지 않으며, 이후부터 이야기하는 다양한 방법과 개념들을 통해 하나하나 실전에서 활용하면서 터득해야 한다. 그러나 병충해가 오지 않게 관리를 하더라도 피해를 완벽하게 막을 수는 없기에 병이 왔을 때의 조치방법도 생각해야 한다.

일단, 병충해는 크게 병해와 충해로 나누어 생각할 수 있다. 세균이나 곰팡이, 바이러스에 의해 작물이 죽거나 열매가 손실되고 생장이 저하되는 것을 병해라 할 수 있고, 각종 벌레에 의해 줄기, 잎, 뿌리 등을 갉아먹거나 작물에 기생해서 즙액을 빨아먹거나 또는 알을 낳거나 하여 피해를 주는 경우를 충해(벌레피해)라고 한다. 벌레에 의한 피해는 작물의 일부에 손상이 가는 정도에서 그치는 경우가 많지만 병에 의한 피해는 작물 전체가 고사하는 경우가 많다(특히, 시설재배의 경우는 더 그렇다). 그래서 도시텃밭에서는 일반적으로 벌레 피해에 대한 우려가 많으나 사실 병에 대한 피해를 더 심각하게 고려해야 한다.

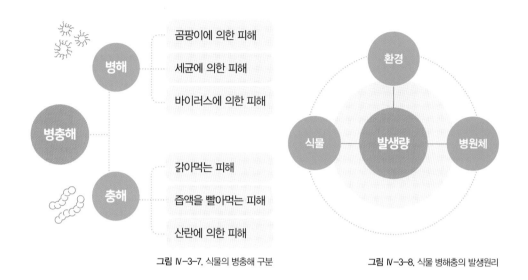

그림 Ⅳ-3-7. 식물의 병충해 구분   그림 Ⅳ-3-8. 식물 병해충의 발생원리

위 그림과 같이 일단 식물(작물, 채소) 자체가 병에 강하면 강할수록 병에 걸릴 확률이 줄어든다. 그리고 환경이 건강할수록 병 발생량이 적어지며, 두 가지 조건이 좋지 않더라도 병을 발생하는 병원체가 오지 않는다면 당연히 병이 발생하지 않을 것이다. 따라서 이 세 가지 조건을 잘 유지하는 것이 병충해를 관리하는 첫 번째 방법이다. 따라서 아래와 같이 관리의 유의점을 생각하자.

① 종자나 모종을 선택할 때 병충해에 강한 것을 선택하는 것이 좋다. 또한 영양분의 부족으로 인해 작물이 약해질 수도 있고 반대의 경우 양분이 많아서 문제가 되기도 한다. 모종을 키울 때 뿌리를 강하게 키우는 것도 영향을 미칠 것이다.

② 외부환경을 좋게 만들어주면 작물이 건강하게 자랄 수 있다. 물의 부족 또는 물빠짐이 좋지 않은 환경, 너무 덥거나 추운 것, 햇볕이 너무 강하거나 햇볕이 부족한 조건, 바람,

토양의 산도 등 여러가지 요소들이 영향을 미친다.

③ 마지막으로 병원체가 오지 못하도록 하는 것이 필요하다. 일반적으로 물리적인 차단을 하는 경우도 있고, 예찰(미리 관찰)하여 발생량이 적을 때 빨리 대체하는 것도 중요하다.

병충해를 관리하는 가장 효율적인 방법은 예방을 하는 것이고 이는 위의 세 가지 요소를 관리하는 것에서 시작된다. 따라서 병이 왔을 때 이를 치료하는 것은 부차적인 것이라고 할 수 있다. 병충해의 예방과 치료를 위한 다양한 방법에 대해서 알아볼 것이며, 그 전에 텃밭에 오는 주요한 병과 벌레의 발생과 특성에 대해서 알아보자.

2) 병해의 발생과 특성

병의 종류에 따라 차이가 있지만 일반적으로 병은 다습할 때 많이 오고, 벌레는 건조할 때 많이 온다. 따라서 봄, 가을에는 해충, 여름에는 병에 주의하여 텃밭작물 관리에 신경을 쓴다. 일반적으로 병원균이 활동하기에 적당한 온도는 20~30℃이며 습도는 90% 이상의 높은 때이다. 식물의 병 중에 가장 많이 발생하는 것이 곰팡이에 의한 병인데, 곰팡이병은 주로 통풍이 안되고 습도가 높은 환경에서 잘 번식한다. 따라서 실내에서는 환기에 주의해야 하며, 특히 장마철 고온다습할 때 병이 올 가능성이 커진다. 작물을 너무 밀식하는 것도 좋지 않다.

표 IV-3-8. 온도와 습도 조건에 따른 병원균

습도	온도	
	저온성(15~20℃)	고온성(24~30℃)
다습	잿빛곰팡이병, 균핵병, 노균병, 잎곰팡이병, 검은별무늬병	덩굴마름병, 반점세균병, 겹둥근무늬병, 역병, 탄저병
저습	흰가루병	덩굴쪼김병, 시들음병, 바이러스병

병을 발생시키는 병원균을 차단하는 것이 중요한데, 이는 매개체를 통해서 병원균이 이동하기 때문에 매개체(전염원)을 차단하는 것이 필요하다.

병을 옮기는 전염원

- 병든 식물체 : 재배식물에 병이 발생하면 반드시 제거하여 소각하거나 묻는 것이 중요하다. 씨앗의 소독이나 병들지 않은 모종을 사용하는 것도 중요하다.
- 오염된 토양과 물 : 대부분의 병들은 토양과 물을 통해 감염되는 경우가 많다. 배수를 좋게 하여 침수 피해를 없애거나 건강한 토양을 통해 병원균의 침입을 막는 방법이 가장 좋은 예방법이다.
- 매개곤충 : 벌레에 의한 피해는 직접적인 1차 피해뿐만 아니라 병을 옮기는 2차 피해도 주게 된다.
- 작업도구 : 작업도구의 소독을 통해 미리 예방한다. 특히 텃밭에서 자주 쓰는 지주대의 경우에도 매년 소독하여 사용하는 것이 좋고, 전정가위 등도 마찬가지다.

일단 병이 발생하면 방제를 하여도 완전한 치료가 힘들고 피해가 크기 때문에 병해를 막는 가장 중요한 관리법은 예방이다. 또한 작물의 특성에 맞게 재배하는 것도 중요하다. 작물의 원산지 환경을 고려하여 햇빛, 온도, 습도, 토양환경 등을 맞추어 주는 것도 필요하다.

작물에 발생하는 병해는 수백여 가지가 있지만 꼭 방제해야 할 것은 20여 종에 불과하다. 이 중 동일하거나 유사한 종류의 병원균이 여러 채소에 병을 일으키는 경우가 많으므로 우리가 알아야 할 병해들의 수는 더 줄어든다. 작물에 병을 일으키는 병원균은 크게 곰팡이, 세균, 바이러스 등 3종류가 있고 병징(病徵)은 종류별로 매우 뚜렷한 특징이 있다.

표 Ⅳ-3-9. 주요 병해의 진단 참고사항

병해명	주요 기주	발병 부위	주요 병징	표징
잿빛곰팡이병	오이, 토마토, 딸기, 고추, 상추, 파, 양파	잎, 과실	잎 : 갈색무늬병 과실 : 물러 썩음	쥐색 곰팡이로 덮힘
노균병	배추, 오이, 참외, 수박, 시금치, 상추, 파, 마늘	잎	황색다각형 병무늬	잎 뒷면에 서릿발 모양의 곰팡이가 생김
탄저병	오이, 수박, 고추, 토마토, 딸기	잎, 과실	잎 : 윤문상 병무늬 과실 : 탄저 증상	황갈색 포자퇴 돌출
균핵병	상추, 오이, 호박	잎, 과실	물러 썩음	눈같이 흰 곰팡이, 쥐똥 같은 균핵이 생김
돌림병(역병)	고추, 오이, 수박, 참외, 파, 양파, 딸기	잎, 과실, 뿌리, 줄기	물러 썩음, 시들음	회백색 곰팡이가 생김
시듦병 (위조병, 위황병)	오이, 수박, 참외, 고추, 토마토, 가지, 딸기, 배추, 양배추, 상추	식물의 반쪽 또는 전체	시들음	후기에 병환부에 옅은 홍색 곰팡이 또는 포자퇴가 생김
무사마귀병	배추, 양배추, 무, 갓 등 배추과 채소	뿌리	부정형의 혹	없음
무름병	배추, 고추, 상추	식물 전체, 과실	물러 썩음	없음
풋마름병	토마토, 고추, 오이	식물 전체	시들음	과습 시 황색의 세균 점액 누출
세균성점무늬병	고추, 오이	잎, 과실	황색수침상 병무늬	과습 시 황색의 세균 점액 누출
바이러스병	배추, 오이, 수박, 참외, 시금치, 상추, 마늘, 고추, 토마토	식물 전체	모자이크, 괴저 오갈 증상, 기형 위축 증상	없음

① 곰팡이 병해

병에 걸린 부위를 잘 관찰하면 곰팡이의 일부인 잿빛 혹은 흰색 실 모양의 균사나 가루 모양의 포자, 쥐똥 모양의 균핵, 핑크색의 점물질(포자퇴) 등을 볼 수 있는 경우가 많다. 이런 것들을 볼 수 없어도 곰팡이에 의한 경우는 대부분 물러 썩는 경우는 드물고 잎이나 줄기에 형성된 병무늬의 형태도 일정한 편이다. 균핵병, 탄저병, 잿빛곰팡이병 등의 초기에는 물러 썩는 경우가 있으나 후기에 눈과 같이 흰 균사, 균핵, 잿빛의 곰팡이 또는 포자퇴 등 곰팡이 병의 특징을 볼 수 있는 경우가 많다. 또한 역병처럼 물러 썩을 때도 세균병처럼 썩은 부위 에서 심한 악취를 내는 경우는 없다.

㉮ 흰가루병 : 식물체의 표면에 가루가 생기는 병으로 많은 원예식물에 발생한다.
  - 발생시기 : 생육 중반부터 후반에 많이 발생하며, 봄부터 가을에 걸쳐 많다.
  - 원인 : 습도가 높고 통풍이 안 되는 곳에서 많이 발생한다.
  - 치료 · 예방 : 밀식하지 않고, 통풍이 잘 되게 하며, 병든 잎을 빨리 제거한다.

㉯ 잿빛 곰팡이병 : 꽃, 잎, 어린 줄기, 과실 등에 잿빛의 곰팡이가 생긴다
  - 발생시기 : 저온 다습한 환경과 아침 저녁의 급격한 온도저하로 인해 발생한다.
  - 원인 : 병원균은 많은 식물을 침해하며, 고사한 피해 잎, 줄기, 꽃에서 생존하고 있기 때문에 차례차례 식물에 전염된다. 20℃ 정도의 다습한 환경을 좋아한다.
  - 치료 · 예방 : 통풍을 잘 되게 하며 밀식재배를 피한다. 병든 식물체를 소각 처리한다.

㉰ 붉은별무늬병(적성병) : 잎의 표면에 황적색의 반점이 생기고 잎 뒷면에는 실 모양의 녹 포자가 생긴다.
  - 발생시기 : 4월 하순 ~ 5월경 비가 온 뒤에 주로 장미과식물에서 많이 발생한다.
  - 치료 · 예방 : 향나무를 중간기주로 삼기 때문에 과수 주변에 향나무를 심지 않는다.

㉱ 잘록병 : 지제부가 물러지고 잘록해지면서 쓰러져 말라 죽는다.
  - 발생시기 : 고운 다습할 때 육묘상에서 주로 발생한다.
  - 원인 : 봄과 가을에 다습하고 배수와 통풍이 불량한 토양에서 많이 발생한다.
  - 치료 · 예방 : 종자소독과 토양소독을 철저히 하며, 배수와 환기에 유의한다.

ⓜ 탄저병 : 잎, 줄기, 열매 등에 작은 반점이 생기고 점차 검은색으로 동심원처럼 확대되어 말라 죽거나 떨어져 나간다.

　－ 원인 : 병든 식물체와 사용한 농자재를 통해 전염되며, 22~28℃의 고온 다습한 환경에서 발병한다.

　－ 치료 · 예방 : 병든 포기를 제거하고, 사용한 농자재를 소독한다.

ⓑ 역병 : 뿌리와 땅가 줄기 부위에 발생하지만 병원균이 빗물에 튀어올라 잎, 열매, 가지 등의 지상부에도 발생한다. 시들다가 적황색으로 변해 말라 죽는다.

　－ 원인 : 토양이 장기간 과습하거나 배수가 불량하고 침수되면 병 발생 환경이 되며, 연작하면 많이 발생한다.

　－ 치료 · 예방 : 배수를 좋게 하고 병든 포기는 뿌리 주변 흙과 함께 제거한다.

② 세균 병해

세균병은 곰팡이병과는 달리 대부분 물러 썩거나 병반이 짓물러 형성되므로 병반 무늬가 대개 불규칙하다. 또한, 병든 부위에서는 고약한 냄새가 나고, 공기 중의 습도가 높을 때에는 병든 부위에서 고름과 같은 세균점액이 누출되어 있다. 세균은 기주식물체의 조직을 분해하는 여러 가지 효소를 분비하여 썩게 하므로 병환부에는 늘 수분이 있어 짓물러 있거나 좀 더 진전하면 물컹물컹해진다. 그러나 병든 부위가 말라서 죽게 되면 곰팡이병과의 구분이 어렵다.

ⓐ 무름병 : 회백색 수침상[4]으로 나타나고 진전되면 내부가 담갈색으로 변해 물러 썩으며 악취가 난다.

　－ 원인 : 병든 식물체의 잔재, 전염된 토양, 곤충의 유충이 기주를 가해하므로 상처를 통해 전염된다.

---

4 작물 병해의 증상을 표현하는 말로 물을 머금고 있는 듯한 병징을 말한다. 다시 말해 물에 적셔진 듯한 모습을 말한다.

    – 치료 · 예방 : 볏과와 콩과작물로 돌려짓기, 병원균이 건조에 약하므로 배수와 통풍이
       잘되게 한다.

㉯ 풋마름병 : 식물체의 지상부가 푸른 상태로 시들고 줄기 내부는 갈색으로 변하며, 줄기
   를 잘라 물에 담가보면 하얀 우유빛의 세균액이 분출된다.
    – 원인 : 지하부의 상처를 통해 침입하며 농기구, 곤충 및 인축을 통해 전염된다. 고온
       다습 조건에서 급격히 발생한다.
    – 치료 · 예방 : 연작을 피하고 상처를 방지한다. 토양배수를 좋게 하고, 질소비료 등을
       적정하게 시비한다.

③ 바이러스 병해

주로 모자이크, 기형, 위축, 괴저 증상을 일으키며 때때로 잎이 말리거나 잎맥에 이상이 생기고, 잎에 반점을 형성하기도 한다. 식물의 생리장해 증상과 비슷한 경우가 많이 있으므로 병의 증세만으로 진단하기는 어렵다. 따라서 확실한 진단이 필요할 때는 바이러스의 지표 식물을 이용하거나 혈청학적인 방법으로 진단하는 데 이에는 전문적인 기술이 필요하다.

㉮ 바이러스병 : 어린 잎이 뒤틀리거나 꽃과 잎에 얼룩무늬, 반점 등이 생기고 잎이 작아지
   거나 수확량이 감소하는 등 비정상적인 생장을 한다.
    – 원인 : 전염 부위의 접촉, 곤충, 선충, 영양번식법에 의해 전염된다.
    – 치료 · 예방 : 감염된 식물체 제거 소각, 농자재 농기구 소독, 매개곤충인 진딧물, 선
       충, 온실가루이, 총채벌레 등의 방제 등이다.

그림 IV-3-9. 도시텃밭에서 발생되는 주요 병(친환경 도시텃밭용 재배 매뉴얼과 활용 콘텐츠, 국립원예특작과학원)

3) 충해의 발생과 특성

병에 의한 피해도 마찬가지지만 벌레에 의한 피해도 가능한 빨리 발견해서 피해가 전체로 퍼져나가는 것을 막아야 한다. 큰 벌레는 비교적 쉽게 발견할 수 있으므로 핀셋 등으로 제거하고, 대량으로 발생했을 때나 크기가 작은 벌레의 경우 일일이 잡는 것이 어렵기 때문에 방제액을 써서 처리한다. 대부분의 해충은 다소 건조할 때 많이 발생한다.

벌레는 씨앗, 열매, 잎, 줄기, 뿌리 등 모든 부분에 피해를 준다. 가장 큰 피해는 어린 싹에 해를 가하는 것이다. 작물이 어느 정도 성장한 뒤에는 웬만한 벌레 피해에 잘 견디며 피해도 크지 않다. 따라서 생육초기에 관리가 중요하다.

우리가 생각해야 할 벌레에 대한 고정관념은 모든 벌레는 작물에 해롭다는 것이다. 사실 우리가 텃밭에서 관찰할 수 있는 벌레들은 크게 보면 두 가지로 나눌 수 있을 것이다. 첫 번째는 해로운 벌레, 즉 해충이다. 해충은 주로 작물이 자라는 데 해로운 영향을 끼치는 벌레들로, 갉아먹고 과실을 손상시키는 피해를 주고 기생하여 성장을 방해하고 병을 옮기는 등의 역할을 한다. 두 번째는 이로운 벌레, 즉 익충이다. 대부분 익충이라고 말하는 벌레는 해충을 잡아먹거나(천적), 수분을 돕는 역할을 하는 벌레들을 말한다.

물론 이렇게 구분을 짓는 기준도 어디까지나 인간의 작물재배라는 관점인 것이지 전체 생태계 안에서는 모든 것들이 각각의 지위와 역할을 가지고 균형을 이루는 것이 필요하다. 그런데 농업생태계에서도 이러한 균형을 맞추는 방법으로 벌레 피해를 최소하는 방법이 활용되고 있으며, 이는 살충제를 써서 익충과 해충 모두를 제거하는 방식보다 자연친화적인 방법이며 인체에도 이로운 방법이다. 또는 일부 벌레에 의해 손상된 수확물이라도 큰 이상이 없는 채소는 수확량의 감소 외에 먹는 데 영향을 미치지 않는 경우가 많다.

표 Ⅳ-3-10. 생활 주변의 이로운 벌레와 해로운 벌레(농업기술길잡이178 도시농업, 농촌진흥청)

해로운 벌레	개미, 달팽이, 모기, 배추흰나비, 진딧물
이로운 벌레	무당벌레(먹이 : 진딧물, 개각충, 잎진드기), 풀잠자리(먹이 : 진드기), 꽃등에(먹이 : 진딧물), 말벌(먹이 : 각종 해충의 알), 개구리와 두꺼비(먹이 : 각종 해충, 달팽이)
텃밭에 유용한 천적 동물들	박쥐, 새, 개구리, 두꺼비, 거미, 지네, 꽃등에, 풀잠자리, 집게벌레, 무당벌레(유기농텃밭가드닝, 국립농업과학원)

표 Ⅳ-3-11. 해충의 피해에 의한 분류

분류	특성	주요 해충
갉아먹는 해충	줄기, 잎, 꽃봉오리, 과실 등을 씹어먹어 식물체를 죽게 하거나 손상시킨다.	나비류, 나방류, 풍뎅이류, 벌 등의 애벌레
즙액을 빨아먹는 해충	주둥이가 주사바늘 같이 생겨 식물 조직의 즙액을 빨아먹어 생장을 억제한다. 식물체 일부가 뒤틀리거나 기형이 되기도 하며(바이러스 매개) 그을음병이 생긴다.	진딧물, 응애, 깍지벌레, 온실가루이, 노린재
산란에 의한 해충	잎, 눈, 가지, 줄기, 뿌리 등에 알을 낳아 피해를 당한 식물은 이상 비대를 하여 혹이 생기기도 한다.	혹파리, 굴파리, 바구미

표 Ⅳ-3-12. 생물 분류에 따른 해충

분류	특성	주요 해충
나비목	이화명나방, 배추좀나방, 배추흰나비, 담배나방, 파밤나방	애벌레(유충)에 의해 갉아먹는 피해
딱정벌레목, 벌목	큰이십팔점박이무당벌레, 벼룩잎벌레, 좁은가슴잎벌레, 무잎벌	유충과 성충에 의해 갉아먹는 피해
노린재목	개미허리노린재, 풀색노린재, 목화진딧물, 온실가루이, 복숭아혹진딧물	즙액을 빨아먹는 피해, 바이러스병 매개체
응애목	점박이응애, 차먼지응애	즙액을 빨아먹는 피해
총채벌레목	꽃노랑총채벌레, 대만총채벌레	꽃과 과실의 피해, 기형과
파리목, 메뚜기목	아메리카잎굴파리, 파굴파리, 섬서구메뚜기	산란에 의한 피해, 갉아먹는 피해
병안목	들민달팽이, 명주달팽이	갉아먹는 피해

① 텃밭의 주요 해충

㉮ 진딧물

- 특징 : 느리게 움직이는 곤충으로 1~2㎜ 정도 크기에 성충은 날개가 있는 유시충[5]과 날개가 없는 무시충이 있다. 즙액을 빨아먹고, 분비된 감로[6]에 의해 그을음병이 유발 되고, 바이러스 매개충 역할을 한다.

- 예찰 및 방제 : 발생초기 방제, 고온건조한 환경에서 잘 생기고 살충제 저항성이 빨리 생긴다.

㉯ 응애

- 특징 : 크기가 0.3~0.4㎜로 작고, 주로 잎과 꽃봉오리에서 황색 또는 흰색의 반점이 생긴다. 한 세대가 10일 정도로 매년 9~11회 번식하며 건조할 때 많이 발생한다.

- 예찰 및 방제 : 초기에 방제하는 것이 중요하다.

㉰ 총채벌레

- 특징 : 크기가 1~1.5㎜, 꽃과 잎에 발생하여 은색 자국과 반점이 형성되고, 기형화가 발생한다. 기주 범위가 넓고 번식력이 높으며 세대기간이 짧다.

- 예찰 및 방제 : 식물체의 꽃봉오리 등을 자세히 관찰한다. 조직 틈에 숨기 때문에 육 안으로 관찰이 어렵다.

㉱ 가루이

- 특징 : 주로 잎의 뒷면에 붙어서 즙액을 빨아먹는 백색의 작은 나방으로 식물에 바이 러스를 매개한다.

- 예찰 및 방제 : 그을음병이 나타나기도 하며 번식력이 매우 강해 완전한 방제가 어렵다.

---

5 진딧물은 군집의 밀도가 높거나 먹이전환을 위해 이동해야 할 필요가 있을 때 날개 있는 성충, 즉 유시충이 나타난다.
6 감로(Honeydew)는 진딧물과 깍지진디의 일종이 수액을 빨아들이고 나서 분비하는 당분이 풍부한 끈적이는 액체이다.

㉲ 달팽이

- 특징 : 식물의 잎, 줄기, 꽃과 눈 등을 갉아먹고 주로 밤에 활동한다.

- 예찰 및 방제 : 습기가 많은 주위를 청결히 유지하고, 전용 먹이용 약제나 막걸리트랩으로 유인하여 잡는 방법이 있다.

㉳ 나방

- 특징 : 파밤나방, 담배거세미나방, 담배나방 등이 5월, 10월 사이에 연중 2~3회 발생한다. 애벌레가 주로 식물의 잎과 꽃봉오리 부분을 갉아먹는다.

- 예찰 및 방제 : 어린 유충 발생 초기에 즉시 방제한다.

㉴ 노린재

- 특징 : 노린재의 종류는 다양하다. 개미허리노린재, 나무노린재, 홍비단노린재 등으로 주로 콩과작물, 가지과작물의 즙액을 빨아먹어 열매가 제대로 달리지 못하거나 생육이 정리되어 변색되기도 한다.

- 예찰 및 방제 : 성충은 이동성이 낮아 발생을 직접 확인할 수 있고, 잎 뒷면의 알을 확인할 수 있다. 발생량이 적으면 손으로 잡아 제거하고 발생량이 많으면 약제를 사용한다. 미리 트랩을 설치하여 방제할 수도 있다.

㉵ 점무당벌레

- 특징 : 6~7㎜ 정도의 날개 면에 28개의 반점이 있으며 가지, 토마토, 감자 등의 잎과 과실을 갉아먹어 망처럼 얼기설기한 잎맥만 남는다.

- 예찰 및 방제 : 발생 초기 잎의 앞 뒷면을 살펴 성충, 유충, 번데기와 황색 알을 손으로 제거한다.

㉔ 벼룩잎벌레

– 특징 : 2~3㎜ 정도 크기이며 낙엽, 풀뿌리 등에서 월동한 성충이 3월부터 출현한
다. 성충은 잎을, 유충은 뿌리를 가해한다. 십자화과 작물의 어린 묘에 피해를 발생
시킨다.

– 예찰 및 방제 : 천적이 없고 발생 초기 방제가 중요하다. 방충망으로 차단하여 예방한다.

그림 Ⅳ-3-10. 도시텃밭에서 발생되는 주요 해충(친환경 도시텃밭용 재배 매뉴얼과 활용 콘텐츠, 국립원예특작과학원)

3 친환경 방제의 원리와 방법

각각의 병해와 충해에 대해 여러가지 약제(살충제, 살균제)를 통해 관리하는 방법이 일반 관행적인 농사법에서 이용하는 것이라면, 도시텃밭에서는 친환경 방제를 위한 다양한 방법을 고민해야 한다. 단순히 약제를 친환경자재로 바꾸는 것만으로는 전체적인 방제를 해결할 수 없으며, 다양한 방법을 활용하여 병충해를 관리하여야 한다. 여기에는 앞에서 이야기했듯이 발생 후 조치보다 예방적 측면에서 다양한 활용이 보다 포괄적으로 적용되어야 한다.

표 IV-3-13. 친환경 병충해 방제법

생태적 방법	생물적 방법	생화학적 방법	물리적 방법
섞어짓기, 돌려짓기, 기피식물, 천적유인식물, 저항성품종	천적의 활용, 미생물제의 활용	페로몬 (예찰, 포획, 교미교란), 항생물질, 식물 성분(천연독성)	방충망, 환기, 비가림, 태양열소독, 포살(트랩), 잔재물 제거

1) 생태적 방제

생태적 방제는 넓게 보면 병충해에 대한 피해를 애초에 발생하지 못하도록 하는 취지에서 예방적인 관리법이라고 볼 수 있다. 이는 농사짓는 방법에 의한 방제법으로 경종적 방제라고 할 수도 있다. 병이나 벌레 피해가 많이 발생하는 이유 중에는 외부 환경조건의 취약성에서 오는 경우가 많다. 예를 들어 대규모 단작을 하게 되면 특정한 작물을 좋아하는 병원체와 벌레들이 당연히 몰려들기 마련이고 이를 매년 반복하면 피해는 더 커지기 마련이다. 그래서 돌려짓기, 섞어짓기 등을 통해 작물의 다양성과 균형을 맞추어 병충해 예방을 하는 농사짓는 방법을 통한 방제라고 할 수 있다.

① 섞어짓기와 사이짓기

섞어짓기와 사이짓기는 미묘한 차이가 있지만 원리는 같다. 혼작이라고 하는 섞어짓기는 두 가지 이상 작물을 함께 심는 것을 말한다. 사이짓기는 주작물을 중심으로 보조작물을 심는 것을 말한다. 사이짓기는 여러가지 목적과 효과가 있지만 생태적인 방제의 가장 기본이 되는 방법이다. 예를 들어 고추밭에 들깨를 심어주면 들깨 향으로 담배나방을 막아주는 효과가 있다. 작물의 다양성이 그만큼 중요하다.

──────── **섞어짓기 좋은 조합의 작물들(텃밭백과, 박원만)** ────────

- 감자 : 강낭콩, 양배추, 옥수수, 금잔화
- 강낭콩 : 당근, 샐러리, 오이, 꽃양배추, 감자, 옥수수, 딸기
- 당근 : 파, 상추, 양파, 완두콩, 로즈매리, 부추, 토마토
- 딸기 : 강낭콩, 상추, 시금치, 백리향
- 무 : 오이, 상추, 한련화, 완두콩
- 상추 : 당근, 무, 딸기, 양파

- 시금치 : 딸기
- 양배추 : 샐러리, 토마토, 양파
- 양파 : 상추, 딸기 토마토
- 오이 : 강낭콩, 완두콩, 무, 해바라기
- 완두콩 : 당근, 강낭콩, 오이, 순무
- 토마토 : 당근, 파, 바질

② 돌려짓기

돌려짓기는 같은 땅에 이어서 같은 작물을 심지 않고 돌아가면서 작물을 바꾸어 심는 것을 말한다. 계속해서 연작을 하게 되면 병충해 피해가 늘어나며 토양의 균형도 깨어진다. 따라서 땅의 효율과 병충해 예방, 양분의 효율 등의 이유로 돌려짓기를 하는 것이 연작장해를 피하면서 생태적 방제를 하는 방법이다. 돌려짓기는 작물별 분류균을 고려하여 설계한다.

주요 작물의 분류

- 가지과 : 고추, 가지, 감자, 토마토
- 국화과 : 상추, 꽃상추, 치커리, 해바라기
- 명아주과 : 비트, 시금치, 근대
- 매꽃과 : 고구마
- 박과 : 수박, 멜론, 참외, 오이, 호박
- 부추과 : 양파, 마늘, 부추

- 신형과 : 샐러리, 당근
- 십자화과 : 케일, 무, 배추, 콜라비,
　　　　　 브로콜리, 순무, 콜리플라워
- 콩과 : 콩, 완두, 땅콩
- 화본과 : 밀, 옥수수, 호밀

돌려짓기 설계의 8가지 지침(유기농텃밭가드닝, 국립농업과학원)

① 병해충의 발생을 예방하려면 동일한 과에 속하는 작물을 연달아 심지 않는다.
② 옥수수처럼 양분을 많이 필요로 하는 작물에 앞서 토양에 양분을 공급하는 콩과식물을 심는다.
③ 옥수수를 재배한 다음에 감자를 심으면 수확량을 높일 수 있다.
④ 콩과식물을 재배한 다음에 곡류를 심으면 수확량을 높일 수 있다.
⑤ 뿌리채소를 재배한 다음에 콩과식물을 심는다.
⑥ 양파를 재배한 다음에 십자화과를 심으면 좋다.
⑦ 토마토는 연작하지 않는다.
⑧ 호박을 재배한 다음에는 어떤 작물을 심어도 좋다.

돌려짓기의 예(텃밭백과, 박원만)

고추 → 배추 → 감자 → 들깨 → 양파 → 콩 → 무 → 열무 → 대파 → 고구마 → 보리, 밀 → 콩 → 양파 → 오이 → 갓 → 토마토

③ 기피식물

동반식물이라고도 하는 기피식물은 벌레들이 기피하는 식물을 작물 옆에 심어 방제하는 생태적인 방제법이다. 매리골드는 뿌리에서 토양 선충을 죽이는 물질을 분비하고, 잎에서 방출하는 휘발성 물질은 온실가루이나 노린재 해충이 싫어하는 냄새가 난다. 파슬리와 당근을 함께 심으면 파슬리 냄새로 당근에서 파리 해충의 발생을 억제한다. 제충국의 꽃에서는 해충이 기피하는 물질을 만들어낸다.

일반적으로 향이 강한 허브류의 경우도 텃밭 주변에 심어놓으면 방제 효과를 낸다. 이는 식물이 자신을 보호하기 위해 강한 향으로 해충을 쫓아내는 특성과 연결되어 있다.

④ 천적유인식물

야생의 잡초 중에는 벌레를 끌어들이는 역할을 하는 식물도 있다. 이는 해충을 잡아먹는 천적들을 유인하여 자연스레 해충방제를 하게 되는 생태적인 방제법이다. 엉컹퀴나 무궁화가 텃밭에 있으면 진딧물의 천적인 칠성무당벌레를 유인할 수 있다. 잔디나 풀도 천적곤충에게 먹이를 제공한다.

──── **천적의 서식처로 유용한 야생초(유기농텃밭가드닝, 국립농업과학원)** ────

바람꽃, 무릇, 금어초, 데이지, 들국화, 물레나물, 벌노랑이, 꽃잔디, 금잔화, 맨드라미, 해바라기, 천수국, 백일홍, 클로버, 수선화, 톱풀, 서양매발톱꽃, 기생초, 안개꽃, 아마, 꽃양귀비, 접시꽃, 벌개미취, 코스모스, 나팔꽃, 쑥국화, 메밀

2) 생물적 방제

생물적 방제는 생태계의 다른 생물들을 이용하여 방제하는 것을 말하며, 천적을 활용하여 해충을 잡는 방법과 미생물을 활용한 방법이 있다. 천적은 크게 기생성 천적과 포식성 천적이 있다. 천적을 살포하는 방법도 있고 천적을 유인할 수 있는 식물을 심는 방법도 있다. 포식성 천적은 해충을 직접 잡아먹는 천적인 반면, 기생성 천적인 가루이좀벌의 유충은 온실가루이의 약충과 번데기 체내에 기생하여 결국 죽게 만든다.

표 Ⅳ-3-14. 일반적으로 방제에 사용되는 천적과 해충

피해를 주는 해충	진딧물	잎응애	온실가루이	총채벌레
해충을 잡아먹는 천적	칠성무당벌레, 진딧벌	이리응애	가루이좀	애꽃노린재

미생물을 이용한 방제법은 크게 두 가지 측면이 있다. 하나는 작물의 생육을 도와 건강하게 키우기 위한 측면이고, 다른 하나는 병충해를 치료하기 위해 적당한 미생물을 배양하여 살포하는 것이다. 흔히 많이 쓰는 EM(유용미생물)이라고 하는 것이 전자에 해당되며, 나방류 애벌레를 방제하는 데 유용한 BT균 등이 후자에 속한다.

미생물제를 활용하면 사람의 건강이나 작물에 독성 그리고 환경에 피해가 없으며, 농약에 대한 내성을 가지기도 어렵다. 반면 화학 살균, 살충제에 비해 효과가 낮으며 가격이 비싼 단점이 있다.

3) 생화학적 방제

생화학적 방제는 페로몬이나 항생물질 그리고 식물성분을 활용하는 방제법이다.

페로몬은 같은 종 내의 한 개체가 외부로 방출하는 물질로 성페로몬, 경보페로몬, 길잡이페로몬 등 다양한 행동을 유도한다. 이 점을 이용해서 특정 해충을 예찰, 포획하거나 교미를 교란시키거나 유인하여 살충하는 방법으로 해충을 방제한다.

식물성분을 활용하여 방제재로 활용하는 경우는 우리가 흔히 접할 수 있는 식물로 할 수 있어 가장 많이 쓰는 친환경방제의 방법 중 하나이다.

식물성분을 이용한 방제 재료들

- 식물추출 살충제 : 님(아자드락틴), 담배(니코틴), 제충국(피레스린)
- 농가활용 산야초 : 피마자, 자리공, 애기똥풀, 봉선화, 방아풀, 약모밀, 소리쟁이, 박하, 쇠비름, 산초나무, 고삼, 멀구슬나무 등

4) 물리적 방제

물리적 방제는 벌레나 병원균을 물리적으로 차단하는 방법이다.

가장 쉽게는 방충망을 이용하는 것이다. 작물에 벌레의 침입을 원천으로 차단하는 방법으로 가장 손쉬우면서도 효과적이다. 한랭사, 부직포 터널을 활용하여 잎채소를 키우는 것은 도시텃밭에서 쉽게 시도할 수 있는 방법으로 추천된다. 또한 비가림 재배는 비로 인해 전염되는 병을 차단할 수 있다.

트랩을 이용해 노린재나 달팽이를 포획하는 방법도 있다. 이는 생화학적 방제와 혼합된 방법으로 직접 방제제를 뿌리지 않고 함정으로 유도하는 방법이다. 노린재 페로몬트랩, 달팽이 막걸리트랩 등은 쉽게 시도할 수 있는 방법 중의 하나이다.

민달팽이 방제를 위한 트랩 활용(2017. 8. 국립농업과학원)

재료준비
- 용기 : 1회용 플라스틱 컵(200mL 정도), 페트병(500mL)
- 재료 : 유인제(맥주), 살충재료(담배 또는 커피)

제조 및 활용
- 준비된 용기에 맥주 50～100mL와 담배가루(1개피 분량)를 혼합한다.
- 포장 전체에 2～5m 간격으로 골고루 위치를 잡고 트랩 윗부분이 흙 표면 2～3㎝ 남도록 매몰한다.
- 약 2일 간격으로 잡힌 달팽이를 제거하고 새로 맥주와 담배를 채워준다.

맥주+담배 트랩　　　　　　　　맥주+커피 트랩　　　　　　　　뚜껑이 있는 트랩

그림 Ⅳ-3-11. 해충 방제를 위한 트랩

5) 도시텃밭에서의 활용법

이상 다양한 병충해와 방제법에 대해 알아보았지만 실제 도시텃밭에 적용하였을 때 주로 사용하는 방법에 대해서 따로 알아두면 텃밭 규모에서 활용하기 좋다. 다양한 배경지식을 알고 있는 것만큼 실전에서 현장에 맞게 쓸 수 있는 활용법을 아는 것도 중요하기 때문이다. 여기에서는 주로 병충해가 발생했을 때 치료를 목적으로 활용할 수 있는 다양한 재료와 활용법을 소개한다.

① 난황유

난황유는 식용유의 기름을 계란 노른자로 유화시킨 현탁액으로 병해충(흰가루병, 노균병, 응애 등) 예방 목적으로 사용된다. 이때의 방제 원리는 기름이 세포벽을 파괴하고 해충의 호흡과 대사를 방해하는 효과가 있으며 인체에 무해하다는 것이다. 뿐만 아니라 식용유와 계란만 있으면 누구나 만들기 쉽고 가격도 싸다.

㉮ 만드는 방법

　－ 물 한 컵에 계란노른자를 넣고 2~3분간 믹서기로 간다.

　－ 계란 노른자물에 식용유를 첨가하여 다시 믹서기로 3~5분간 혼합한다.

　－ 만들어진 난황유를 물에 희석해서 골고루 묻도록 살포한다.

　－ 용도별 재료의 혼합량은 다음과 같다.

재료별	병 발생 전(0.3%)		병 발생 후(0.5%)	
	20L	500L	20L	500L
식용유	60mL	1.5L	100mL	2.5L
계란노른자	1개	15개	1개	15개

㉯ 사용방법

　－ 예방 목적 : 7~14일 간격으로 3회 살포

　－ 치료 목적 : 5~7일 간격으로 3회 살포

㉯ 텃밭용 난황유(마요네즈 활용)

- 마요네즈를 활용하면 도시텃밭에 적당한 소량의 난황유를 만들어 쓸 수 있다.
- 물 2L 기준으로 마요네즈 8g~16g 정도를 잘 섞어서 뿌려준다.

② 비누

살충용 비누는 천연유지와 가성가리를 이용해서 만든 비누나 물비누를 활용하여 방제용으로 쓰는 것이다. 이는 난황유와 비슷한 효과로, 비눗물을 맞게 되면 세포막이 녹아 죽게 되는데, 너무 고농도로 뿌리면 작물에도 해가 된다.

㉮ 활용법

- 12티스푼의 물비누를 1L의 미지근한 물에 잘 섞어 분무기로 옮겨서 살포한다.
- 진딧물이나 응애 방제에 좋다.

③ 베이킹소다

베이킹소다는 흰가루병 등 곰팡이병 방제에 효과적이다. 베이킹소다 5g 정도를 물 1L에 타서 매주 뿌려준다.

④ 고추

붉은 고추(매운 것) 100g을 물 1L에 20분 이상 끓인 다음 식혀서 물만 따로 따라내어 고추 농약 원액으로 만든 다음 물 10배에 희석하여 살포한다.

⑤ 마늘

다진 마늘 50g을 물 1L에 20분간 달여서 식힌 다음 걸러서 마늘농약 원액으로 만든다. 사용할 때는 50배액 물에 희석하여 살포한다. 살균, 살충효과가 있다.

⑥ 목초액

목초액은 숯 냄새로 벌레의 접근을 막는 기피 효과뿐만 아니라 희석배율에 따라 살충, 살균 효과와 생육촉진과 지연 효과, 거름의 효과도 있다.

㉮ 활용법

- 토마토, 오이, 고구마의 선충과 바이러스 등에 100~200배 희석액 사용
- 오이 흰가루병, 노균병 : 마늘 넣은 목초액 200배
- 진딧물 : 목초액 +감식초(또는 소주) 희석하여 살포

㉯ 희석배율에 따른 활용

- 50~100배 : 강한 살균력
- 200~300배 : 성장 균형, 살균
- 300~500배 : 성장 촉진
- 1000~2000배 : 성장 촉진(주로 어린 싹)

4 지속 가능한 생태계를 위한 농사와 병충해 관리법

도시텃밭에서 친환경농사는 단순히 방제를 중심으로 생각하면 답이 나오지 않는다. 농사는 자연과 인간의 상호작용이기에 자연생태계와 맞물려 생각해야 하고, 또 다른 측면에서 농사는 자연에 인간이 개입하는 행위이기도 하기에 어디까지 개입하는 것이 맞는 것인가에 대해서도 생각해봐야 한다. 그런 면에서 농사법, 농법은 여러 가지 스펙트럼을 가질 수밖에 없다.

현대 농업은 인간의 개입을 극대화한 농사체계라고 보면 된다. 하이브리드 씨앗, 대규모 전문 육묘장, 정비되어 있는 대규모 농지, 다양한 농기계, 대량으로 생산하여 공급하는 비료, 수확 포장체계와 여러 단계의 유통체계, 가공, 광고와 마케팅까지 모두 농업행위로 볼 수

있다. 대규모의 집약적인 농사법과 외부 투입재에 의존한 농사법은 편의성과 효율성 그리고 낮은 생산비용을 만들어냈다. 하지만 생태계의 파괴와 유한한 자원의 고갈, 먹거리의 탈정치화, 대규모 독점과 과점, 소농의 몰락을 낳았다. 무엇보다 지구환경의 위기(특히 기후위기)에 농업의 기여가 높은 것도 사실이다.

그래서 유기농업 그리고 더 나아가 자연농업에 대한 새로운 흐름은 먹을거리 생산의 효율성이라는 농업의 단순한 역할을 넘어, 지구의 생태계와 인간사회라는 측면에서 지속 가능하게 인간사회가 먹고 살 수 있는 체계를 위한 농업의 형태를 고민하고 있다.

도시텃밭을 건강하게 농사짓는 것은 화학비료와 화학농약이 없어진다고 저절로 되는 것도 아니고, 유기농자재로 바꾸어 쓰는 것으로 만들어지는 것도 아니다. 상품을 생산하는 것이 아닌 생명을 키우는 것이 농사이고, 하나의 생명을 키우는 데 얼마나 큰 관심과 노력이 필요한지에 대해 생각해봐야 한다. 그리고 농사짓는 방법이 우리가 딛고 서있는 토양과 지구환경에 어떤 영향을 미칠지 생각해봐야 한다.

도시농부들은 건강한 먹거리를 위해 농사를 짓고, 이런 개인적인 욕구는 농사짓는 방식을 충분히 건강한 방식으로 이어줄 수 있으며 당연히 도시텃밭의 농사법은 건강한 방법이어야 한다. 친환경농사를 관리의 측면에서 보면 친환경방제에 필요한 도구와 재료가 무엇인지로 단순하게 생각할 수 있다. 하지만 이는 투입하는 재료만 바뀌었을 뿐 근본적으로 지속 가능한 지구환경과 또 지구에 살고 있는 나의(또는 나의 후손들의) 건강과 안녕을 보장하는 방식인지와는 다른 측면이다.

요컨대 아무리 인체에 해롭지 않은 친환경 재료를 사용하여도 그것은 단기적인 처방일 뿐(그리고 화학농약을 대체하는 것일 뿐) 건강한 농사로 가는 근본적인 방법은 아니다. 친환경농사법에서 병충해의 관리는 결국 자연의 질서와 균형, 건강한 환경의 조성과 작물의 특성에 맞는 관리법, 그리고 이를 위한 생태계의 다양성과 조화를 기반으로 시작해야 한다.

도시농업 농자재
사용 및 관리

장윤아

도시농업의 확산에 따라 관련 농자재의 이용도 증가하는 추세이다. 이 장에서는 주말텃밭과 같이 실외에서 이루어지는 텃밭과 아파트 베란다 등 실내에서 이루어지는 텃밭에서 이용되는 농자재에 관한 정보를 텃밭 만들기를 준비하는 시작단계부터 수확으로 마무리하는 단계까지 순차적으로 제공한다. 또한 각 농자재에 대한 특징, 종류, 구입 및 사용방법, 주의할 점 등에 관한 정보를 제공한다.

1 도시텃밭 유형 – 실내외텃밭

1) 실외텃밭

건물 주변, 옥상 등 실외공간을 활용한 텃밭(주말농장, 옥상텃밭, 학교텃밭 등)

① 특징

㉮ 식물이 자라는 데 필요한 빛(햇빛)의 양이 충분한 편이다.

㉯ 실내보다는 넓은 공간을 활용할 수 있다.

㉰ 비, 바람 등 날씨의 영향을 많이 받는다.

㉳ 겨울과 같은 추운 계절에는 텃밭가꾸기가 제한적이다.

㉴ 식물이 자라는 데 꼭 필요한 물을 줄 방법을 마련해야 한다.

그림 Ⅳ-3-12. 실외텃밭

2) 실내텃밭

베란다, 거실, 사무실 등 실내공간을 활용한 텃밭

① 특징

㉮ 식물이 자라는 데 필요한 빛(햇빛)의 양이 실외보다는 많이 부족한 편이다(실외의
　20~50% 정도).

㉯ 활용할 공간을 확보하는 것이 쉽지 않다.

㉰ 실외보다는 비, 바람 등 날씨의 영향을 상대적으로 덜 받는다.

㉱ 추운 계절에도 텃밭가꾸기가 가능하여, 실외에 비해 텃밭을 가꿀 수 있는 기간이 길다.

㉲ 실내에 있어 멀리 나가야 하는 부담이 없이 관리할 수 있다.

그림 IV-3-13. 실내텃밭

2 실외텃밭

1) 실외텃밭 작물 추천 및 재배시기

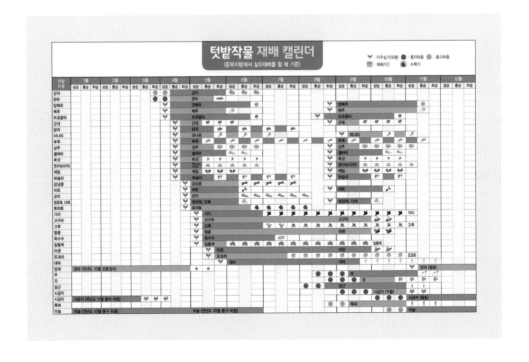

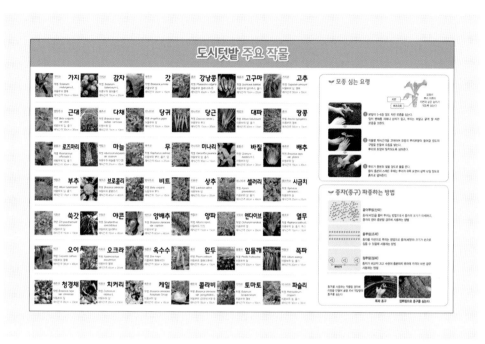

그림 Ⅳ-3-14. 텃밭 캘린더(국립원예특작과학원)

2) 거름

거름은 '비료(肥料)'라고도 하는데, 토지의 생산력을 높이고 작물이 잘 자랄 수 있도록 도움을 주는 영양물질이다. '질소', '인산', '칼리'를 비료의 3요소라 하며, 유기(질)비료와 무기(질)비료로 나눌 수 있다.

유기비료$^{\text{organic fertilizer}}$는 동물질, 식물질, 자급유기질 비료와 유기폐기물에서 유래된 비료를 총칭하며, 어분, 골분, 깻묵, 계분 등이 있다. 무기비료$^{\text{inorganic fertilizer}}$는 무기물로 이루어진 비료이며, 황산암모늄, 과인산석회, 염화칼륨 등의 화학비료이다.

상업적으로 유통되는 비료는 「비료관리법」에 따라 관리되고 있다.

① 밑거름(基肥)$^{\text{basal application of fertilizer}}$

작물의 파종, 식재 또는 생육개시 전에 주는 거름

㉮ 종류

　㉠ 퇴비(堆肥)^{compost} : 짚, 잡초, 낙엽 등 비료성분이 들어있는 여러 재료를 쌓아 발효시
　　킨 부산물 비료이다. 시중에서 판매되는 퇴비는 대부분 가축의 똥(돈분, 우분, 계분)
　　+ 톱밥 등을 섞어 발효시킨 것이다.

　㉡ 화학비료(化學肥料)^{chemical fertilizer} : 질소, 인산, 칼리와 같이 식물생육에 필요한 원소를
　　화학적 반응을 통해 만든 비료이다. 비료의 3요소 중 1종을 함유한 질소질, 인산질,
　　칼리질 비료와 2종 이상을 함유한 복합비료가 있다.

㉯ 거름의 선택

　㉠ 작물의 종류와 재배방법에 맞는 형태와 성분, 함량의 제품을 골라야 한다.

　㉡ 퇴비는 발효가 진행 중인 '미숙퇴비'가 아닌, 완전히 발효된 '완숙퇴비'를 이용한다.

　㉢ 함께 사용하는 자재에는 장갑, 장화, 삽, 쇠스랑, 레이크 등이 있다.

㉰ 밑거름 주기

　㉠ 밭 만들기 2~3주 전에 퇴비, 석회, 붕사를 뿌린다. 9.9㎡(3평) 기준으로 퇴비 20kg,
　　석회(고토석회) 1~2kg, 붕소(붕사) 10~20g을 밭 전체에 골고루 뿌려준다.

　㉡ 사용량은 토양상태에 따라 달라진다. 가능하면 밑거름을 주기 전에 토양분석을 하여
　　필요한 양 만큼 사용하는 것이 바람직하다.

　㉢ 밭만들기 1주 전에 복합비료를 뿌리는데 제품의 사용설명서를 참조하여 적정량의 비
　　료를 밭 전체에 골고루 뿌려준다.

　㉣ 삽이나 쇠스랑 등으로 밭을 깊게 갈아엎고, 레이크 등으로 흙을 잘게 부수어 밭을 평
　　탄하게 골라준다.

　㉤ 재배하고자 하는 '작물용 비료', '밑거름용 비료'를 확인하고 구입한다.

② **웃거름(追肥)**^{top dressing}

작물이 자라면서 밑거름만으로는 양분이 부족하기 때문에, 생육 중에 추가로 웃거름(질소와 칼륨 비료)을 주어야 한다.

㉮ 웃거름 주기

  ㉠ 아주심기(定植) 한 달 정도 후 웃거름 주기를 시작하며, 한 달 정도의 간격을 두고 재배기간 중 2~3회 정도 준다.

  ㉡ 작물의 생육상태에 맞추어 주는 시기와 양을 조절해야 한다.

  ㉢ 사용량은 제품의 사용설명서를 참조한다.

  ㉣ 재배하고자 하는 '작물용 비료', '웃거름용 비료'를 확인하고 구입한다.

  ㉤ 이랑 옆에 얕은 골을 파고 비료를 뿌린 다음 흙으로 덮어주거나, 식물체와 식물체 사이에 구멍을 내고 비료를 조금씩 넣은 후 흙으로 덮어준다.

③ **거름 줄 때 주의할 점**

㉮ 밑거름 주기

  ㉠ 거름 주는 양과 방법은 반드시 설명서를 따라야 한다.

  ㉡ 너무 많은 양의 거름을 주면 오히려 작물에 피해를 줄 수 있으므로 주의한다.

  ㉢ 사용 전 토양분석, 사용 시 사용량과 사용방법을 준수한다.

㉯ 웃거름 주기

  ㉠ 높은 곳에서 비료를 흩어뿌려 식물체 잎 사이로 들어가지 않도록 주의한다.

  ㉡ 고농도의 비료가 식물체의 잎과 닿으면 잎이 상할 수 있다.

3) 농기구

① 종류

㉮ 괭이^{hoe}

- 용도 : 단단한 땅을 파거나 일굴 때 쓰는 도구로 고랑을 만들거나 덩어리진 흙을 잘게 부술 때, 또는 땅을 편평하게 고를 때 사용
- 종류 : 괭이, 삽괭이, 왜괭이, 곡괭이 등
- 길이 : 종류에 따라 70~130㎝
- 쇠날을 'ㄱ'자로 구부리고 짧은 쪽에 구멍을 만들거나 나무자루를 달아서 사용

㉯ 쇠스랑^{forked hoe}

- 용도 : 밭을 가는 데 쓰는 도구로 괭이와 달리 발이 여러 개 달려서 흙덩이를 부수기에 좋음
- 종류 : 두발쇠스랑, 세발쇠스랑 등
- 길이 : 120㎝ 내외
- 사용 목적이나 토질에 따라 발의 수와 크기가 다른데, 흙이 단단한 곳에서는 세발쇠스랑을, 부드러운 곳에서는 네발쇠스랑을 이용

㉰ 삽^{spade}

- 용도 : 땅을 파거나 흙을 떠낼 때 쓰는 도구
- 종류 : 둥근삽, 각삽, 꽃삽 등
- 길이 : 종류에 따라 40~120㎝
- 둥근삽은 날 끝이 둥그런 삽으로 땅을 파는 데 쓰며, 각삽은 날 끝이 넓적하여 흙 등을 떠옮기는 데 사용

㉣ 레이크^{rake}

- 용도 : 땅의 돌을 골라내거나 이랑을 편평하게 일굴 때 쓰는 도구

- 빗 모양의 갈퀴에 자루를 끼운 것

② 사용 시 주의할 점

㉮ 날 끝을 맨손으로 만지지 않는다.

㉯ 어린아이들의 손에 닿지 않도록 주의한다.

㉰ 사용용도 이외의 용도로 사용하지 않는다.

③ 사용 후 보관방법

㉮ 묻어 있는 흙 등을 물로 씻어 낸 뒤, 마른 수건 등을 이용하여 물기를 닦아준다.

㉯ 녹슬지 않도록 기름 묻힌 천으로 닦아서 건조한 곳에 보관한다.

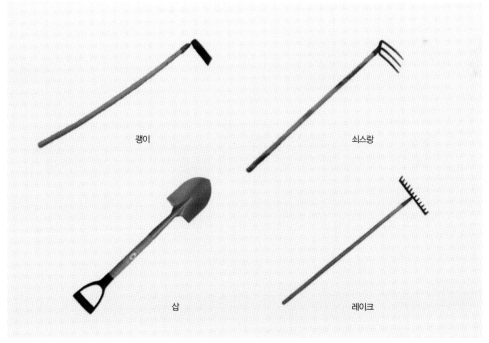

괭이

쇠스랑

삽

레이크

그림 Ⅳ-3-15. 농기구의 종류

4) 모종(苗種)^{nursery plant, transplants}

본 밭에 옮겨심기 위하여 가꾼 씨앗의 싹이며, 묘라고도 부른다. 시중에서 판매되는 모종은 플러그트레이, 비닐 연결포트, 비닐 개별포트 등의 용기에서 육묘되어 판매되고 있다.

① 모종의 선택

㉮ 잎이 깨끗하고, 생기가 있는 모종을 선택한다.

㉯ 하얀색의 뿌리가 흙(상토)이 부서지지 않을 정도로 잘 감싸고 있는 모종을 선택한다.

㉰ 물 관리가 안 되어 많이 시들어 있거나 뿌리 부분의 흙(상토)이 바짝 말라 있는 모종, 너무 춥거나 더운 곳에 있어서 시들어 있는 모종은 스트레스를 받았을 수 있으므로 이용을 삼간다.

② 함께 사용하는 자재

장갑, 장화, 모종삽, 호미, 물뿌리개, 푯말

표 Ⅳ-3-15. 텃밭에 정식하기에 적합한 모종의 크기

작물	플러그트레이 규격	엽수	육묘일수
고추	50~72구	11~13	60~80일
토마토	32~50구	7~8	30~40일
오이	32~50구	3~4	20~35일
배추	72~105구		20~30일
상추	72~105구	5~6	30~40일
잎들깨	72~105구		40~50일

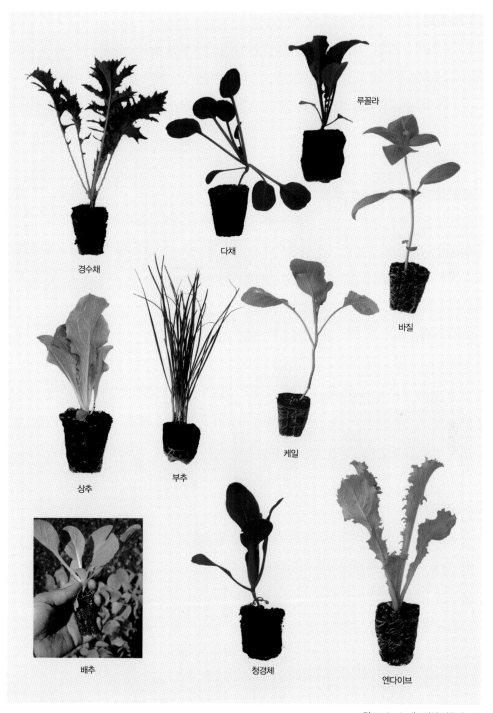

경수채

다채

루꼴라

바질

상추

부추

케일

배추

청경체

엔다이브

그림 Ⅳ-3-16. 대표적인 작물의 모종

5) 관수 자재

물주는 간격이나 양은 작물의 생육상태나 날씨, 계절에 따라 차이가 있다. 씨앗이나 모종을 심은 후 뿌리가 충분히 내릴 때까지는 보통 2~3일에 한 번, 뿌리가 충분히 내린 후에는 일주일에 한 번 정도 물을 충분히 준다. 특히 모종을 심기 전후에는 물 관리에 신경을 써야 한다.

① 사용하는 자재 : 물뿌리개, 물통

㉮ 물뿌리개 용량의 선택 : 너무 작은 물뿌리개를 이용할 경우 여러 번 물을 날라야 하는 어려움이 있으므로, 운반이 가능하면서 가능한 큰 용량(7~11L)의 물뿌리개를 선택한다.

㉯ 물을 받아 담아 둘 수 있는 물통(100~200L)을 준비한다.

② 물주는 방법

㉮ 뿌리가 있는 흙 속까지 젖을 수 있도록 흠뻑 준다. 위에서 살짝 주면 잎과 땅 표면만 젖고 흙 속의 뿌리 부분에는 물이 닿지 않을 수 있으므로 주의한다.

㉯ 한 번에 쏟아붓듯이 주지 말고, 2~3차례 걸쳐서 비 오듯이 뿌려준다. 한 번에 쏟아부으면 주변의 흙이 쓸려나가거나 파이면서 뿌리 부분이 상할 수 있으므로 주의한다.

③ 주의할 점

㉮ 물 온도 확인 : 이른 봄철이나 한여름에는 물 온도가 지나치게 낮거나 높아서 작물에 해를 줄 수 있다. 이른 봄철에는 따뜻한 낮에, 한여름에는 조금 선선한 오전이나 오후에 물 온도를 확인하고 물을 준다.

㉯ 보관용 물통의 뚜껑 닫기 : 물통을 열어두면 이물질이 들어가거나 모기 유충의 서식처가 될 수 있으므로, 빗물을 모으거나 사용 중일 때를 제외하고는 항상 뚜껑을 닫는다.

④ 관수장치의 설치

스프링클러, 점적테이프 등 관수장치의 설치가 가능하다면 물 관리를 좀더 쉽게 할 수 있다. 타이머까지 연결하면 자동관수도 가능하다.

⑤ 살수장치 sprinkler system

수압에 의하여 분사관이 자동적으로 회전하면서 살수되는 관수장치이다.

㉮ 스프링클러 : 단시간에 많은 양의 물을 넓은 면적에 살수할 때 쓰이며 노즐, 송수호스, 펌프로 구성. 살수각도 360°, 180°

㉯ 소형 스프링클러 : 일반 스프링클러는 조방적 관수에 적합하나 정밀관수에는 부적합. 소형 스프링클러는 육묘상이나 잎이 연한 엽채류의 재배용으로 사용할 수 있도록 개발됨

㉰ 유공튜브 : 경질이나 연질플라스틱 필름에 직경 0.5~1.0㎜의 구멍을 뚫어 살수하는 것으로 수압이 낮아도 균일살수가 되며, 이물질이 걸려도 쉽게 제거할 수 있고, 미립으로 균일하게 관수할 수 있음. 내구성은 떨어지나 시공이 간편하고 가격도 저렴하여 부담없이 설치할 수 있음

⑥ 점적관수장치 drip irrigation system

㉮ 점적호스나 점적테이프에 일정 간격(10㎝, 20㎝ 등)으로 뚫려 있는 구멍으로부터 물방울을 똑똑 떨어지게 하거나 천천히 흘러나오도록 하여 원하는 부위에 대해서만 제한적으로 소량의 물을 지속적으로 공급하는 관수장치

㉯ 함께 사용하는 자재 : 펌프, 물탱크, 연결자재, 타이머 등

표 IV-3-16. 관수방법별 장단점

관수방법	장점	단점
고량관수	• 시설비가 싸다. • 관수기술이 간편하다.	• 효율이 낮다. • 흙이 유실되거나 물리성이 나빠질 수 있다.
살수관개	• 효율이 비교적 높다. • 균일한 수분분포를 유지할 수 있다.	• 시설비가 많이 든다. • 병 발생의 우려가 있다. • 흙이 유실되거나 물리성이 나빠질 수 있다.
점적관수	• 효율이 매우 높다. • 물의 낭비가 적고, 토양관리가 가능하다(살수관수 물량의 30%).	• 시설비가 많이 들고 관리가 어렵다. • 수질에 따라 여과가 필요하다.

6) 유인 자재

① 지주(支柱)^{stack}

지주는 작물이 비바람에 쓰러지는 것을 방지하거나, 쓰러진 것을 세워 지지할 목적으로 세우는 막대이다. 작물이 다 자란 후의 크기를 고려하여, 충분한 두께와 길이의 지주를 선택해야 한다.

㉮ 소재 : 알루미늄, 철, 나무, 대나무, 플라스틱 등

㉯ 규격 : 길이 1.0~1.5m

㉰ 함께 사용하는 자재 : 유인끈(작물과 지주를 함께 묶어 줌) 또는 유인 그물망, 가위, 유인 집게 등

② 유인하는 방법

㉮ 포기마다 지주를 꽂아 한 포기씩 지주를 세우는 방법

　㉠ 고추의 경우, 2~3번째 분지에서 끈으로 매어주고, 자라는 정도에 따라 2~3회 정도 유인한다.

ⓛ 가지, 토마토 등도 같은 방법으로 유인할 수 있다.

ⓒ 식물체 줄기가 상처를 입지 않도록 부드러운 끈을 이용하여 8자 모양으로 지주와 식
물체를 묶어 준다.

ⓔ 지주를 세울 때는 식물체에 너무 가깝게 세우지 말고, 뿌리가 다치지 않도록 식물체
에서 약 5~10㎝ 정도 떨어진 곳에 세운다.

ⓜ 지주가 쓰러지지 않도록 30㎝ 정도의 깊이로 땅속에 충분히 박아 고정한다.

그림 Ⅳ-3-17. 지주유인

ⓗ 4~5포기마다 지주를 꽂아 끈으로 묶어 유인하는 방법

ⓖ 한 포기씩 지주를 세워 유인하는 것보다 노력이 적게 들어 편리하다.

ⓛ 지주의 재료가 튼튼하지 못한 경우 바람 등에 의해 쓰러질 염려가 있다.

ⓒ 이랑의 시작과 끝의 지주는 튼튼한 각목이나 파이프를 이용하고, 이랑 중간중간에 튼
튼한 지주를 설치해서 쓰러지지 않도록 한다.

ⓔ 고추의 경우, 2~3번째 분지에서 위치에서 유인해주고, 자라는 정도에 따라 2~3회
정도 유인한다.

ⓜ 가지, 토마토 등도 같은 방법으로 유인할 수 있다.

㉺ 덩굴성 작물의 지주 설치

〈A자형 지주 세우기〉

㉠ 오이, 호박, 줄기 콩 등 덩굴성 식물의 유인에 이용한다.

㉡ A자형으로 지주를 양쪽에 세우고 교차점 위쪽에 가로대를 설치한 후 끈으로 묶어 고정한다. 유인끈이나 유인 그물망을 설치하여 작물이 타고 자랄 수 있도록 한다.

〈터널형 지주 세우기〉

㉠ 여주, 수세미, 호박 등 덩굴성 식물의 유인에 이용한다.

㉡ ∩자의 파이프를 일정 간격으로 세우고 가로대를 설치한 후 고정한다. 유인끈이나 유인 그물망을 설치하여 작물이 타고 자랄 수 있도록 한다.

그림 Ⅳ-3-18. 터널형 지주유인

7) 잡초 관리 자재

밭이나 농경지에서 재배하는 식물을 '작물'이라 하고, 재배하지 않았음에도 저절로 자라는 불필요한 식물을 '잡초(雜草)^{weeds}'라 한다.

잡초를 관리하는 방법은 크게 두 가지가 있다. 잡초가 발생하는 것을 사전에 예방하는 방법과 관리 미흡으로 인해 잡초 발생량이 많을 시에 관리하는 방법이다.

① 잡초 발생을 사전에 막는 방법

㉮ 텃밭의 상태에 알맞은 피복 자재를 선택하여 토양 표면을 덮어주면, 햇빛의 투과가 줄어들어 잡초의 발생이 저하된다.

㉯ 피복(被覆)$^{mulching, covering}$은 짚, 비닐, 부직포 등의 자재를 이용하여 토양 표면을 덮는 것을 말한다.

㉰ 피복의 목적은 잡초 발생을 억제하거나 토양 유실 방지, 토양의 온도 유지, 수분 유지, 병충해 방지 등이 있다.

㉱ 피복재로 사용되는 짚, 비닐, 부직포 등 자재의 종류에 따라 나타나는 효과는 각각 다를 수 있다.

볏짚

- 규격(용량) 1~2단, 3~4kg
- 선택기준 토양 개량화 및 친환경 잡초 억제
- 멀칭하는 방법 '작두'로 절단한 볏짚 적당량을 흙에 빛이 비치지 않도록 고랑, 이랑에 적당히 넣어준다.
- 구입처 원예용품 및 농자재업체, 온라인에서 검색하여 구입 가능
- 함께 사용하는 농기구 및 자재 원예공구 '작두'

팽연화 왕겨

- 규격(용량) 50~100L(포대)
- 선택기준 토양 개량화 및 친환경 잡초 억제
- 멀칭하는 방법 원하는 공간에 팽연화 왕겨를 뿌려주고 레이크를 사용하여 적당한 두께로 편평하게 만들어준다.
- 구입처 원예용품 및 농자재업체, 온라인에서 검색하여 구입 가능
- 함께 사용하는 농기구 및 자재 레이크(텃밭에 있는 왕겨를 넓게 펼쳐주는 작업)

비닐

- 규격(용량) 폭 0.7~1.8m까지 다양한 규격이 시중에 나와 있다.
- 선택기준 잡초 억제, 작물발육 촉진, 보습, 보온
- 멀칭하는 방법 텃밭 이랑에 적합한 규격의 비닐을 펼치고, 끝부분이나 시작부분부터 고정핀으로 흙에 단단히 고정시킨다.
- 구입처 원예용품 및 농자재업체, 온라인에서 검색하여 구입 가능
- 함께 사용하는 농기구 및 자재 강철 고정핀(5cm×15cm, 5cm×18cm 등 다양한 규격과 개수가 있다. 바람에 흩날릴 수 있으므로 고정시켜 주는 역할을 한다.)

부직포

- 규격(용량) 검정색, 녹색, 흰색, 폭 : 0.5~2m, 길이 : 200m
  다양한 규격이 시중에 나와 있으므로 텃밭에 맞는 규격을 찾는 것이
  중요하다.
- 선택기준 잡초 억제, 보온, 토양침식 방지
- 멀칭하는 방법 텃밭 이랑에 적합한 규격의 부직포를 펼치고, 끝부분
  이나 시작부분부터 고정핀으로 흙에 단단히 고정시킨다.
- 구입처 원예용품 및 농자재업체, 온라인에서 검색하여 구입 가능
- 함께 사용하는 농기구 및 자재 강철 고정핀(5cm×15cm, 5cm×18㎝
  등 다양한 규격과 개수가 있다. 바람에 흩날릴 수 있으므로 고정시켜
  주는 역할을 한다.)

풀(잡초)

- 규격(용량) 텃밭에서 나온 부산물을 이용한다.
- 선택기준 토양 개량화 및 친환경 잡초 억제
- 멀칭하는 방법 풀(잡초)을 제거하여 뿌리가 태양을 보도록 위쪽으로
  뒤집어 이랑, 고랑에 엎어 준다.
- 구입처 텃밭 이용
- 함께 사용하는 농기구 및 자재 호미, 낫(텃밭에 있는 잡초를 없애주
  면서 추후에 이랑, 고랑을 피복하는 효과도 볼 수 있다.)

신문지

- 규격(용량) 가정이나 회사에서 보고 남은 신문지를 재활용한다.
- 선택기준 토양 개량화 및 친환경 잡초 억제
- 멀칭하는 방법 이랑의 잡초 사이사이에 신문지를 2~3장 펼쳐 놓거
  나, 신문지에 구멍을 뚫어서 작물이 구멍 안으로 들어오게 한다.
- 구입처 주변의 신문지 재활용 가능
- 함께 사용하는 농기구 및 자재 작물 모종이 들어갈 구멍을 낼 수 있
  는 가위가 필요하다.

② **잡초가 발생했을 때 관리하는 방법**

㉮ 발생 초기에 손이나 호미 등으로 제거하는 방법이 있다. 잡초가 아직 어리기 때문에 뿌리가 깊이 들어가지 않았으므로 뿌리까지 식물체 전체를 제거하는 것이 좋다.

㉯ 제거한 잡초는 퇴비나 피복재로 사용할 수 있다. 흙을 완전히 털어 뿌리가 하늘을 향하도록 잡초를 뒤집어 놓는다.

㉰ 잡초를 제거하지 못하여 많은 양의 잡초가 있는 경우에는 예초기, 낫, 호미 등을 이용하여 제거하는 방법도 있다.

③ **잡초 제거 농기구 사용방법**

㉮ 호미

㉠ 용도 : 호미는 논이나 밭의 풀(잡초)을 제거하거나 흙을 북돋아주는 데 사용된다. 작업 형태가 다양하며, 잡초의 뿌리까지 제거하기 위해서 호미를 사용한다. 날은 대체로 '역삼각형'의 모양을 하고 있으며 자루가 달려 있다.

㉡ 종류 : 조선호미, 막호미, 귀호미, 제포호미 등

㉢ 길이 : 종류에 따라 25~40㎝

㉯ 낫

㉠ 용도 : 작물을 수확하거나 잡초의 몸통 부분을 잡고 밑둥을 잘라낼 때 사용한다.

㉡ 종류 : 조선낫(나무베기용), 조선낫 풀낫(풀, 벼베기용), 왜낫(풀, 벼베기용)

㉢ 길이 : 종류에 따라 35~50㎝

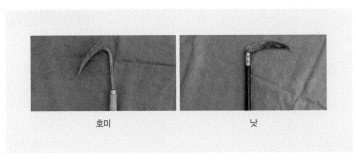

호미   낫

그림 II-3-19. 호미와 낫

8) 작물보호제(농약)

농약(農藥)agricultural chemicals, pesticides, pesticide은 농작물에 피해를 주는 균, 곤충, 응애, 선충 및 기타 동식물(잡초 포함)이나 바이러스 방제에 사용되는 살균제, 제초제, 유인제, 보조제 등과 농작물의 생리기능을 증진 또는 억제시키는 데 사용되는 약제를 총칭한다.

① 종류

㉮ 살균제 : 미생물을 죽이거나 증식을 억제하는 효과가 있는 약물로 생활기능을 전반적으로 파괴하는 소독제, 특정 미생물군을 선택적으로 죽이는 항생물질, 지속적으로 미생물의 발육을 억제하는 방부제 등을 말한다.

㉯ 살충제 : 농작물에 해가 되는 곤충을 죽이고자 할 때 사용되는 약제이다. 식물체에 살충제가 남아 존재하고 있는지, 아니면 분해되어 없어지는 것에 따라 나뉘며, 작물에 살충제가 흡수되어 오랜 시간 동안 방제 효과가 있는 약제가 있다.

㉰ 살비제 : 응애류를 죽이는 목적으로 쓰이는 약제로 일반적으로 응애약이라고 한다.

㉱ 살선충제 : 토양 중에 살면서 작물의 뿌리에 기생하는 선충을 구제하는 데 쓰이는 약제이다.

㉲ 제초제 : 잡초의 발생을 억제 또는 발육 중의 잡초를 죽이기 위하여 사용하는 약제로 수화(水和), 유분(乳粉), 입제(粒劑) 등을 말한다.

② 구입

농약은 농약 자재 관련 상점이나 원예용품점, 지역 농약사, 온라인상에서 구매할 수 있다.

③ 함께 사용하는 자재

농약을 사용하기 위해서는 농약 살포용 마스크와 농약 살포 분무기, 장갑(고무장갑, 원예용 장갑), 농약 살포 보호안경, 정확한 농약의 양 측정 및 사용을 위한 주사기, 시약용 수저 등이 필요하다.

④ 농약 사용 시 주의사항

㉮ 농약안전사용기준을 준수한다(농약 등의 안전사용기준 – 농촌진흥청 고시).

㉯ 다른 농약과 섞어서 뿌리고자 할 때에는 반드시 혼용이 가능한지를 확인한 후 사용한다.

㉰ 사용한 농약병은 잘 보관하여 안전하게 수거될 수 있도록 한다.

⑤ 농약 살포 시 주의사항

㉮ 농약안전사용기준을 준수한다(농약 등의 안전사용기준 – 농촌진흥청 고시)

㉯ 적용 대상 작물과 병해충에만 사용한다.

㉰ 포장지의 표기 내용을 숙지하고 사용법을 꼭 지켜 사용한다(유효성분, 독성, 적용 작물, 대상 병해충 또는 잡초, 사용농도, 사용량, 사용시기 및 회수와 주의사항).

㉱ 한낮 뜨거운 때를 피하여 아침 · 저녁 서늘할 때 살포한다.

㉲ 약을 뿌릴 때는 바람을 등지되 마스크, 고무장갑, 방제복 등을 반드시 착용한다.

㉳ 살포가 끝난 후에는 입안을 물로 헹구고 손 · 발 · 얼굴 등을 비눗물로 깨끗이 씻는다.

병해충에 대한 정보는 '국가농작물병해충 관리시스템(http://ncpms.rda.go.kr)'을 참조한다.

표 IV-3-18. 농약 사용 설명서(라벨) 표시사항

표시사항	표시내용
독성	• 독성의 정도에 따라 맹독성 농약, 고독성 농약, 보통독성 농약, 저독성 농약이라 표시하고, 글자 색깔은 맹독성 농약과 고독성 농약은 적색으로 표시 • 맹 · 고독성 농약과 흡입독성이 강한 농약은 상단 중앙에 백골그림으로 위험을 표시 • 어독성 Ⅰ급 및 Ⅱ급으로 분류된 품목은 독성, 잔류성을 표시한 우측 또는 밑에 ( )하여 표시하되 어독성 Ⅰ급은 적색으로 표시
상표명 또는 품목명	• 상표명은 제형을 동시에 표시 • 품목명은 아래쪽에 작게 표시
약제의 용도구분 색깔	• 약제의 용도에 따라 바탕색깔을 다음과 같이 구분 〈살균제 = 분홍색〉 〈살충제 = 녹색〉 〈제초제 = 노란색〉 〈생장조정제 = 파란색〉 〈기타 약제 = 백색〉

약제의 적용대상 표시	• 약제의 적용대상에 따라 다음과 같이 표시 • 원예용(수도용) 살균제(살충제, 살균 · 살충제, 생장조정제) • 논(밭, 과원, 잔디, 산림) 제초제 또는 제초제 • 비선택성 제초제의 용도 구분은 식물전멸제초제로 표시
안전사용 기준 및 취급제한기준	• 안전사용기준 : 수확물의 농약잔류 피해를 예방하기 위해 수확 전 최종사용 　시기와 최대사용 횟수를 표시 • 취급제한기준 : 맹 · 고독성 농약의 취급 시 취급자의 중독사고 예방과 수확 　물의 안전성을 확보하기 위해 취급방법을 표시
내용량	• 분제, 입제, 수화제 등 고체성 농약은 중량단위(g, kg 등)로 표시 • 유제, 액제 등 액체성 농약은 용량단위(mL, L)로 표시
기타	• 대상작물, 적용병해충, 사용량 및 사용 시기 • 유효성분과 기타성분의 종류와 함유량을 표시 • 농약을 안전하게 취급하는 데 필요한 보호장비, 혼용관계, 보관요령 등 • 사용방법, 약효보증기간, 제조모집단번호, 제조(수입) 회사명 및 주소 등 품 　질관리에 필요한 사항들을 표시

9) 농자재 보관, 회수 및 처리

① 보관

㉮ 농기구

　　㉠ 묻어 있는 흙 등을 물로 씻어 낸 뒤, 마른수건 등을 이용하여 물기를 닦아준다.

　　㉡ 녹슬지 않도록 기름 묻힌 천으로 닦아서 건조한 곳에 보관한다.

㉯ 거름, 농약, 종자

　　㉠ 농약은 가축사료, 식품, 음료 등과 완전히 분리하여 보관한다. 내용물을 혼동할 우려
　　　가 있으므로 다른 용기에 담아두지 말아야 한다.

　　㉡ 종자는 밀봉하여 냉장고에 보관한다.

㉱ 지주

사용이 끝난 후에는 묻어 있는 흙을 털어낸 뒤, 정리하고 묶어서 창고 등 건조하고 서늘한 곳에 보관한다.

② 회수 및 처리

㉮ 폐비닐 및 폐농약용기

사용이 끝난 폐비닐, 폐농약용기는 정리하여 수거하는 곳에 모아둔다.

> **〈농자재 회수 및 처리 시 주의사항〉**
> - 토양 등 환경이 오염되므로 사용이 끝난 폐비닐을 방치하거나 태우거나 또는 땅에 묻지 않는다.
> - 폐농약용기는 남아 있는 농약이 유출되어 토양오염 및 안전사고를 유발할 수 있으므로, 반드시 안전하게 처리한다.

㉯ 부산물

　㉠ 옥수수대, 고추대, 콩대, 콩잎 등 재배가 끝난 작물의 잔재물은 방치하지 말고 정리한다.

　㉡ 텃밭의 식물 부산물을 이용하여 '퇴비 만들기'가 가능하다.

3 실내텃밭

1) 실내텃밭 작물 추천 및 재배일정

① 실내텃밭 작물 추천

실내텃밭에서는 다양한 채소 재배가 가능하지만, 햇빛이 한정적으로 들어오기 때문에 실내 재배에 적합한 채소를 선택해야 한다.

② 베란다에서 키우기 어려운 채소

㉮ 열매채소 : 고추, 파프리카, 가지, 토마토, 오이, 호박, 수박, 딸기

④ 뿌리채소 : 감자, 무, 비트, 당근, 고구마

표 Ⅳ-3-19. 베란다에 들어오는 햇빛의 양에 따른 추천 채소 종류

햇빛의 양	종류
햇빛이 잘 드는 베란다 (최고광량 400umol m^{-2}s^{-1} 이상)	청로메인상추, 케일, 적근대, 겨자채, 시금치, 고들빼기, 곤드레나물, 머위, 방울토마토
햇빛이 보통인 베란다 (최고광량 200umol m^{-2}s^{-1} 이상)	청치마상추, 쑥갓, 청경채, 잎브로콜리, 경수채, 셀러리, 잎들깨, 참나물, 돌나물
햇빛이 잘 안 드는 베란다 (최고광량 80umol m^{-2}s^{-1} 이상)	비타민다채, 오크상추, 엔다이브, 치커리, 적치커리, 신선초, 미나리, 아욱, 부추, 쪽파, 달래, 생강

표 Ⅳ-3-20. 베란다에 들어오는 햇빛의 양에 따른 추천 허브 종류

햇빛의 양	종류
햇빛이 잘 드는 베란다 (최고광량 400umol m^{-2}s^{-1} 이상)	폭스글로브, 헬리오트로프, 라벤더, 로즈제라늄, 세인트존스워트, 코튼라벤더, 레몬그라스, 탄지, 켓닙, 파인애 플민트, 페퍼민트, 초코민트, 애플민트, 오레가노
햇빛이 보통인 베란다 (최고광량 300umol m^{-2}s^{-1} 이상)	학자스민, 솝워트, 벨가못, 야로우, 커먼말로우, 핫립세이지, 체리세이지, 에키네시아
햇빛이 잘 안 드는 베란다 (최고광량 200umol m^{-2}s^{-1} 이상)	Vicks Plant, 레몬밤, 바실, 머쉬말로우

2) 실내 텃밭 재배일정

① 씨앗 이용하기

㉠ 씨앗을 심을 때는 처음부터 직접 길러본다는 뿌듯함, 싹이 트는 과정부터 전 과정을 보는 기쁨을 느낄 수 있다.

㉡ 씨앗은 싹이 트면 적당한 간격으로 벌려주기 위해 솎음 작업이 필요한데 솎아낸 채소를 이용하는 재미가 있다.

㉢ 실내에서는 연약하게 웃자라기 쉽고, 자라는 기간도 오래 걸리는 것을 감수해야 한다.

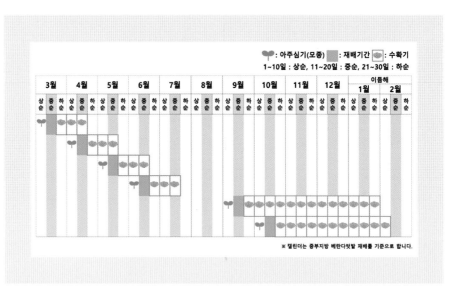

그림 Ⅳ-3-20. 베란다텃밭 상추 재배 캘린더(모종을 이용할 때)

② 모종 이용하기

㉮ 모종을 구매해서 심으면 좀 더 튼튼하게 키울 수 있고, 솎아 먹는 재미는 덜하지만 수확까지 기다리는 기간이 짧아진다.

㉯ 살 수 있는 시기가 봄철 또는 가을철에 한정되어, 원하는 시기에 구하기 어렵다.

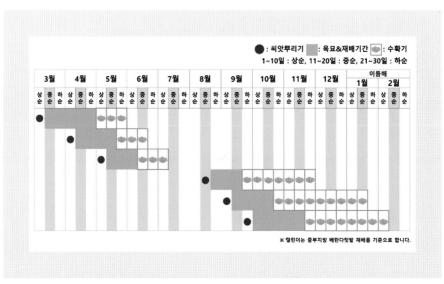

그림 Ⅳ-3-21. 베란다텃밭 상추 재배 캘린더(씨앗을 이용할 때)

3) 씨앗(종자)^{seed}

씨앗은 식물의 수정된 밑씨가 발육한 것으로 장래 하나의 완성된 식물체로 발육할 기본체를 말한다. 텃밭 작물을 키울 때는 모종이나 씨앗을 이용할 수 있다.

① 씨앗의 크기 및 포장규격

㉮ 씨앗은 크기에 따라 대립종자, 중립종자, 소립종자, 세립종자로 구분한다.

㉯ 씨앗은 포장단위에 따라 mL(용량), g(종자의 양), 입수(종자 1립)로 구분한다.

　예) 5g, 30g, 500립, 1000립, 3000립, 20mL(10g), 50mL(30g), 10mL(5g), 10mL(2000립) 등

② 씨앗의 선택

㉮ 시중에는 많은 종류의 작물(채소) 씨앗이 판매되고 있다. 원하는 작물이면서, 재배환경에 알맞은 작물을 선정하는 것이 중요하다.

㉯ 씨앗은 살아있는 생명체로 작물의 종류, 보관기간, 보관방법 등에 따라 수명이 달라진다. 구매할 때는 제품포장의 정보(생산연도, 포장연도, 유효기간)를 반드시 확인한다.

③ 구입

일반적으로 대형마트, 원예 관련 자재상점, 꽃집, 농자재판매상, 농약사, 종묘사, 꽃시장 등에서 구매 가능하며, 온라인상에서 '종자', '씨앗', '원예용품' 등으로 검색하면 다양한 온라인 판매점을 찾을 수 있다.

④ 보관

구입 또는 사용하고 남은 씨앗은 잘 밀봉하여, 냉장고(4~5℃)에 보관한다.

4) 농자재 구입처

① 꽃집(화원)

씨앗(종자), 화분, 상토, 퇴비 등 자재를 판매한다. 봄, 가을에는 모종도 판매한다. 주변에서 쉽게 찾을 수 있으나, 취급하는 상품의 종류와 규격이 단순한 편이다. 주로 소포장상품을 판매한다.

> 접근성 ★★★ 　　상품 다양성 ★ 　　가격 ★ 　　정보제공 ★★ 　　상시 구입 ★★

② 대형잡화점, 대형마트

씨앗, 화분, 상토, 퇴비, 비료, 재배세트(재배용기+상토+씨앗) 등 다양한 상품을 판매한다. 가격이 저렴한 편이고, 아이디어 상품이 많다.

> 접근성 ★★★ 　　상품 다양성 ★★★ 　　가격 ★★★ 　　정보제공 ★ 　　상시 구입 ★★★

③ 농자재판매 전문점

농사에 필요한 자재들을 모두 갖추고 있다. 전문농사에 필요한 시설자재, 농기계, 농기구, 비료 등 다양한 상품을 취급하며, 포장단위가 큰 편이다. 도심 외곽이나 전문농사가 이루어지는 시군, 읍면지역 등에서 찾을 수 있다.

> 접근성 ★★ 　　상품 다양성 ★★★ 　　가격 ★★★ 　　정보제공 ★★★ 　　상시 구입 ★★★

④ 꽃시장, 모종시장

꽃식물, 수목 등 주로 식물 자재를 취합하며 관련된 자재(화분, 상토, 비료 등)도 함께 판매한다. 봄, 가을에는 모종을 판매한다. 도심 외곽이나 전통시장 등에서 찾을 수 있다.

> 접근성 ★ 　　상품 다양성 ★★ 　　가격 ★★ 　　정보제공 ★★ 　　상시 구입 ★

⑤ 종묘사, 농약사

씨앗, 모종, 농약 등을 주로 취급하며 비료, 상토 등 관련된 농자재도 함께 판매한다. 상품이나 작물의 재배관리에 대한 정보 등을 문의할 수 있다.

접근성 ★★　　상품 다양성 ★★　　가격 ★★　　정보제공 ★★★　　상시 구입 ★★★

⑥ 온라인 농자재판매점

온라인을 통해서도 다양한 농자재 구입이 가능하다. '도시농업', '농자재', '원예용품', '종자', '실내 텃밭', '농기구', '농업용품', '조경용품' 등 검색어를 통해 관련 매장을 찾을 수 있다. 다양한 상품과 가격 비교가 가능하며, 굳이 찾아가지 않아도 주문을 통해 집에서 받아볼 수 있다.

접근성 ★★★　　상품 다양성 ★★★　　가격 ★★★　　정보제공 ★　　상시 구입 ★★★
(온라인 접근 가능한 경우만)

⑦ 전문육묘장

전문농사가 이루어지는 시군, 읍면지역 등에서 찾을 수 있다. 대부분 전문농사를 위한 모종을 판매하지만 봄, 가을에는 도시농업용 모종을 판매하기도 한다. 전문적인 경험과 기술로 모종의 품질이 좋은 편이다.

접근성 ★　　상품 다양성 ★★　　가격 ★★★　　정보제공 ★★★　　상시 구입 ★

도시농업지원센터

「도시농업의 육성 및 지원에 관한 법률」
제10조(도시농업지원센터의 설치 등)
1. 국가와 지방자치단체는 도시농업의 활성화를 위하여 도시농업인에게 필요한 지원과 교육훈련을 실시할 수 있다.
2. 농림축산식품부장관과 지방자치단체의 장은 제1항에 따른 지원과 교육훈련을 위하여 농림축산식품부령으로 정하는 바에 따라 도시농업지원센터를 설치하여 운영하거나 적절한 시설과 인력을 갖춘 기관 또는 단체를 도시농업지원센터로 지정할 수 있다.
3. 국가와 지방자치단체는 지정된 도시농업지원센터에 대하여 예산의 범위에서 사업수행에 필요한 비용의 전부 또는 일부를 지원할 수 있다.

2020년 1월 현재

시도	기관명	지정일	주요강좌
서울(8)	강동도시농업지원센터	2013-03-15	도시농부학교
	(사)텃밭보급소	2014-03-31	도시농부학교
	(주)라이네쎄	2014-04-25	도시농부학교 양성과정
	(재)송석문화재단	2014-10-14	도시농부학교
	(사)도시농업포럼	2015-01-15	도시농부학교
	(주)자농아카데미	2017-02-22	도시농부교실
	S&Y도농나눔공동체	2018-02-19	도시농부교실
	송파도시농업지원센터	2011-08-30	도시농부 초보교실
부산(6)	부산도시농업시민네트워크	2014-03-04	도시농업인 농사교육요령
	(사)부산도시농업포럼	2016-02-22	꿈틀텃밭학교 등
	부산도시농업협동조합	2017-02-20	도시농업인 농사교육요령
	기장군농업기술센터	2018-01-24	도시농업인 농사교육요령
	동아대학교친환경도시농업연구소	2017-08-02	도시농업인 농사교육요령
	부산시농업기술센터	2019-09-19	도시농부학교
인천(2)	인천광역시농업기술센터	2012-07-19	도시농부 아카데미 등
	인천도시농업네트워크	2014-02-10	도시농부 기초과정 등
광주	(사)광주도시농업포럼	2016-02-25	꿈틀학교 등

	수원시농업기술센터	2017-04-08	도시농부학교
	일산도시농업지원센터	2017-09-21	행복한 도시농부 과정
	용인시농업기술센터	2017-02-08	도시농부학교
	화성시농업기술센터	2016-10-11	도시농부학교
경기(9)	남양주시농업기술센터	2017-02-16	귀농귀촌 교육
	파주생태문화교육원	2016-12-15	어린농부학교
	파주시농업기술센터	2018-01-24	도시농업전문가
	김포시농업기술센터	2013-03-26	김포도시농부학교
	한국사이버원예대학	2014-07-25	도시농부과정
강원	강원도시농업사회적협동조합	2018-02-14	도시농업 전문인력양성
충북	청주시농업기술센터도시농업관	2014-07-01	도시농업 전문인력양성
경북	가톨릭상지대학교	2015-01-30	도시농부학교
경남	김해시농업기술센터	2017-03-08	도시농부학교

부록

도시농업 전문인력 양성기관

「도시농업의 육성 및 지원에 관한 법률」
제11조(전문인력의 양성)
1. 농림축산식품부장관과 지방자치단체의 장은 도시농업 전문인력의 양성을 위하여 농림축산식품부령으로 정하는 바에 따라 농촌진흥청, 「농촌진흥법」 제3조에 따른 지방농촌진흥기관, 「고등교육법」 제2조에 따른 대학, 도시농업에 관한 연구활동 등을 목적으로 설립된 연구소나 기관 또는 단체를 전문인력 양성기관으로 지정할 수 있다.
2. 국가와 지방자치단체는 제1항에 따라 지정된 전문인력 양성기관에 대하여 예산의 범위에서 전문인력 양성에 필요한 경비의 전부 또는 일부를 지원할 수 있다.

2020년 1월 현재

시도	기관명	지정일	주요강좌
서울(8)	(사)도시농업포럼 서울지회	2017-08-11	전문가 양성 과정
	(사)전국도시농업시민협의회	2017-02-17	도시농부학교, 마스터과정 등
	(사)텃밭보급소	2014-06-26	도시농업전문가 과정
	S&Y도농나눔공동체	2019-03-06	전문가 양성 과정
	건국대학교농축대학원	2017-11-29	전문가 양성 과정
	노원몬드라곤협동조합	2019-03-06	전문가 양성 과정
	농업회사법인 애그로비즈 주식회사	2019-04-08	전문가 양성 과정
	서울특별시농업기술센터	2013-11-22	전문가 양성 과정
부산(10)	(사)부산도시농업포럼	2017-10-13	전문가 양성 과정
	기장군농업기술센터	2018-01-24	전문가 양성 과정
	녹색환경기술학원	2013-11-27	전문가 양성 과정
	부산광역시농업기술센터	2013-11-27	전문가 양성 과정
	부산귀농운동본부	2014-02-11	전문가 양성 과정
	부산도시농업시민네트워크	2014-02-27	전문가 양성 과정
	부산도시농업전문가협회	2015-05-12	전문가 양성 과정
	부산도시농업협동조합	2017-05-18	전문가 양성 과정
	스마트도시농업재생협동조합	2019-03-05	전문가 양성 과정
	지엠지코리아(주)	2019-10-30	전문가 양성 과정

	달성군농업기술센터	2018-05-01	전문가 양성 과정
대구(3)	대구가톨릭대학교	2018-01-16	전문가 양성 과정
	대구광역시농업기술센터	2017-11-01	전문가 양성 과정
인천(2)	인천광역시농업기술센터	2014-01-16	도시농업법 이해 등
	인천도시농업네트워크	2014-02-13	전문가 양성 과정 등
광주	광주광역시농업기술센터	2019-03-06	도시농업전문가
대전(2)	대전광역시농업기술센터	2016-08-11	도시농업 전문과정
	손수레	2018-01-08	도시농업 전문과정
울산(2)	미래직업기술학원	2019-07-05	전문가, 도시농부
	울산광역시농업기술센터	2014-12-01	도시농업 전문과정
세종	세종특별자치시농업기술센터	2017-03-09	전문가 양성 과정 등
경기(28)	(주)지엔그린	2016-02-25	도시농업 전문인력 양성 과정
	가평군농업기술센터	2019-07-26	도시농업 전문가 양성 과정
	경기도농업기술원	2017-06-13	도시농업 전문가 양성 과정
	고양도시농업네트워크	2012-08-01	친환경 도시농부
	고양시농업기술센터	2018-02-02	도시농업관리사
	광명텃밭보급소	2014-03-19	도시농업전문가 양성 과정
	광주시농업기술센터	2019-02-15	도시농업전문가 양성 과정
	김포시농업기술센터	2017-03-07	도시농업전문가 양성 과정
	꿈틀도시농부학교	2017-11-08	도시농업전문가 양성 과정
	남양주시농업기술센터	2017-02-16	마스터가드너
	부천생생도시농업네트워크	2017-10-10	도시농업 전문인력 양성 과정
	성남시농업기술센터	2017-12-11	도시농업전문가 양성 과정
	수원시농업기술센터	2016-04-08	전문가 양성 과정
	수원팝그린	2018-01-12	도시농업전문가 양성 과정
	시흥시농업기술센터	2017-03-02	도시농업전문가 양성 과정
	안산시농업기술센터	2017-09-20	도시농업관리사

시도	기관명	지정일	주요강좌
경기(28)	안성시농업기술센터	2017-01-24	도시농업전문가 양성 과정
	양주시농업기술센터	2017-03-23	도시농업전문가 양성 과정
	용인시농업기술센터	2017-09-18	도시농업관리사 육성
	의정부시청	2018-01-24	도시농업관리사 양성
	이천시농업기술센터	2018-07-26	도시농업 전문가 양성 과정
	파주생태문화교육원	2014-03-25	어린농부학교
	파주시농업기술센터	2018-01-24	귀농귀촌
	평택시농업기술센터	2019-02-20	도시농업전문가 양성 과정
	포천시농업기술센터	2014-03-19	도시농업전문가 양성 과정
	한국미래도시농업지원센터	2015-05-27	도시농업전문가 양성 과정
	한국사이버원예대학	2012-12-03	도시농업전문가 양성 과정
	화성시농업기술센터	2016-10-11	도시농부학교
강원	강원 도시농업 사회적 협동조합	2018-02-14	전문가 양성 과정 등
충북	청주시농업기술센터	2014-07-01	신규 농업인 영농교육
충남(3)	농업회사법인 자연체험학습장(주)	2018-10-16	도시농업관리사 양성 과정
	당진시농업기술센터	2018-04-09	도시농업관리사 양성 과정
	홍성군농업기술센터	2019-03-20	도시농업전문가 양성 과정
전북(3)	원광대학교	2018-01-23	도시농업전문가 양성 과정
	익산시농업기술센터	2017-04-10	도시농업전문가 양성 과정
	전주시농업기술센터	2019-04-19	도시농업전문가 양성 과정
전남(2)	나주시농업기술센터	2019-02-01	도시농업전문가 양성 과정
	전남농업기술원	2017-09-22	도시농업전문가 양성 과정

	경산시농업기술센터	2019-09-17	도시농업전문가 양성 과정
	경주시도시농업전문인력양성기관	2019-10-07	도시농업전문가 양성 과정
	대구가톨릭대학교(경산시 하양읍)	2017-12-15	도시농업관리사
경북(8)	도시농업융복합아카데미	2019-05-16	도시농업전문가 양성 과정
	도시농업협동조합(포항시)	2019-12-10	도시농업전문가 양성 과정
	영남대학교	2017-12-15	도시농업관리사
	재단법인경상북도환경연수원	2018-11-21	도시농업전문가 양성 과정
	가톨릭상지대학교	2015-01-30	도시농업전문가 양성 과정
	㈜한길평생교육원	2014-07-11	도시농업전문가 양성 과정
	경남생태귀농학교	2019-03-02	도시농업전문가 양성 과정
경남(6)	길생태체험학교사회적협동조합	2019-05-20	도시농업전문가 양성 과정
	김해시농업기술센터	2017-03-08	도시농업전문가 양성 과정
	양산시농업기술센터	2019-12-23	도시농업전문가 양성 과정
	창원시농업기술센터	2017-12-22	도시농업전문가 양성 과정

참고문헌

- 국립원예특작과학원. 2018. 인문테마 텃밭정원 식재모델 및 활용매뉴얼. 농촌진흥청.
- 국립원예특작과학원. 2017. 보고 가꾸고 먹고 즐기는 텃밭디자인. 농촌진흥청
- 국립원예특작과학원. 2019. 도시텃밭 동반식물. 농촌진흥청.
- 국립축산과학원. 2018. 동물과 교감하는 힐링이야기 – 꼬꼬가 온 뒤 우리학교가 달라졌어요. 농촌진흥청.
- 국립축산과학원. 2018. 학교꼬꼬 운영 매뉴얼. 농촌진흥청.
- 권영휴 등. 2011. 공동 및 개인주택정원 유지관리 매뉴얼. 농촌진흥청.
- 권영휴 외. 2014. 돈이 되는 나무. ㈜푸른행복.
- 권영휴 외. 2018. 정원식물 생산기술 식재지침 및 관리매뉴얼. ㈜푸른행복.
- 김영애. 2004. 사티어 의사소통 훈련 프로그램. 김영애 가족치료연구소.
- 김옥진. 2018. 동물매개치료 입문. 동일출판사.
- 로즈마리 알렉산다 저(김상욱 역). 2011. 정원설계. 기문당.
- 박원동. 2019. 군무원 조직의 리더십과 커뮤니케이션 발전방안에 관한 연구. 목원대학교 석사학위논문.
- 송정섭. 2019. 꽃처럼 산다는 것. 도서출판 다밋.
- 안제국 외. 2007. 동물매개치료. 학지사.
- 안철환 외. 2013. 도시농업. 한솔아카데미.
- 유지현 외. 2019. 동물교감치유 경험 기관의 서비스 인식에 관한 연구. Journal of the Korea Academia-Industrial cooperation Society Vol. 20, No. 12 pp. 372–379.
- 윤평섭. 2003. LANDSCAPE ARCHITECTURE(조경학). 문운당.
- 이강오. 2018. 4차 산업혁명 시대 도시농업 힐링. 한국경제신문.
- 이광자. 2005. 자신있게 자기를 표현하는 의사소통과 간호. 신광출판사.
- 이동훈. 2019. 이동훈의 펫스토리 – 동물교감치유 上中. 경북매일신문.
- 정나라 등. 2016. 생활형 실용정원 개인주택정원 조성 가이드라인. 국립원예특작과학원.
- 정민. 2007. 다산어록청상. 도서출판 푸르메
- 주헌옥. 2020. 도시주택에 적용 가능한 혼합형 옥상정원의 유지관리 사례 연구. 영남대학교 석사학위논문.
- 한승원 등. 2015. 정원과 도시녹화. 농촌진흥청.
- Alexa Smith-Osborne and Alison Selb. 2010. Implications of the Literature on Equine-Assisted Activities for Use as a Complementary Intervention in Social Work Practice with Children and Adolescents. Child Adolesc Soc Work J.
- J.A. Lentini and Michele Knox. 2019. A Qualitative and Quantitative Review of Equine Facilitated Psychotherapy (EFP) with Children and Adolescents. The Open Complementary Medicine Journal.
- Lewin, K.,&Lippitt, R., 1938. An experimental approach to the study of auto cracy and democracy: A perliminary note, Sociometry, 1(3/4), 292–300.
- Meredith Corporation. 2002. LANDSCAPING. Better Home and Gardens® Books, Des Moines, Iowa.
- Patricia Pendry, Alexa M. Carr, Annelise N. Smith, Stephanie M. Roeter. 2014. Improving Adolescent Social Competence and Behavior: A Randomized Trial of an 11-Week Equine Facilitated Learning Prevention Program. J Primary Prevent.

도시농업전문가 양성을 위한

도시농업 길라잡이 part Ⅱ

2020년 4월 25일   초판 발행

지은이　　　(사)한국도시농업연구회
만든이　　　정민영
디자인　　　hsum company

펴낸 곳　　　부민문화사
출판 등록　　1955년 1월 12일 제1955—000001호
주소　　　　(04304) 서울 용산구 청파로73길 89(부민 B/D)
전화　　　　(02) 714—0521~3
팩스　　　　(02) 715—0521
　　　　　　　http://www.bumin33.co.kr　　E—mail: bumin1@bumin33.co.kr

정가　　　　24,000원
공급　　　　한국출판협동조합
ISBN　　　　978—89—385—0345—9 93520